Python面向对象编程
构建游戏和GUI

OBJECT-ORIENTED PYTHON
MASTER OOP BY BUILDING GAMES AND GUIS

[美] 艾维·卡尔布（Irv Kalb）◎著　赵利通◎译

人民邮电出版社
北京

图书在版编目（CIP）数据

Python面向对象编程：构建游戏和GUI／（美）艾维·卡尔布（Irv Kalb）著；赵利通译. -- 北京：人民邮电出版社，2023.3
ISBN 978-7-115-60231-2

Ⅰ．①P… Ⅱ．①艾… ②赵… Ⅲ．①软件工具-程序设计 Ⅳ．①TP311.561

中国版本图书馆CIP数据核字(2022)第191400号

版权声明

Simplified Chinese-language edition copyright © 2023 by Posts and Telecom Press.

Copyright © 2022 by Irv Kalb.Title of English-language original: Object-Oriented Python: Master OOP by Building Games and GUIs, ISBN-13:9781718502062, published by No Starch Press.
All rights reserved.

本书中文简体字版由美国 No Starch 出版社授权人民邮电出版社出版。未经出版者书面许可，对本书任何部分不得以任何方式复制或抄袭。
版权所有，侵权必究。

◆ 著　　[美] 艾维·卡尔布（Irv Kalb）
　 译　　赵利通
　 责任编辑　谢晓芳
　 责任印制　王　郁　焦志炜

◆ 人民邮电出版社出版发行　北京市丰台区成寿寺路 11 号
邮编 100164　电子邮件 315@ptpress.com.cn
网址 https://www.ptpress.com.cn
固安县铭成印刷有限公司印刷

◆ 开本：800×1000　1/16
印张：19.75　　　　　　　2023 年 3 月第 1 版
字数：455 千字　　　　　　2023 年 3 月河北第 1 次印刷
著作权合同登记号　图字：01-2022-2552 号

定价：99.80 元
读者服务热线：(010)81055410　印装质量热线：(010)81055316
反盗版热线：(010)81055315
广告经营许可证：京东市监广登字 20170147 号

内容提要

本书首先介绍构建类和创建对象的基础知识，并结合代码讲述如何将理论付诸实践；然后讨论面向对象编程的关键概念——封装、多态性和继承，包括如何使用对象管理器创建并管理多个对象，如何通过封装对客户端代码隐藏对象的内部细节，如何使用多态性定义一个接口并在多个类中实现它，如何应用继承构建现有代码；最后讲述如何构建一款带完整的动画和声音的视频游戏，从而将所有内容整合在一起。本书涵盖了两个功能齐全的 Python 代码包，它们将加速 Python 中图形用户界面程序的开发。

本书不仅适合 Python 开发人员阅读，还适合计算机相关专业的师生阅读。

作者简介

Irv Kalb 是加州大学圣克鲁斯硅谷分校和硅谷大学的客座教授,负责"Python 入门"与"Python 面向对象编程"课程的教学。Irv 拥有计算机科学的学士和硕士学位,使用多种计算机语言进行面向对象编程已超过 30 年,并且到现在已经有超过 10 年的教学经验。他有几十年的软件开发经验,主要关注教育软件的开发。在 Furry Pants Productions 公司,他和妻子以 Darby the Dalmatian 这个角色为原型,制作并发布了两张寓教于乐的 CD-ROM。Irv 还撰写了 *Learn to Program with Python 3: A Step-by-step Guide to Programming*(Apress)一书。

Irv 深入参与了极限飞盘(Ultimate Frisbee)这项运动的早期开发。他主持编写了多个版本的官方规则手册,并与人合著了关于这项运动的第一本图书——*Ultimate: Fundamentals of the Sport*。

技术审校者简介

Monte Davidoff 是一名独立的软件开发顾问。他的研究方向是 DevOps 和 Linux。Monte 使用 Python 编程已经超过 20 年。他使用 Python 开发过多种软件,包括业务关键型应用程序和嵌入式软件。

前　　言

本书介绍一种称为面向对象编程（Object-Oriented Programming，OOP）的编程技术，以及如何在 Python 中使用这种技术。在 OOP 出现之前，程序员使用所谓的过程式编程技术（也称为结构化编程），构建一组函数（过程），并通过调用这些函数来传递数据。OOP 范式为程序员提供了一种高效的编程方式，将代码和数据组合成内聚的单元，并且这种单元常常是高度可重用的。

在准备撰写本书时，我深入研究了现有的文献和视频，特别关注其他人如何解释这个重要的、内容广泛的主题。我发现，讲师和作者通常首先定义一些关键的术语——类、实例变量、方法、封装、继承、多态性等。

虽然这些都是重要的概念，本书也将深入介绍它们，但是我将采用一种不同的方式，首先考虑这个问题："我们要解决什么问题？"即，如果 OOP 是解决方案，那么什么是问题？为了回答这个问题，本书首先展示一些使用过程式编程方式编写的程序示例，指出这种编程风格存在的问题。然后，本书将展示面向对象的编程方法如何让构建这种程序变得更加简单，也让程序本身变得更容易维护。

本书读者对象

本书针对的是了解 Python 并使用过 Python 标准库中基本函数的读者。假定你了解 Python 的基本语法，并且能够使用变量、赋值语句、if/elif/else 语句、while 循环、for 循环、函数、函数调用、列表、字典等编写小程序到中等规模的程序。如果你不熟悉这些概念，建议你先阅读我撰写的 *Learn to Program with Python 3: A Step-by-step Guide to Programming*（Apress）一书。

本书是一本面向中等程度读者的图书，所以不会介绍一些更加高级的主题。例如，为了保证内容的适用性，本书在很多时候不会详细介绍 Python 的内部实现。为了简单和清晰起见，也为了让本书的关注点一直保持在如何掌握 OOP 技术上，本书的示例只使用 Python 语言的一个子集。在编写 Python 代码时，还有更加高级、更加简洁的方式，但那些内容不在本书的讨论范围内。

本书尽量以与语言无关的方式介绍 OOP 的底层细节，但会指出 Python 和其他 OOP 语言不同的地方。通过本书学习 OOP 风格的代码的基础知识后，如果愿意，你应该能够轻松地在其他 OOP 语言中应用这些技术。

Python 版本及安装

本书的所有示例代码都使用 Python 3.6～3.9 编写和测试。所有示例都应该能够在 Python 3.6 及更高版本上运行。

从 Python 官网可以免费获得 Python。如果你还没有安装 Python，或者想升级到最新版本，可以访问该网站，选择 Download 标签页，然后单击 Download 按钮。这将把一个可安装的文件下载到你的计算机上。双击下载的文件来安装 Python。

在 Windows 系统中安装 Python

如果在 Windows 系统上安装 Python，需要正确设置一个重要的选项。使用向导进行安装时，应该会看到如下界面。

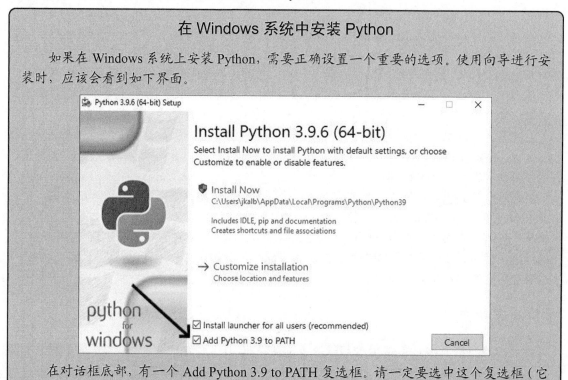

在对话框底部，有一个 Add Python 3.9 to PATH 复选框。请一定要选中这个复选框（它默认是未选中的）。这个设置能够让安装的 pygame 包（本书后面将会介绍）正确工作。

> **注意：** 我知道 "PEP 8 — Style Guide for Python Code"，也知道它推荐为变量和函数名称使用蛇形命名约定（snake_case）。但是，在 PEP 8 文档问世之前，我已经使用驼峰命名约定（camelCase）许多年了，在我的职业生涯中已经习惯了这种约定。因此，本书中的所有变量和函数名称都将采用驼峰命名约定。

我如何解释 OOP

本书前几章的示例使用基于文本的 Python。这些示例程序以文本形式从用户那里获得输入，然后以文本形式把信息输出给用户。本书将展示如何开发基于文本的程序，通过在代码中模拟物体来介绍 OOP。我们首先将创建电灯开关、调光开关和电视机遥控器对象，然后介绍如何使用 OOP 来模拟银行账户，以及管理银行。

在介绍了 OOP 的基础知识后，本书将介绍 pygame 模块，它使程序员能够编写具有图形用户界面（Graphical User Interface，GUI）的游戏和应用程序。在基于 GUI 的程序中，用户与按钮、复选框、文本输入和输出字段，以及其他对用户友好的小部件进行直观的交互。

我选择在 Python 中使用 pygame，因为这种组合使我能够利用屏幕上的元素，以高度可视化的方式演示 OOP 概念。pygame 的可移植性很强，能够在几乎所有平台和操作系统上运行。我使用 pygame 2.0 测试了本书中所有使用 pygame 包的示例程序。

我创建了一个叫作 pygwidgets 的包，它能够与 pygame 一起使用，并实现了许多基本的小部件，这些小部件都是使用 OOP 方法创建的。本书后面将介绍这个包，并提供一些可以运行和修改的示例代码。这种方法使你能够看到关于关键的面向对象概念的真实示例，同时利用这些技术来创建有趣的、有可玩性的游戏。本书还将介绍我开发的 pyghelpers 包，它提供的代码对编写更加复杂的游戏和应用程序有帮助。

本书的所有示例代码可从 No Starch 网站下载（请搜索 "object-oriented-python"）。

这些示例代码也可以从我的 GitHub 仓库中逐章获取（请搜索 "IrvKalb/Object-Oriented-Python-Code"）。

本书内容

本书分为 4 部分。第一部分介绍面向对象编程。

❏ 第 1 章回顾过程式编程风格。该章展示如何实现一个基于文本的纸牌游戏，我们编写程序模拟一家管理一个或多个账户的银行。在这个过程中，该章讨论了过程式方法的常见问题。

❏ 第 2 章介绍类和对象，并展示如何在 Python 中使用类来代表现实世界的物体，如电灯的开关或电视机的遥控器。你将看到如何使用面向对象的方法解决第 1 章介绍的问题。

❏ 第 3 章介绍两种思维模型，帮助你思考在 Python 中创建对象时，底层发生了什么。我们将使用 Python Tutor 一步步执行代码，查看对象是如何创建的。

❏ 第 4 章通过介绍对象管理器对象的概念，演示处理相同类型的多个对象的标准方式。我们将使用类扩展银行账户模拟程序，并将展示如何使用异常处理错误。

第二部分重点讨论如何使用 pygame 构建 GUI。

❏ 第 5 章介绍 pygame 包，以及事件驱动的编程模型。我们将构建一些简单的程序，使你了解如何在窗口中添加图片，以及如何处理键盘和鼠标输入，然后将开发一款更加复杂的弹球游戏。

❏ 第 6 章更详细地介绍如何在 pygame 程序中使用 OOP。我们将使用 OOP 风格重写弹球游戏，并开发一些简单的 GUI 元素。

❏ 第 7 章介绍 pygwidgets 模块，它包含许多标准 GUI 元素（按钮、复选框等）的完整实现，每个元素都作为一个类实现。

第三部分深入介绍 OOP 的主要信条。
- 第 8 章讨论封装，即向外部代码隐藏实现细节，并将所有相关方法放在类中。
- 第 9 章介绍多态性，即多个类可以有名称相同的方法，并展示多态性如何使你能够调用多个对象中的方法，并不需要知道每个对象的类型。我们将创建一个 Shapes 程序来演示这个概念。
- 第 10 章介绍继承，它允许你创建一组子类，让这些子类都使用基类中的公共代码，而不是对相似的类重复造轮子。我们将介绍通过继承简化编程的一些现实示例，例如，实现一个只接受数字的输入字段，然后将使用继承来重写 Shapes 示例。
- 第 11 章讨论另外一些重要的 OOP 概念，它们主要与内存管理有关。我们将介绍对象的生存期，并且作为一个示例，将创建一款戳气球小游戏。

第四部分探讨与在游戏开发中使用 OOP 有关的一些主题。
- 第 12 章不仅演示如何把第 1 章开发的纸牌游戏改为一个基于 pygame 的 GUI 程序，还展示如何创建可重用的 Deck 类和 Card 类，使你能够在自己创建的其他纸牌游戏中使用它们。
- 第 13 章介绍定时功能。我们将开发不同的定时器类，使程序在保持运行的同时检查指定的时限。
- 第 14 章解释可以用来显示图片序列的动画类。我们将介绍两种动画技术——从单独图片文件的一个集合创建动画，以及提取和使用单个精灵表文件中包含的多张图片。
- 第 15 章解释状态机和场景管理器的概念。状态机代表和控制程序的流程，而场景管理器可以用于创建包含多个场景的程序。为了演示它们的用法，我们创建了 *Rock*, *Paper*, *Scissors* 游戏的两个版本。
- 第 16 章讨论不同类型的模态对话框，这是另外一个重要的用户交互功能。我们创建一款功能完整的、基于 OOP 的视频游戏，叫作 *Dodger*，它演示了本书介绍的许多技术。
- 第 17 章介绍设计模式的概念，重点讨论模型-视图-控制器模式，然后展示一个掷色子程序，该程序使用模型-视图-控制器模式，允许用户以不同的可视化方式查看数据。该章最后对全书内容做一个简单的总结。

开发环境

在本书中，并不需要大量使用命令行。在本书中使用的命令行只用于安装软件。本书清晰地列出了安装指令，所以你不需要学习任何额外的命令行语法。

相比使用命令行进行开发，我坚信应该使用一个交互式开发环境（Interactive Development Environment，IDE）。IDE 自动处理底层操作系统的许多细节，并使你能够只使用一个程序来编写、编辑和运行代码。IDE 通常是跨平台的，允许程序员轻松地从 Mac 计算机切换到 Windows 计算机（反之亦然）。

当你安装 Python 时，会安装一个 IDLE 开发环境，本书中的所有小示例程序均可以在这个环境中运行。IDLE 使用起来很简单，对于能够在一个文件中写出来的程序，它使用起来很方便。

当开发使用多个 Python 文件的复杂程序时，建议使用一个更加复杂的环境。我使用 JetBrains PyCharm 开发环境，它能够更加轻松地处理包含多个文件的项目。该环境的社区版可以免费从 JetBrains 网站获取，我强烈建议使用它。PyCharm 还集成了一个调试器，这在编写较大的程序时很有用。关于如何使用这个调试器的更多信息，请观看我的 YouTube 视频 *Debugging Python 3 with PyCharm*。

小部件和示例游戏

本书介绍并提供了两个 Python 包——pygwidgets 和 pyghelpers。通过使用这两个包，你应该能够构建 GUI 程序，但更重要的是，你应该能够理解如何使用类来编写每个小部件，把它们作为对象使用。

通过包含各种小部件，本书中的示例游戏一开始相对简单，后来逐渐变得更加复杂。第 16 章展示如何开发和实现一个功能完整的视频游戏，它还包含一个保存在文件中的高分表。

到本书结束时，你应该能编写自己的游戏，可能是纸牌游戏，也可能是 *Pong*、*Hangman*、*Breakout*、*Space Invaders* 等风格的视频游戏。当使用面向对象编程方法时，你能够使程序轻松地显示和控制相同类型的多个对象，当构建用户界面以及开发游戏时，常常需要这么做。

面向对象编程是一种通用的风格，可以用在编程的各个方面。希望你喜欢这种学习 OOP 的方法。

接下来就进入正题！

致　　谢

我想感谢使本书得以出版的下列人士。

Al Sweigart 让我开始使用 pygame（特别是他的"Pygbutton"代码），并允许我使用他的 *Dodger* 游戏的概念。

Monte Davidoff 通过使用 GitHub、Sphinx 和 ReadTheDocsd，帮助我正确创建源代码和代码的文档。他使用各种各样的工具整理文件。

Monte Davidoff（没错，是同一个人）是一位出色的技术审校者，他为整本书提出了优秀的技术和写作建议。在他的建议下，本书的许多代码示例更加符合 Python 的习惯和 OOP 的实践。

Tep Sathya Khieu 为本书绘制了所有原始图。我不是艺术家，甚至在电视上也不会扮演艺术家。在我用铅笔草绘出需要的草图后，Tep 把它们变成了清晰的、一致的作品。

Harrison Yung、Kevin Ly 和 Emily Allis 为一些游戏提供了美工作品。

早期审校者 Illya Katsyuk、Jamie Kalb、Gergana Angelova 和 Joe Langmuir 发现并纠正了许多拼写错误，并为内容的修改和阐释提供了好的建议。

感谢为本书做出贡献的所有编辑——Liz Chadwick（策划编辑）、Rachel Head（文字编辑）和 Kate Kaminski（责任编辑）。她们常常提出疑问，并帮助我梳理文字，或者调整我对一些概念的解释，为本书做出了巨大贡献。她们还帮助我在合适的地方加上或者去掉逗号，并帮助我断句，就像这里这句这样，以便确保我能够清晰地表达我的意图。恐怕我永远理解不了什么时候使用 which，什么时候使用 that，或者什么时候使用逗号，什么时候使用破折号，不过幸运的是，她们知道！还要感谢 Maureen Forys（排版人员），她为本书的版式设计做出了重要的贡献。

感谢这么多年来参加我的课程的所有学生。他们的反馈、建议以及在课堂上的表现对塑造本书的内容和我的教学风格很有用。

最后，撰写、编辑本书与调试本书配套的代码是一个漫长的过程，感谢我的家人在这个过程中一直支持我。没有他们的支持，我是无法完成本书的。

服务与支持

本书由异步社区出品，社区（https://www.epubit.com/）为您提供后续服务。

提交勘误信息

作者和编辑尽最大努力来确保书中内容的准确性，但难免会存在疏漏。欢迎您将发现的问题反馈给我们，帮助我们提升图书的质量。

当您发现错误时，请登录异步社区，按书名搜索，进入本书页面，单击"发表勘误"，输入勘误信息，单击"提交勘误"按钮即可，如下图所示。本书的作者和编辑会对您提交的勘误信息进行审核，确认并接受后，您将获赠异步社区的 100 积分。积分可用于在异步社区兑换优惠券、样书或奖品。

与我们联系

我们的联系邮箱是 contact@epubit.com.cn。

如果您对本书有任何疑问或建议，请您发邮件给我们，并请在邮件标题中注明本书书名，以便我们更高效地做出反馈。

如果您有兴趣出版图书、录制教学视频，或者参与图书翻译、技术审校等工作，可以发邮件给我们；有意出版图书的作者也可以到异步社区投稿（直接访问 www.epubit.com/contribute 即可）。

如果您所在的学校、培训机构或企业想批量购买本书或异步社区出版的其他图书，也可以发邮件给我们。

如果您在网上发现有针对异步社区出品图书的各种形式的盗版行为，包括对图书全部或部分内容的非授权传播，请您将怀疑有侵权行为的链接通过邮件发送给我们。您的这一举动是对作者权益的保护，也是我们持续为您提供有价值的内容的动力之源。

关于异步社区和异步图书

"异步社区"是人民邮电出版社旗下IT专业图书社区，致力于出版精品IT图书和相关学习产品，为作译者提供优质出版服务。异步社区创办于2015年8月，提供大量精品IT图书和电子书，以及高品质技术文章和视频课程。更多详情请访问异步社区官网https://www.epubit.com。

"异步图书"是由异步社区编辑团队策划出版的精品IT专业图书的品牌，依托于人民邮电出版社的计算机图书出版积累和专业编辑团队，相关图书在封面上印有异步图书的LOGO。异步图书的出版领域包括软件开发、大数据、人工智能、测试、前端、网络技术等。

异步社区

微信服务号

目　　录

第一部分　面向对象编程入门

第 1 章　过程式 Python 示例 ………… 2
- 1.1　*Higher or Lower* 纸牌游戏 ………… 2
  - 1.1.1　表示数据 ………… 2
  - 1.1.2　实现 ………… 3
  - 1.1.3　可重用的代码 ………… 5
- 1.2　银行账户模拟 ………… 5
  - 1.2.1　分析必要的操作和数据 ………… 5
  - 1.2.2　实现 1：不使用函数的单个账户 ………… 6
  - 1.2.3　实现 2：使用函数的单个账户 ………… 7
  - 1.2.4　实现 3：两个账户 ………… 9
  - 1.2.5　实现 4：使用列表的多个账户 ………… 10
  - 1.2.6　实现 5：账户字典的列表 ………… 13
- 1.3　过程式实现的常见问题 ………… 15
- 1.4　面向对象解决方案：初识类 ………… 15
- 1.5　小结 ………… 16

第 2 章　通过面向对象编程模拟物体 ………… 17
- 2.1　构建物体的软件模型 ………… 17
- 2.2　类和对象简介 ………… 18
- 2.3　类、对象和实例化 ………… 19
  - 2.3.1　在 Python 中编写类 ………… 20
  - 2.3.2　作用域和实例变量 ………… 21
  - 2.3.3　函数和方法的区别 ………… 22
  - 2.3.4　从类创建对象 ………… 22
  - 2.3.5　调用对象的方法 ………… 23
  - 2.3.6　从相同类创建多个实例 ………… 24
  - 2.3.7　Python 数据类型被实现为类 ………… 25
  - 2.3.8　对象的定义 ………… 26
- 2.4　创建一个更加复杂的类 ………… 26
- 2.5　将一个更加复杂的物理对象表示为类 ………… 28
  - 2.5.1　向方法传递实参 ………… 32
  - 2.5.2　多个实例 ………… 33
  - 2.5.3　初始化参数 ………… 34
- 2.6　类的使用 ………… 35
- 2.7　以 OOP 作为解决方案 ………… 35
- 2.8　小结 ………… 36

第 3 章　对象的思维模型和 "self" 的意义 ………… 37
- 3.1　重看 DimmerSwitch 类 ………… 37
- 3.2　1 号高级思维模型 ………… 38
- 3.3　2 号深层模型 ………… 39
- 3.4　self 的含义 ………… 41
- 3.5　小结 ………… 43

第 4 章　管理多个对象 ………… 44
- 4.1　银行账户类 ………… 44
- 4.2　导入类的代码 ………… 46
- 4.3　创建一些测试代码 ………… 47
  - 4.3.1　创建多个账户 ………… 47

4.3.2　在列表中包含多个Account
　　　　　对象 ································· 49
　　　4.3.3　具有唯一标识符的多个
　　　　　对象 ································· 51
　　　4.3.4　创建一个交互式菜单 ········ 53
　4.4　创建对象管理器 ···························· 54
　　　4.4.1　创建对象管理器 ················ 56
　　　4.4.2　创建对象管理器的主代码 ··· 58
　4.5　使用异常更好地处理错误 ············ 59
　　　4.5.1　try 和 except ······················ 60
　　　4.5.2　raise 语句和自定义异常 ····· 60
　4.6　在 Bank 程序中使用异常 ············· 61
　　　4.6.1　使用异常的 Account 类 ····· 61
　　　4.6.2　优化后的 Bank 类 ·············· 63
　　　4.6.3　处理异常的主代码 ············ 64
　4.7　在对象列表上调用相同的方法 ···· 65
　4.8　接口与实现 ································· 67
　4.9　小结 ··· 67

第二部分　使用 pygame 创建图形用户界面

第 5 章　pygame 简介 ·································· 70
　5.1　安装 pygame ································ 70
　5.2　窗口 ··· 71
　　　5.2.1　窗口坐标系统 ····················· 71
　　　5.2.2　像素颜色 ···························· 74
　5.3　事件驱动的程序 ·························· 75
　5.4　使用 pygame ································ 76
　　　5.4.1　打开一个空白窗口 ············ 76
　　　5.4.2　绘制图片 ···························· 79
　　　5.4.3　检测鼠标单击 ····················· 81
　　　5.4.4　处理键盘操作 ····················· 83
　　　5.4.5　创建基于位置的动画 ········ 86
　　　5.4.6　使用 pygame 矩形 ·············· 88
　5.5　播放声音 ······································ 90

　　　5.5.1　播放音效 ···························· 90
　　　5.5.2　播放背景音乐 ···················· 91
　5.6　绘制形状 ······································ 92
　5.7　小结 ··· 95

第 6 章　面向对象的 pygame ···················· 96
　6.1　使用 OOP pygame 创建屏保球 ····· 96
　　　6.1.1　创建 Ball 类 ························ 96
　　　6.1.2　使用 Ball 类 ························ 98
　　　6.1.3　创建多个 Ball 对象 ············ 99
　　　6.1.4　创建大量 Ball 对象 ·········· 100
　6.2　构建可重用的、面向对象的
　　　按钮 ··· 101
　　　6.2.1　构建一个 Button 类 ·········· 101
　　　6.2.2　使用 SimpleButton 的
　　　　　主代码 ······························· 103
　　　6.2.3　创建包含多个按钮的程序 ··· 104
　6.3　构建可重用的、面向对象的文本
　　　显示 ··· 105
　　　6.3.1　显示文本的步骤 ·············· 105
　　　6.3.2　创建 SimpleText 类 ·········· 106
　6.4　包含 SimpleText 和 SimpleButton 的
　　　弹球示例 ···································· 107
　6.5　对比接口与实现 ························ 109
　6.6　回调函数 ···································· 109
　　　6.6.1　创建回调函数 ·················· 110
　　　6.6.2　对 SimpleButton 使用
　　　　　回调函数 ··························· 110
　6.7　小结 ··· 112

第 7 章　pygame GUI 小部件 ················· 113
　7.1　向函数或方法传递实参 ············· 113
　　　7.1.1　位置和关键字形参 ·········· 114
　　　7.1.2　关于关键字形参的
　　　　　一些说明 ··························· 115
　　　7.1.3　使用 None 作为默认值 ···· 115
　　　7.1.4　选择关键字和默认值 ······ 116
　　　7.1.5　GUI 小部件中的默认值 ··· 117

7.2 pygwidgets 包 ················· 117
   7.2.1 设置 ················· 117
   7.2.2 总体设计方法 ············ 118
   7.2.3 添加图片 ··············· 119
   7.2.4 添加按钮、复选框和单选按钮 ·············· 119
   7.2.5 文本输出和输入 ·········· 122
   7.2.6 其他 pygwidgets 类 ······ 124
   7.2.7 pygwidgets 示例程序 ····· 124
7.3 一致的 API 的重要性 ············ 125
7.4 小结 ·························· 125

第三部分　封装、多态性和继承

第 8 章　封装 ···················· 128
8.1 函数的封装 ···················· 128
8.2 对象的封装 ···················· 129
8.3 封装的含义 ···················· 129
   8.3.1 直接访问方式以及为什么应该避免使用这种方式 ········ 130
   8.3.2 严格解释 getter 和 setter ···· 133
   8.3.3 安全的直接访问 ·········· 135
8.4 使实例变量更加私密 ············ 135
   8.4.1 隐式私有 ··············· 135
   8.4.2 更加显式地私有 ·········· 135
8.5 装饰器和@属性 ················ 136
8.6 pygwidgets 类中的封装 ········· 139
8.7 一个真实的故事 ················ 140
8.8 抽象 ·························· 141
8.9 小结 ·························· 143

第 9 章　多态性 ·················· 144
9.1 向现实世界的对象发送消息 ····· 144
9.2 编程中应用多态性的经典示例 ························· 145
9.3 使用 pygame 形状的示例 ······· 146
   9.3.1 Square 类 ·············· 146

   9.3.2 Circle 类和 Triangle 类 ····· 147
   9.3.3 创建形状的主程序 ········ 149
   9.3.4 扩展模式 ··············· 151
9.4 pygwidgets 表现出多态性 ······· 151
9.5 运算符的多态性 ················ 152
   9.5.1 魔术方法 ··············· 153
   9.5.2 比较运算符的魔术方法 ···· 153
   9.5.3 包含魔术方法的 Rectangle 类 ············ 154
   9.5.4 使用魔术方法的主程序 ···· 156
   9.5.5 数学运算符的魔术方法 ···· 158
   9.5.6 向量示例 ··············· 158
9.6 创建对象中值的字符串表示 ····· 160
9.7 包含魔术方法的 Fraction 类 ····· 162
9.8 小结 ·························· 165

第 10 章　继承 ···················· 166
10.1 面向对象编程中的继承 ········ 166
10.2 实现继承 ···················· 167
10.3 Employee 和 Manager 示例 ····· 168
   10.3.1 基类 Employee ········· 168
   10.3.2 子类 Manager ·········· 168
   10.3.3 测试代码 ·············· 170
10.4 客户端眼中的子类 ············ 171
10.5 现实世界的继承示例 ·········· 172
   10.5.1 InputNumber ··········· 172
   10.5.2 DisplayMoney ·········· 174
   10.5.3 示例用法 ·············· 176
10.6 从同一个基类继承多个类 ····· 179
10.7 抽象类和抽象方法 ············ 182
10.8 pygwidgets 如何使用继承 ····· 185
10.9 类的层次 ···················· 186
10.10 使用继承编程的困难 ········ 187
10.11 小结 ······················· 188

第 11 章　管理对象使用的内存 ······· 189
11.1 对象的生存期 ················ 189
   11.1.1 引用计数 ·············· 189

11.1.2 垃圾回收 194
11.2 类变量 194
11.2.1 类变量常量 194
11.2.2 将类变量用于计数 195
11.3 综合运用：气球示例程序 196
11.3.1 常量模块 197
11.3.2 主程序代码 198
11.3.3 气球管理器 200
11.3.4 Balloon 类和对象 202
11.4 使用 slots 管理内存 204
11.5 小结 206

第四部分 在游戏开发中使用 OOP

第 12 章 纸牌游戏 208
12.1 Card 类 208
12.2 Deck 类 210
12.3 *Higher or Lower* 游戏 212
12.3.1 主程序 212
12.3.2 Game 对象 213
12.4 使用 __name__ 进行测试 216
12.5 其他纸牌游戏 217
12.5.1 Blackjack 牌堆 217
12.5.2 使用非标准牌堆的游戏… 217
12.6 小结 218

第 13 章 定时器 219
13.1 定时器演示程序 219
13.2 实现定时器的 3 种方法 220
13.2.1 统计帧数 220
13.2.2 定时器事件 221
13.2.3 通过计算经过的时间来创建定时器 222
13.3 安装 pyghelpers 223
13.4 Timer 类 224
13.5 显示时间 226
13.5.1 CountUpTimer 226

13.5.2 CountDownTimer 228
13.6 小结 229

第 14 章 动画 230
14.1 构建动画类 230
14.1.1 SimpleAnimation 类 230
14.1.2 SimpleSpriteSheetAnimation 类 234
14.1.3 将两个类合并起来 237
14.2 pygwidgets 中的动画类 237
14.2.1 Animation 类 238
14.2.2 SpriteSheetAnimation 类 239
14.2.3 公共基类 PygAnimation 240
14.2.4 示例动画程序 240
14.3 小结 241

第 15 章 场景 242
15.1 状态机方法 242
15.2 状态机的一个 pygame 示例 244
15.3 用于管理许多场景的场景管理器 248
15.4 使用场景管理器的一个示例程序 249
15.4.1 主程序 250
15.4.2 构建场景 252
15.4.3 一个典型场景 254
15.5 使用场景的 *Rock, Paper, Scissors* 255
15.6 场景之间的通信 259
15.6.1 从目标场景请求信息 259
15.6.2 向目标场景发送信息 260
15.6.3 向所有场景发送信息 260
15.6.4 测试场景之间的通信 260
15.7 场景管理器的实现 261
15.7.1 run()方法 262
15.7.2 主方法 263

| 15.7.3 场景之间的通信 ………… 264
| 15.8 小结 ……………………………… 265

第 16 章 完整的 Dodger 游戏 ………… 266
- 16.1 模态对话框 …………………… 266
  - 16.1.1 Yes/No 和警告对话框 …… 266
  - 16.1.2 Answer 对话框 ………… 269
- 16.2 构建完整的 Dodger 游戏 …… 271
  - 16.2.1 游戏概述 ……………… 271
  - 16.2.2 实现 ……………………… 272
  - 16.2.3 扩展游戏 ………………… 287
- 16.3 小结 ……………………………… 287

第 17 章 设计模式及收尾 ……………… 289
- 17.1 模型-视图-控制器 …………… 289
  - 17.1.1 文件显示示例 …………… 289
  - 17.1.2 统计显示示例 …………… 290
  - 17.1.3 MVC 模式的优势 ………… 294
- 17.2 小结 ……………………………… 294

Part 1 第一部分

面向对象编程入门

本书第一部分介绍面向对象编程。我们将讨论过程式代码的固有问题，然后介绍面向对象编程如何解决这些问题。用包含状态和行为的对象来思考问题，为编写代码带来了一种新的视角。

第 1 章将回顾过程式 Python。本章首先展示一个基于文本的纸牌游戏，命名为 *Higher or Lower*，然后使用 Python 完成一个越来越复杂的银行账户，帮助你理解过程式编码中常见的问题。

第 2 章将介绍在 Python 中如何使用类来表示现实世界的物体。我们将编写一个程序来模拟电灯开关，然后修改它来包含使灯光变暗的功能，最后开发一个更加复杂的电视机遥控器模拟程序。

第 3 章将介绍面向对象编程中的两种思维模型。

第 4 章将演示处理相同类型的多个对象的标准方式（例如，考虑一个需要跟踪许多相似的游戏元素的简单游戏，如跳棋）。我们将扩展第 1 章的银行账户程序，探讨如何处理错误。

第 1 章 过程式 Python 示例

编程入门课程和图书常常采用过程式编程风格来讲解软件开发，这种编程风格将一个程序拆分为许多函数（也称为过程或子例程）。把数据传递给函数，然后函数执行一个或多个计算，并且通常会传回结果。本书则介绍一种不同的编程范式——面向对象编程（Object-Oriented Programming，OOP）。面向对象编程允许程序员以一种不同的思维方式来思考如何构建软件。面向对象编程使程序员能够将代码和数据合并为内聚的单元，从而避免过程式编程固有的一些复杂的问题。

在本章中，我们通过创建两个使用多种 Python 结构的小程序，回顾 Python 的一些基本概念。第 1 个程序对应一款名为 *Higher or Lower* 的小纸牌游戏，第 2 个程序模拟银行系统，对一个、两个和多个账户执行操作。这两个程序都是使用过程式编程开发的，即使用了标准的数据和函数技术。后面将使用 OOP 技术重写这两个程序。本章的目的是演示过程式编程的一些固有的关键问题。了解了这些问题后，后面的各章将解释 OOP 如何解决这些问题。

1.1 *Higher or Lower* 纸牌游戏

第 1 个示例是一个名为 *Higher or Lower* 的简单纸牌游戏。在这款游戏中，从一副牌中随机取出 8 张牌。第一张牌亮出来。游戏要求玩家预测在选出的纸牌中，下一张牌比当前亮出的牌点数更大还是更小。例如，假设亮出的牌的点数是 3。玩家选择"更大"，就显示下一张牌。如果这张牌的点数更大，玩家就是正确的。在这个示例中，如果玩家选择了"更小"，就是错误的。

如果玩家的猜测正确，就得到 20 分；如果不正确，就失去 15 分。如果要翻开的下一张牌的点数与当前亮出的牌的点数相同，玩家是不正确的。

1.1.1 表示数据

程序需要表示包含 52 张牌的牌堆，这里将使用一个列表来表示这个牌堆。列表的这 52 个元素中的每个元素都是一个字典（键值对的一个集合）。为了表示任意牌，每个字典将包含 3 个键值对'rank' 'suit'和'value'。rank 是牌面大小（Ace, 2, 3, …, 10, Jack, Queen, King），但 value 是用于比较牌的整数（1, 2, 3, …, 10, 11, 12, 13）。例如，方块 11 用下面的字典来表示。

```
{'rank': 'Jack', 'suit': 'Clubs', 'value': 11}
```

在玩家玩一局游戏之前,创建代表牌堆的列表并洗牌,使纸牌随机排列。程序中没有使用图片显示纸牌,所以每一次用户选择"更大"或"更小"时,程序将从牌堆中获取一个纸牌字典,输出它的牌面大小和花色。然后,程序比较新牌的值和上一张牌的值,根据用户的回答正确与否给出反馈。

1.1.2 实现

代码清单 1-1 显示了 *Higher or Lower* 游戏的代码。

> **注意:** 本书中的代码可从 No Starch 网站下载(搜索 "object-oriented-python")或 GitHub 网站下载(搜索 "IrvKalb/Object-Oriented-Python-Code/")。你可以下载并运行代码,也可以自己输入代码。

代码清单 1-1:使用过程式 Python 的 *Higher or Lower* 游戏(文件: HigherOrLower-Procedural.py)

```python
# HigherOrLower

import random

# Card constants
SUIT_TUPLE = ('Spades', 'Hearts', 'Clubs', 'Diamonds')
RANK_TUPLE = ('Ace', '2', '3', '4', '5', '6', '7', '8', '9', '10', 'Jack',
'Queen', 'King')

NCARDS = 8

# Pass in a deck and this function returns a random card from the deck
def getCard(deckListIn):
    thisCard = deckListIn.pop() # pop one off the top of the deck and return
    return thisCard

# Pass in a deck and this function returns a shuffled copy of the deck
def shuffle(deckListIn):
    deckListOut = deckListIn.copy() # make a copy of the starting deck
    random.shuffle(deckListOut)
    return deckListOut

# Main code
print('Welcome to Higher or Lower.')
print('You have to choose whether the next card to be shown will be higher or lower than the current card.')
print('Getting it right adds 20 points; get it wrong and you lose 15 points.')
print('You have 50 points to start.')
print()

startingDeckList = []
❶ for suit in SUIT_TUPLE:
    for thisValue, rank in enumerate(RANK_TUPLE):
        cardDict = {'rank':rank, 'suit':suit, 'value':thisValue + 1}
        startingDeckList.append(cardDict)

score = 50
```

```
while True: # play multiple games
    print()
    gameDeckList = shuffle(startingDeckList)
❷   currentCardDict = getCard(gameDeckList)
    currentCardRank = currentCardDict['rank']
    currentCardValue = currentCardDict['value']
    currentCardSuit = currentCardDict['suit']
    print('Starting card is:', currentCardRank + ' of ' + currentCardSuit)
    print()

❸   for cardNumber in range(0, NCARDS): # play one game of this many cards
        answer = input('Will the next card be higher or lower than the ' +
                       currentCardRank + ' of ' +
                       currentCardSuit + '? (enter h or l): ')
        answer = answer.casefold() # force lowercase
❹       nextCardDict = getCard(gameDeckList)
        nextCardRank = nextCardDict['rank']
        nextCardSuit = nextCardDict['suit']
        nextCardValue = nextCardDict['value']
        print('Next card is:', nextCardRank + ' of ' + nextCardSuit)

❺       if answer == 'h':
            if nextCardValue > currentCardValue:
                print('You got it right, it was higher')
                score = score + 20
            else:
                print('Sorry, it was not higher')
                score = score - 15

        elif answer == 'l':
            if nextCardValue < currentCardValue:
                score = score + 20
                print('You got it right, it was lower')

            else:
                score = score - 15
                print('Sorry, it was not lower')

        print('Your score is:', score)
        print()
        currentCardRank = nextCardRank
        currentCardValue = nextCardValue # don't need current suit

❻   goAgain = input('To play again, press ENTER, or "q" to quit: ')
    if goAgain == 'q':
        break

print('OK bye')
```

程序首先将牌堆创建为一个列表（❶）。每张牌是由牌面大小、花色和值构成的一个字典。对于每局游戏，从牌堆中取出第一张牌，将其元素保存到变量中（❷）。对于接下来的 7 张牌，要求用户预测下一张牌比刚刚展示的牌的点数更大还是更小（❸）。从牌堆中取出下一张牌，将其元素保存到另一组变量中（❹）。游戏比较用户的回答和取出的牌，并根据比较结果给用户提供反馈，分配分数（❺）。当用户对选择的全部 7 张牌做出预测后，我们询问他们是否想再玩一次（❻）。

这个程序演示了编程，尤其是 Python 编程的许多元素——变量、赋值语句、函数和函数调用、if/else 语句、输出语句、while 循环、列表、字符串和字典。本书假定你已经熟悉本例中使用的所有元素。如果这个程序中有你不熟悉或不清楚的地方，最好先了解相关的知识，然后再继续学习本书。

1.1.3 可重用的代码

这是一个基于纸牌的游戏，所以代码显然创建并操纵一副模拟的纸牌。如果我们想编写另外一个基于纸牌的游戏，那么重用关于牌堆和纸牌的代码会非常有帮助。

在过程式程序中，通常很难识别与程序的某个部分（在本例中对应牌堆和纸牌）相关的所有代码。在代码清单 1-1 中，牌堆的代码包含两个元组常量、两个函数和一些主代码，这些主代码构建了两个全局列表，一个全局列表代表包含 52 张牌的起始牌堆，另一个全局列表代表在游戏过程中使用的牌堆。另外要注意，即使在这样一个小程序中，数据和操纵数据的代码也不一定紧密地放在一起。

因此，在另外一个程序中重用牌堆或者纸牌的代码并没有那么容易或者直观。第 12 章将回顾这个程序，展示 OOP 解决方案如何使得重用这个程序的代码变得更加容易。

1.2 银行账户模拟

银行账户模拟是过程式编码的第 2 个示例。这个程序模拟一个银行的运作，本节将给出这个程序的几个变体。在程序的每个新版本中，将添加更多功能。注意，这些程序并没有达到发布的质量标准，无效的用户输入或者错误的用法会导致错误。这里的目的是让你关注代码如何与一个或多个银行账户的数据进行交互。

首先，思考客户想要对银行账户做什么操作，以及需要什么数据来表示账户。

1.2.1 分析必要的操作和数据

客户想要对银行账户做的操作包括：
- 创建账户；
- 存款；
- 取款；
- 查询余额。

下面则列出了代表一个银行账户至少需要的数据列表：
- 客户姓名；
- 密码；
- 余额。

注意，所有的操作都是动宾结构，所有的数据项都是名词。真实的银行账户不仅能够支持多得多的操作，还会包含其他数据（如账户持有人的地址、电话号码和社保号），但是为了让我们的讨论清晰易懂，一开始只支持这 4 个操作和 3 条数据。另外，为了保持内容简单，不偏离主题，我们只使用整数美元。还需要指出的是，在真实的银行应用程序中，不会像这里的示例这样使用明文（未加密的文本）来保存密码。

1.2.2 实现 1：不使用函数的单个账户

在代码清单 1-2 显示的最初版本中，只有一个账户。

代码清单 1-2：只包含一个账户的银行模拟程序（文件：Bank1_OneAccount.py）

```
# Non-OOP
# Bank Version 1
# Single account

❶ accountName = 'Joe'
  accountBalance = 100
  accountPassword = 'soup'

  while True:
  ❷ print()
    print('Press b to get the balance')
    print('Press d to make a deposit')
    print('Press w to make a withdrawal')
    print('Press s to show the account')
    print('Press q to quit')
    print()

    action = input('What do you want to do? ')
    action = action.lower() # force lowercase
    action = action[0] # just use first letter
    print()

    if action == 'b':
        print('Get Balance:')
        userPassword = input('Please enter the password: ')
        if userPassword != accountPassword:
            print('Incorrect password')
        else:
            print('Your balance is:', accountBalance)

    elif action == 'd':
        print('Deposit:')
        userDepositAmount = input('Please enter amount to deposit: ')
        userDepositAmount = int(userDepositAmount)
        userPassword = input('Please enter the password: ')

        if userDepositAmount < 0:
            print('You cannot deposit a negative amount!')

        elif userPassword != accountPassword:
            print('Incorrect password')

        else: # OK
            accountBalance = accountBalance + userDepositAmount
            print('Your new balance is:', accountBalance)

    elif action == 's': # show
        print('Show:')
        print('    Name', accountName)
        print('    Balance:', accountBalance)
```

```
        print('          Password:', accountPassword)
        print()

    elif action == 'q':
        break

    elif action == 'w':
        print('Withdraw:')

        userWithdrawAmount = input('Please enter the amount to withdraw: ')
        userWithdrawAmount = int(userWithdrawAmount)
        userPassword = input('Please enter the password: ')

        if userWithdrawAmount < 0:
            print('You cannot withdraw a negative amount')

        elif userPassword != accountPassword:
            print('Incorrect password for this account')

        elif userWithdrawAmount > accountBalance:
            print('You cannot withdraw more than you have in your account')

        else: #OK
            accountBalance = accountBalance - userWithdrawAmount
            print('Your new balance is:', accountBalance)

print('Done')
```

程序首先初始化了 3 个变量，用于代表一个账户的数据（❶）。然后，显示了一个菜单，用于选择操作（❷）。程序的主代码直接操作全局账户变量。

在本例中，所有操作都在主代码级别；代码中没有使用函数。程序可以正确运行，但看起来有点长。为了使很长的程序变得更加清晰，通常采用的方法是将相关代码放到函数中，然后调用那些函数。我们在银行程序的下一个实现中将探讨这种方法。

1.2.3　实现 2：使用函数的单个账户

在代码清单 1-3 对应的版本中，将代码拆分为单独的函数，每个函数对应一种操作。这里仍然只模拟了一个账户。

代码清单 1-3：使用函数的只包含一个账户的银行模拟程序（文件: Bank2_OneAccountWithFunctions.py）

```
# Non-OOP
# Bank 2
# Single account

accountName = ''
accountBalance = 0
accountPassword = ''

❶ def newAccount(name, balance, password):
      global accountName, accountBalance, accountPassword
      accountName = name
      accountBalance = balance
      accountPassword = password
```

```
    def show():
        global accountName, accountBalance, accountPassword
        print('    Name', accountName)
        print('    Balance:', accountBalance)
        print('    Password:', accountPassword)
        print()

❷ def getBalance(password):
        global accountName, accountBalance, accountPassword
        if password != accountPassword:
            print('Incorrect password')
            return None
        return accountBalance

❸ def deposit(amountToDeposit, password):
        global accountName, accountBalance, accountPassword
        if amountToDeposit < 0:
            print('You cannot deposit a negative amount!')
            return None

        if password != accountPassword:
            print('Incorrect password')
            return None

        accountBalance = accountBalance + amountToDeposit
        return accountBalance

❹ def withdraw(amountToWithdraw, password):
    ❺ global accountName, accountBalance, accountPassword
        if amountToWithdraw < 0:
            print('You cannot withdraw a negative amount')
            return None
        if password != accountPassword:
            print('Incorrect password for this account')
            return None

        if amountToWithdraw > accountBalance:
            print('You cannot withdraw more than you have in your account')
            return None

    ❻ accountBalance = accountBalance - amountToWithdraw
        return accountBalance

    newAccount("Joe", 100, 'soup') # create an account

    while True:
        print()
        print('Press b to get the balance')
        print('Press d to make a deposit')
        print('Press w to make a withdrawal')
        print('Press s to show the account')
        print('Press q to quit')
        print()

        action = input('What do you want to do? ')
        action = action.lower() # force lowercase
        action = action[0] # just use first letter
        print()

        if action == 'b':
            print('Get Balance:')
            userPassword = input('Please enter the password: ')
```

```
        theBalance = getBalance(userPassword)
        if theBalance is not None:
            print('Your balance is:', theBalance)

❼   elif action == 'd':
        print('Deposit:')
        userDepositAmount = input('Please enter amount to deposit: ')
        userDepositAmount = int(userDepositAmount)
        userPassword = input('Please enter the password: ')
❽       newBalance = deposit(userDepositAmount, userPassword)
        if newBalance is not None:
            print('Your new balance is:', newBalance)

--- snip calls to appropriate functions ---

print('Done')
```

在这个版本中,为银行账户的每个操作(创建账户(❶)、查询余额(❷)、存款(❸)和取款(❹))分别创建了一个函数,并重新组织代码,使主代码调用不同的函数。

这样一来,主程序变得易读了许多。例如,如果用户输入 d,表示他们想要存款(❼),主代码现在会调用一个名为 deposit() 的函数(❸),并传入存款数目,以及用户输入的账户密码。

但是,如果查看这里的任何函数(如 withdraw() 函数)的定义,就会发现代码使用了 global 语句(❺)来访问(获取或设置)代表账户的变量。在 Python 中,只有当想要在函数中修改一个全局变量的值时,才需要使用 global 语句。但是,这里使用它们,只是为了清楚地表明,这些函数引用了全局变量(尽管只获取它们的值)。

作为一般编程原则,函数绝不应该修改全局变量。函数只应该使用传递给它的数据,基于这些数据进行计算,然后返回结果(当然,不必返回结果)。这个程序中的 withdraw() 函数确实可以正常运行,但违反了这个原则,它不仅修改了全局变量 accountBalance 的值(❻),还访问了全局变量 accountPassword 的值。

1.2.4 实现 3:两个账户

代码清单 1-4 中的银行模拟程序采用了与代码清单 1-3 相同的方法,但添加了支持两个账户的功能。

代码清单 1-4:使用函数且支持两个账户的银行模拟程序(文件: Bank3_TwoAccounts.py)

```
# Non-OOP
# Bank 3
# Two accounts

account0Name = ''
account0Balance = 0
account0Password = ''
account1Name = ''
account1Balance = 0
account1Password = ''
nAccounts = 0

def newAccount(accountNumber, name, balance, password):
❶   global account0Name, account0Balance, account0Password
```

```
        global account1Name, account1Balance, account1Password

        if accountNumber == 0:
            account0Name = name
            account0Balance = balance
            account0Password = password
        if accountNumber == 1:
            account1Name = name
            account1Balance = balance
            account1Password = password
    def show():
  ❷     global account0Name, account0Balance, account0Password
        global account1Name, account1Balance, account1Password

        if account0Name != '':
            print('Account 0')
            print('     Name', account0Name)
            print('     Balance:', account0Balance)
            print('     Password:', account0Password)
            print()
        if account1Name != '':
            print('Account 1')
            print('     Name', account1Name)
            print('     Balance:', account1Balance)
            print('     Password:', account1Password)
            print()

    def getBalance(accountNumber, password):
  ❸     global account0Name, account0Balance, account0Password
        global account1Name, account1Balance, account1Password

        if accountNumber == 0:
            if password != account0Password:
                print('Incorrect password')
                return None
            return account0Balance
        if accountNumber == 1:
            if password != account1Password:
                print('Incorrect password')
                return None
            return account1Balance

--- snipped additional deposit() and withdraw() functions ---

--- snipped main code that calls functions above ---

    print('Done')
```

即使只有两个账户，也可以看出来，这种方法很快会变得难以处理。首先，我们在❶❷和❸那里为每个账户设置了3个全局变量。另外，每个函数现在有一个if语句，用于选择访问或修改哪组全局变量。每当我们想要添加另外一个账户时，就需要添加另外一组全局变量，并在每个函数中添加更多if语句。这并不是一种可行的方法。要用一种不同的方式来处理任意数量的账户。

1.2.5 实现4：使用列表的多个账户

为了更方便支持多个账户，在代码清单1-5中，我们将使用列表表示数据。程序的这个版本使用了 3 个列表——accountNamesList、accountPasswordsList 和 accountBalancesList。

代码清单 1-5：使用并行列表的银行模拟程序（文件: Bank4_N_Accounts.py）

```python
# Non-OOP Bank
# Version 4
# Any number of accounts - with lists

❶ accountNamesList = []
  accountBalancesList = []
  accountPasswordsList = []

  def newAccount(name, balance, password):
      global accountNamesList, accountBalancesList, accountPasswordsList
    ❷ accountNamesList.append(name)
      accountBalancesList.append(balance)
      accountPasswordsList.append(password)

  def show(accountNumber):
      global accountNamesList, accountBalancesList, accountPasswordsList
      print('Account', accountNumber)
      print('     Name', accountNamesList[accountNumber])
      print('     Balance:', accountBalancesList[accountNumber])
      print('     Password:', accountPasswordsList[accountNumber])
      print()

  def getBalance(accountNumber, password):
      global accountNamesList, accountBalancesList, accountPasswordsList
      if password != accountPasswordsList[accountNumber]:
          print('Incorrect password')
          return None
      return accountBalancesList[accountNumber]

  --- snipped additional functions ---

  # Create two sample accounts
❸ print("Joe's account is account number:", len(accountNamesList))
  newAccount("Joe", 100, 'soup')

❹ print("Mary's account is account number:", len(accountNamesList))
  newAccount("Mary", 12345, 'nuts')

  while True:
      print()
      print('Press b to get the balance')
      print('Press d to make a deposit')
      print('Press n to create a new account')
      print('Press w to make a withdrawal')
      print('Press s to show all accounts')
      print('Press q to quit')
      print()

      action = input('What do you want to do? ')
      action = action.lower() # force lowercase
      action = action[0] # just use first letter
      print()
      if action == 'b':
          print('Get Balance:')
        ❺ userAccountNumber = input('Please enter your account number: ')
          userAccountNumber = int(userAccountNumber)
          userPassword = input('Please enter the password: ')
          theBalance = getBalance(userAccountNumber, userPassword)
```

```
        if theBalance is not None:
            print('Your balance is:', theBalance)
--- snipped additional user interface ---
print('Done')
```

在程序的开头,将 3 个列表设置为空列表(❶)。为了创建一个新账户,将合适的值追加到每个列表(❷)。

因为现在要处理多个账户,所以使用了银行账户号码这个基本概念。每当用户创建账户的时候,代码就对一个列表使用 len()函数,并返回该数字,作为该用户的账号(❸❹)。为第 1 个用户创建账户时,accountNamesList 的长度是 0。因此,第 1 个账户的账号是 0,第 2 个账户的账号是 1,以此类推。和真正的银行一样,在创建账户后,要执行任何操作(如存款或取款),用户必须提供自己的账号(❺)。

但是,这里的代码仍然在使用全局数据,现在有 3 个全局数据列表。

想象一下在电子表格中查看这些数据,如表 1-1 所示。

表 1-1 数据表

账户号码	姓名	密码	余额
0	Joe	soup	100
1	Mary	nuts	3550
2	Bill	frisbee	1000
3	Sue	xxyyzz	750
4	Henry	PW	10000

这些数据作为 3 个全局 Python 列表进行维护,每个列表代表这个表格中的一列。例如,从突出显示的列中可以看到,全部密码作为一个列表放到一起。用户的姓名放到另外一个列表中,余额也放到一个列表中。当采用这种方法时,要获取关于一个账户的信息,需要使用一个公共的索引值访问这些列表。

虽然这种方法可行,但非常麻烦。数据没有以一种符合逻辑的方式进行分组。例如,把所有用户的密码放到一起并不合理。另外,每次为一个账户添加一个新特性(如地址或电话号码)时,就需要创建并访问另外一个全局列表。

与这种方法相反,我们真正想要的分组是代表这个电子表格中的一行的分组,如表 1-2 所示。

表 1-2 数据表

账户号码	姓名	密码	余额
0	Joe	soup	100
1	Mary	nuts	3550
2	Bill	frisbee	1000
3	Sue	xxyyzz	750
4	Henry	PW	10000

这样一来,每一行代表与一个银行账户关联的数据。虽然数据一样,但这种分组是代表账户的一种更加自然的方式。

1.2.6 实现 5:账户字典的列表

为了实现最后这种方法,我们将使用一种稍微复杂一些的数据结构。在这个版本中,创建一个账户列表,其中每个账户(列表中的每个元素)是如下所示的一个字典。

{'name':<someName>, 'password':<somePassword>, 'balance':<someBalance>}

注意: 在本书中,每当我在尖括号(<>)中给出一个值的时候,意味着你应该使用自己选择的值来替换该项(以及尖括号)。例如,在上面的代码行中,<someName>、<somePassword>和<someBalance>是占位符,应该用实际值替换它们。

最后,这个实现的代码如代码清单 1-6 所示。

代码清单 1-6:使用字典列表的银行模拟程序(文件: Bank5_Dictionary.py)

```python
# Non-OOP Bank
# Version 5
# Any number of accounts - with a list of dictionaries

accountsList = []  ❶

def newAccount(aName, aBalance, aPassword):
    global accountsList
    newAccountDict = {'name':aName, 'balance':aBalance, 'password':aPassword}
    accountsList.append(newAccountDict)  ❷

def show(accountNumber):
    global accountsList
    print('Account', accountNumber)
    thisAccountDict = accountsList[accountNumber]
    print('     Name', thisAccountDict['name'])
    print('     Balance:', thisAccountDict['balance'])
    print('     Password:', thisAccountDict['password'])
    print()

def getBalance(accountNumber, password):
    global accountsList
    thisAccountDict = accountsList[accountNumber]  ❸
    if password != thisAccountDict['password']:
        print('Incorrect password')
        return None
    return thisAccountDict['balance']

--- snipped additional deposit() and withdraw() functions ---

# Create two sample accounts
print("Joe's account is account number:", len(accountsList))
newAccount("Joe", 100, 'soup')

print("Mary's account is account number:", len(accountsList))
newAccount("Mary", 12345, 'nuts')
```

```python
while True:
    print()
    print('Press b to get the balance')
    print('Press d to make a deposit')
    print('Press n to create a new account')
    print('Press w to make a withdrawal')
    print('Press s to show all accounts')
    print('Press q to quit')
    print()

    action = input('What do you want to do? ')
    action = action.lower() # force lowercase
    action = action[0] # just use first letter
    print()

    if action == 'b':
        print('Get Balance:')
        userAccountNumber = input('Please enter your account number: ')
        userAccountNumber = int(userAccountNumber)
        userPassword = input('Please enter the password: ')
        theBalance = getBalance(userAccountNumber, userPassword)
        if theBalance is not None:
            print('Your balance is:', theBalance)

    elif action == 'd':
        print('Deposit:')
        userAccountNumber= input('Please enter the account number: ')
        userAccountNumber = int(userAccountNumber)
        userDepositAmount = input('Please enter amount to deposit: ')
        userDepositAmount = int(userDepositAmount)
        userPassword = input('Please enter the password: ')

        newBalance = deposit(userAccountNumber, userDepositAmount, userPassword)
        if newBalance is not None:
            print('Your new balance is:', newBalance)

    elif action == 'n':
        print('New Account:')
        userName = input('What is your name? ')
        userStartingAmount = input('What is the amount of your initial deposit? ')
        userStartingAmount = int(userStartingAmount)
        userPassword = input('What password would you like to use for this account? ')

        userAccountNumber = len(accountsList)
        newAccount(userName, userStartingAmount, userPassword)
        print('Your new account number is:', userAccountNumber)

--- snipped additional user interface ---

print('Done')
```

使用这种方法,可以在一个字典中找到与一个账户相关的所有数据(❶)。要创建一个新账户,我们创建一个新的字典,将其追加到账户列表中(❷)。为每个账户分配一个数字(一个简单的整数),对账户执行任何操作时,都必须提供这个账号。例如,当用户存款时,需要提供自己的账号,getBalance()函数会使用该账号作为账户列表中的索引(❸)。

这种方法让代码整洁了许多,使数据的组织更加符合逻辑。但是,程序中的每个函数仍然必须访问全局账户列表。让函数能够访问所有账户数据会带来潜在的安全风险。理想情况下,每个函数只应该能够影响一个账户的数据。

1.3 过程式实现的常见问题

本章展示的示例有一个共同的问题：函数操作的所有数据存储在一个或多个全局变量中。出于下面的原因，在过程式编程中大量使用全局数据不是好的做法。

（1）如果函数使用或者修改全局数据，则很难在其他程序中重用该函数。访问全局数据的函数在操作与函数代码本身处于不同（更高）级别的数据。该函数将需要使用 global 语句来访问全局数据。你不能直接在另外一个程序中重用一个依赖全局数据的函数，而只能在具有类似全局数据的程序中重用它。

（2）许多过程式程序有大量全局变量。按照定义，全局变量可被程序中任意地方的任何代码使用或修改。过程式程序中常常散布着对全局变量赋值的语句，可能包含在主代码中，也可能包含在函数内。因为变量值可能在任何地方改变，所以极难调试和维护采用这种方式编写的程序。

（3）使用全局数据的函数常常访问过多数据。当函数使用一个全局列表、字典或其他任何全局数据结构时，它能够访问该数据结构中的所有数据。但是，函数通常只应该操作该数据结构中的一部分数据（或少量数据）。能够读写大型数据结构中的任何数据，可能导致出现错误，如不小心使用或者重写该函数不应该访问的数据。

1.4 面向对象解决方案：初识类

代码清单 1-7 展示了一种面向对象方法，该方法将一个账户的所有代码和关联数据组合到一起。这里有许多新概念，从下一章开始将详细介绍所有细节。尽管你现在可能没有完全理解这个示例，但是注意，这里把代码和数据合并到一个脚本（称为类）中。下面是你在本书中第一次接触到的面向对象代码。

代码清单 1-7：第 1 个 Python 类示例（文件: Account.py）

```
# Account class

class Account():
    def __init__(self, name, balance, password):
        self.name = name
        self.balance = int(balance)
        self.password = password

    def deposit(self, amountToDeposit, password):
        if password != self.password:
            print('Sorry, incorrect password')
            return None

        if amountToDeposit < 0:
            print('You cannot deposit a negative amount')
            return None

        self.balance = self.balance + amountToDeposit
        return self.balance
```

```
    def withdraw(self, amountToWithdraw, password):
        if password != self.password:
            print('Incorrect password for this account')
            return None

        if amountToWithdraw < 0:
            print('You cannot withdraw a negative amount')
            return None

        if amountToWithdraw > self.balance:
            print('You cannot withdraw more than you have in your account')
            return None

        self.balance = self.balance - amountToWithdraw
        return self.balance

    def getBalance(self, password):
        if password != self.password:
            print('Sorry, incorrect password')
            return None
        return self.balance
    # Added for debugging
    def show(self):
        print('      Name:', self.name)
        print('      Balance:', self.balance)
        print('      Password:', self.password)
        print()
```

现在，思考这里的函数与前面的过程式编程示例有什么相似之处。函数的名称与之前相同（show()、getBalance()、deposit()和 withdraw()），但这里还有一些使用了 self（或 self.）的代码。后面的章节将介绍它的含义。

1.5 小结

本章首先采用过程式编程实现了一个叫作 *Higher or Lower* 的纸牌游戏的代码。第 12 章将展示如何创建这个游戏的面向对象版本，并添加图形用户界面。

之后，本章介绍了模拟银行系统的问题，先让它支持一个账户，然后让它支持多个账户。本章讨论了使用过程式编程来实现模拟程序的几种不同的方式，并说明了这种方法造成的一些问题。最后，本章展示了使用类的银行账户代码。

第 2 章　通过面向对象编程模拟物体

本章将介绍面向对象编程背后的一般概念。本章将展示一个使用过程式编程方式编写的简单示例程序，介绍作为 OOP 代码基础的类，并解释类的元素如何协同工作。然后，我们将采用面向对象风格，将第 1 个过程式示例重写为类，并展示如何从类创建对象。

本章的剩余部分将介绍一些越来越复杂的类，用它们来代表实际物体，以说明 OOP 如何解决第 1 章遇到的过程式编程的一些问题。这应该能够使你很好地理解面向对象的基本概念，以及它们如何提升你的编程技能。

2.1　构建物体的软件模型

为了描述我们周围世界中的物体，我们常常借助它们的属性。当提到一张桌子时，你可能会描述它的颜色、尺寸、重量、材料等。一些物体具有只适合自己、不适合其他物体的属性。例如，可以用门的数量来描述一辆汽车，但不能描述一件衬衫。一个盒子可以是打开或者关闭的，空的或满的，但这些特征不适用于一块木头。另外，一些物体能够执行一些操作。汽车可以前进、后退、向左转或者向右转。

为了在代码中为真实的物体建模，我们需要确定使用什么数据来代表该物体的属性，以及它可以执行什么操作。由于在代码中使用对象这个词来代表物体，因此物体的属性及其执行的操作分别称作对象的"状态"和"行为"：状态是对象记忆的数据，行为是对象可以执行的操作。

状态和行为：电灯开关示例

代码清单 2-1 展示了标准双位电灯开关的软件模型，使用过程式 Python 编写。这是一个小示例，但它演示了状态和行为。

代码清单 2-1：使用过程式代码编写的电灯开关模型（文件: LightSwitch_Procedural.py）

```
# Procedural light switch

❶ def turnOn():
    global switchIsOn
    # turn the light on
    switchIsOn = True
```

```
❷ def turnOff():
      global switchIsOn
      # turn the light off
      switchIsOn = False

  # Main code
❸ switchIsOn = False # a global Boolean variable

  # Test code
  print(switchIsOn)
  turnOn()
  print(switchIsOn)
  turnOff()
  print(switchIsOn)
  turnOn()
  print(switchIsOn)
```

电灯开关只能处于开或关两个位置之一。为了给状态建模，我们只需要使用一个布尔值。我们将这个变量命名为 switchIsOn（❸），其值为 True 意味着开，False 意味着关。当开关出厂时，处于关的位置，所以我们将 switchIsOn 的初始值设置为 False。

接下来，我们了解行为。这个开关只能执行两个操作——"打开"和"关闭"。因此，我们创建两个函数 turnOn()（❶）和 turnOff()（❷），它们分别把布尔变量 switchIsOn 的值设置为 True 和 False。

在程序最后添加了一些测试代码，打开并关闭开关几次。输出正符合我们的期望。

```
False
True
False
True
```

这是一个很简单的示例，但从这样的小函数入手，能够让过渡到 OOP 方法的过程更加简单。按照第 1 章的解释，因为我们使用一个全局变量（在本例中为变量 switchIsOn）代表状态，所以这段代码只能用于一个电灯开关，但编写函数的主要目标之一是创建可重用的代码。因此，我们将使用面向对象编程方式重写电灯开关代码，但在那之前，先介绍一些基础理论。

2.2 类和对象简介

理解对象及其工作方式的第一步是理解类和对象的关系。后面将给出它们的正式定义，但是就现在而言，可以把类想象成一个模板或者蓝图，它定义了创建出来的对象会是什么样子。我们从类创建对象。

为了方便理解，我们使用比喻的手法。假设我们开了一家按需烘焙蛋糕的门店。因为"按需"供应，所以只有当收到订单时，才烘焙蛋糕。我们的特色蛋糕是邦特蛋糕。我们花了不少时间来设计出图 2-1 所示的蛋糕模具，保证蛋糕不仅好吃，而且看起来美观、一致。

蛋糕模具定义了烘焙出来的邦特蛋糕是什么样子，但它显然不是一个蛋糕。模具就像是一个类。当收到订单时，从模具制作一个邦特蛋糕（如图 2-2 所示）。蛋糕是使用蛋糕模具创建的一个对象。

当使用模具时，我们可以制作任意数量的蛋糕。蛋糕可以有不同的属性，如不同的口味、不同类型的糖霜以及可选的附加品，如巧克力片，但所有的蛋糕都是根据相同的蛋糕模板制作出来的。

图 2-1　用蛋糕模具来比喻类

图 2-2　用蛋糕来比喻由蛋糕模具类创建的对象

表 2-1 提供了另外一些真实的示例，以进一步说明类和对象的关系。

表 2-1　现实世界的类和对象的示例

类	人类创建的对象
房子的设计图	房子
菜单中列出的三明治	你手中的三明治
用于生产 25 美分硬币的模具	一枚 25 美分的硬币
作者撰写的图书的手稿	图书的印刷版或电子版

2.3　类、对象和实例化

下面看看代码实现。

类：　　　　定义了对象记忆什么（它的数据或称状态）以及能够执行什么操作（它的函数或称行为）的代码。

下面的代码将电灯开关写成一个类，以帮助你了解类是什么样子的。

```
# OO_LightSwitch

class LightSwitch():
    def __init__(self):
        self.switchIsOn = False

    def turnOn(self):
        # turn the switch on
        self.switchIsOn = True
```

```
    def turnOff(self):
        # turn the switch off
        self.switchIsOn = False
```

稍后将解释细节，现在注意，这里的代码只定义了一个 self.switchIsOn 变量，并在一个函数中初始化该变量。另外，该类还包含两个代表行为的函数——turnOn()和turnOff()。

如果编写类的代码，并试图运行代码，那么什么也不会发生，正如你运行一个只包含函数但不包含函数调用的 Python 程序那样。你需要显式告诉 Python 创建类的对象。

要从 LightSwitch 类创建一个 LightSwitch 对象，通常使用如下所示的代码行。

```
oLightSwitch = LightSwitch()
```

这行代码的意思是，找到 LightSwitch 类，从该类创建一个 LightSwitch 对象，然后将得到的对象赋给变量 oLightSwitch。

> **注意：** 作为本书中的命名约定，我通常会使用小写 o 作为前缀，指出某个变量代表一个对象。其实并不是必须要这么做，但这种方法能够提醒我自己，变量代表的是一个对象。

在 OOP 中，还会遇到另外一个词——实例。"实例"和"对象"这两个词基本上可以互换使用，但是精确来说我们会称 LightSwitch 对象是 LightSwitch 类的一个实例。

> **实例化：** 从类创建对象的过程。

在上面的赋值语句中，实例化过程从 LightSwitch 类创建了一个 LightSwitch 对象。我们也可以把"实例化"这个词用作动词，例如，我们从 LightSwitch 类实例化了一个 LightSwitch 对象。

2.3.1 在 Python 中编写类

下面讨论类的不同部分，以及实例化和使用对象的细节。代码清单 2-2 显示了 Python 中类的一般形式。

代码清单 2-2：Python 中类的一般形式

```
class <ClassName>():

    def __init__(self, <optional param1>, ..., <optional paramN>):
        # any initialization code here

    # Any number of functions that access the data
    # Each has the form:

    def <functionName1>(self, <optional param1>, ..., <optional paramN>):
        # body of function

    # ... more functions

    def <functionNameN>(self, <optional param1>, ..., <optional paramN>):
        # body of function
```

类定义以 class 语句开头，指定了想要给类起的名称。关于类名的约定是使用驼峰大小写，即每个单词的第 1 个字母大写（如 LightSwitch）。在名称的后面，可以添加一对圆括号（可选），但语句必须以冒号结尾，表示即将开始编写类的主体（第 10 章在讨论继承时将介绍圆括号中可以包含什么）。

在类体内，定义任意数量的函数。所有这些函数是类的一部分，定义它们的代码必须缩进。每个函数代表从该类创建的对象能够执行的某种行为。所有函数必须有至少一个参数，按照约定，这个参数命名为 self（第 3 章将解释这个名称的含义）。OOP 函数有一个特殊的名称——方法。

方法：	在类内定义的函数。方法始终至少有一个参数，它通常命名为 self。

每个类中的第 1 个方法应该具有特殊的名称 __init__。每当从类创建一个对象时，这个方法会自动运行。因此，每当从类实例化一个对象时，如果想执行任何初始化代码，那么很自然应该放在这个方法中。Python 为这项工作保留了 __init__ 这个名称，并且必须采用这种写法，在 init（必须小写）之前和之后各有两条下画线。在现实中，并不一定需要 __init__() 方法。但是，一般认为包含它并使用它来进行初始化是一种好的做法。

注意：	从类实例化对象时，Python 会自动构造对象（分配内存）。特殊的 __init__() 方法称为"初始化器"方法，你在该方法中为变量提供初始值（其他大部分 OOP 语言需要使用一个名为 new() 的方法，这个方法常常称为构造函数）。

2.3.2 作用域和实例变量

在过程式编程中，主要有两种作用域：在主代码中创建的变量具有全局作用域，可以在程序中的任何地方使用；在函数中创建的变量具有局部作用域，只在函数运行期间才存活。当函数退出后，所有局部变量（局部作用域内的变量）会消失。

面向对象编程和类通过所谓的类作用域引入了另外一种作用域，通常称为对象作用域，不过有时候也称为类作用域，偶尔还会称为实例作用域。它们的含义是一样的：作用域包括类定义中的全部代码。

方法可以包含局部变量和实例变量。在方法中，名称没有以 self. 开头的任何变量是一个局部变量，当该方法退出时将会消失，这意味着该类中的其他方法不能再使用该变量。实例变量具有对象作用域，这意味着它们对该类中定义的所有方法可用。对于理解对象如何记忆数据，实例变量和对象作用域是关键。

实例变量：	在方法中，按照约定，名称以前缀 self. 开头的任何变量（如 self.x）是实例变量。实例变量具有对象作用域。

与局部变量和全局变量类似，当第一次为实例变量赋值的时候会创建实例变量，并不需要专门声明它们。很自然，应该在 __init__() 方法中初始化实例变量。在下面这个示例类中，

__init__()方法将实例变量 self.count 初始化为 0，increment()方法则将 self.count 加 1。

```
class MyClass():
    def __init__(self):
        self.count = 0 # create self.count and set it to 0
    def increment(self):
        self.count = self.count + 1 # increment the variable
```

从 MyClass 类实例化一个对象时，__init__()方法会运行，将实例变量 self.count 的值设置为 0。如果接着调用 increment()方法，则 self.count 的值会从 0 变为 1。如果再次调用 increment()，则该值会从 1 变为 2，以此类推。

从类创建的每个对象都有自己的一组实例变量，它们独立于从该类实例化的其他对象。LightSwitch 类只包含一个实例变量 self.switchIsOn，所以每个 LightSwitch 对象都有自己的 self.switchIsOn 变量。因此，你可以创建多个 LightSwitch 对象，每个对象的 self.switchIsOn 变量具有独立的 True 或 False 值。

2.3.3　函数和方法的区别

总结一下，函数和方法有 3 个关键区别。
（1）类的所有方法必须在 class 语句下缩进。
（2）所有方法的第 1 个参数都是一个特殊参数，按照约定，这个参数的名称是 self。
（3）类的方法可以使用实例变量，格式为 self.<变量名>。

我们知道了方法是什么之后，下面将展示如何从类创建对象，以及如何使用类中提供的不同方法。

2.3.4　从类创建对象

如前所述，类只定义了对象是什么样子。要使用类，你必须告诉 Python 从类创建对象。典型做法是使用如下赋值语句。

```
<object> = <ClassName>(<optional arguments>)
```

这行代码调用了一系列步骤，最终 Python 会返回该类的一个新实例，你通常会把这个新实例存储到一个变量中。该变量就引用了生成的对象。

实例化过程

图 2-3 显示了从 LightSwitch 类实例化 LightSwitch 对象涉及的步骤，从赋值语句进入 Python，到达类的代码，然后从 Python 退出，最终回到赋值语句。

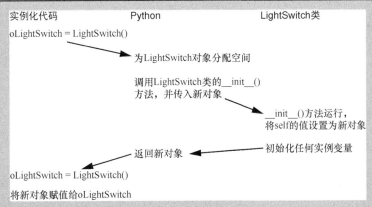

图 2-3 实例化对象的过程

这个过程包含 5 个步骤。
（1）代码要求 Python 从 LightSwitch 类创建一个对象。
（2）Python 为一个 LightSwitch 对象分配内存空间，调用 LightSwitch 类的 __init__() 方法，并传入新创建的对象。
（3）LightSwitch 类的 __init__() 方法运行，将新对象赋值给参数 self。__init__() 的代码初始化对象中的任何实例变量（在这里是实例变量 self.switchIsOn）。
（4）Python 将新对象返回给原调用者。
（5）将原始调用的结果赋值给变量 oLightSwitch，所以该变量现在代表新创建的对象。

我们可以通过两种方式使用类：或者将类的代码包含到主程序所在的文件，或者把类的代码包含到一个外部文件中，然后使用 import 语句引入该文件的内容。本章将展示第一种方法，第 4 章将展示第二种方法。唯一的规则是，类定义必须出现在从该类实例化对象的任何代码之前。

2.3.5 调用对象的方法

从类创建一个对象后，要调用对象的方法，使用下面的语法。

```
<object>.<methodName>(<any arguments>)
```

代码清单 2-3 包含 LightSwitch 类，从该类实例化对象的代码，以及通过调用该对象的 turnOn() 和 turnOff() 方法打开并关闭它的代码。

代码清单 2-3：LightSwitch 类以及创建对象并调用对象方法的测试代码（文件：OO_LightSwitch_with_Test_Code.py）

```python
# OO_LightSwitch

class LightSwitch():
    def __init__(self):
        self.switchIsOn = False
```

```
    def turnOn(self):
        # turn the switch on
        self.switchIsOn = True

    def turnOff(self):
        # turn the switch off
        self.switchIsOn = False

    def show(self):  # added for testing
        print(self.switchIsOn)

# Main code
oLightSwitch = LightSwitch()  # create a LightSwitch object

# Calls to methods
oLightSwitch.show()
oLightSwitch.turnOn()
oLightSwitch.show()
oLightSwitch.turnOff()
oLightSwitch.turnOn()
oLightSwitch.show()
```

首先，创建一个 LightSwitch 对象，将其赋给 oLightSwitch 变量。然后，使用该变量调用 LightSwitch 类中可用的其他方法。运行 oLightSwitch.show()与 oLightSwitch.turnOn()等方法将会输出以下内容。

```
False
True
False
True
```

这个类只有一个实例变量 self.switchIsOn，但是当运行相同对象的不同方法时，它的值被记忆了下来，并能够轻松地访问。

2.3.6 从相同类创建多个实例

OOP 的一个关键特征是能够从一个类实例化任意多个对象，正如从一个邦特蛋糕模具可以烘焙出任意多个蛋糕一样。

因此，如果想要两个或更多个电灯开关对象，就可以像下面这样从 LightSwitch 类创建更多对象。

```
oLightSwitch1 = LightSwitch()  # create a light switch object
oLightSwitch2 = LightSwitch()  # create another light switch object
```

这里的重点是，从同一个类创建的每个对象维护自己的数据版本。在这里，oLightSwitch1 和 oLightSwitch2 各自有自己的实例变量 self.switchIsOn。对一个对象的数据进行修改并不会影响另一个对象的数据。你可以使用任何一个对象调用类中的任何方法。

代码清单 2-4 中的示例创建了两个电灯开关对象，并分别调用了它们的方法。

代码清单 2-4：创建类的两个实例并调用它们的方法（文件：OO_LightSwitch_Two_Instances.py）

```
# OO_LightSwitch

class LightSwitch():
--- snipped code of LightSwitch class, as in Listing 2-3 ---

# Main code
oLightSwitch1 = LightSwitch() # create a LightSwitch object
oLightSwitch2 = LightSwitch() # create another LightSwitch object

# Test code
oLightSwitch1.show()
oLightSwitch2.show()
oLightSwitch1.turnOn() # Turn switch 1 on
# Switch 2 should be off at start, but this makes it clearer
oLightSwitch2.turnOff()
oLightSwitch1.show()
oLightSwitch2.show()
```

运行这个程序得到的输出如下所示。

```
False
False
True
False
```

代码告诉 oLightSwitch1 打开自己，告诉 oLightSwitch2 关闭自己。注意，类中的代码没有全局变量。每个 LightSwitch 对象有自己的一组在类中定义的实例变量（本例中只有一个）。

看起来，这并没有比使用两个简单的全局变量来实现相同的功能改进多少，但这种技术带来的影响是巨大的。第 4 章在讨论如何创建并维护一个类的大量实例时，将详细解释这一点。

2.3.7　Python 数据类型被实现为类

Python 中的全部内置类型都实现为类，对这一点你可能并不奇怪。下面是一个简单的示例。

```
>>> myString = 'abcde'
>>> print(type(myString))
<class 'str'>
```

我们把一个字符串值赋给一个变量。当调用 type() 函数并输出结果时，可以看到我们获得了 str 字符串类的一个实例。str 类提供了许多可以对字符串调用的方法，包括 myString.upper()、myString.lower()、myString.strip()等。

列表的工作方式与字符串的工作方式类似。

```
>>> myList = [10, 20, 30, 40]
>>> print(type(myList))
<class 'list'>
```

所有列表都是 list 类的实例，该类提供了许多方法，包括 myList.append()、myList.count()、myList.index()等。

当编写类的时候，你会定义一个新的数据类型。通过定义该数据类型维护的数据和执行的操作，代码提供了该数据类型的细节。创建了类的一个实例并将其赋给一个变量后，你可以使用 type() 内置函数来确定用来创建它的类，就像对内置数据类型使用 type() 函数一样。下面实例化一个 LightSwitch 对象，并输出它的数据类型。

```
>>> oLightSwitch = LightSwitch()
>>> print(type(oLightSwitch))
<class 'LightSwitch'>
```

与 Python 的内置数据类型一样，之后我们就可以使用变量 oLightSwitch 调用 LightSwitch 类中可用的方法。

2.3.8 对象的定义

总结本节介绍的内容，给出对象的正式定义。

对象： 数据以及在一段时间内操作这些数据的代码。

类定义了实例化对象时，对象会是什么样子。对象是实例变量的集合，加上实例化该对象的类的方法。从类可以实例化任意数量的对象，每个对象都有自己的一组实例变量。当调用一个对象的方法时，该方法会运行，并使用该对象的实例变量。

2.4 创建一个更加复杂的类

接下来，以前面介绍的概念为基础，我们看一个稍微复杂一些的示例，在这个示例中将创建一个调光开关类。调光开关不仅有一个开关，还有一个多位旋钮（用来改变灯光的亮度）。

旋钮可以改变一个范围内的亮度值。为了简单起见，使调光开关的数字旋钮有 11 个位置，从 0（完全关闭）到 10（完全打开）。为了最大限度地提高或降低灯泡的亮度，你必须使旋钮能够控制每个可能的设置。

这个 DimmerSwitch 类比 LightSwitch 类的功能更多，并且需要记忆更多的数据：

- 开关状态（开或关）；
- 亮度（0~11）。

下面是 DimmerSwitch 对象能够执行的行为：

- 打开；
- 关闭；
- 提高亮度；
- 降低亮度；
- 显示（用于调试）。

DimmerSwitch 类使用了代码清单 2-2 中显示的标准模板：它以 class 语句开头，第 1 个方法是 __init__()，然后定义了其他许多方法，对应上面列出的行为。代码清单 2-5 给出了这个类的完整代码。

代码清单 2-5：稍微复杂一些的 DimmerSwitch 类（文件: DimmerSwitch.py）

```python
# DimmerSwitch class

class DimmerSwitch():
    def __init__(self):
        self.switchIsOn = False
        self.brightness = 0

    def turnOn(self):
        self.switchIsOn = True

    def turnOff(self):
        self.switchIsOn = False

    def raiseLevel(self):
        if self.brightness < 10:
            self.brightness = self.brightness + 1

    def lowerLevel(self):
        if self.brightness > 0:
            self.brightness = self.brightness - 1

    # Extra method for debugging
    def show(self):
        print('Switch is on?', self.switchIsOn)
        print('Brightness is:', self.brightness)
```

在这个__init__()方法中，包含两个实例变量——我们熟悉的 self.switchIsOn，以及新增的 self.brightness，它记忆灯光亮度级别。我们给这两个实例变量提供了初始值。其他所有方法可以访问每个变量的当前值。除 turnOn() 和 turnOff() 之外，这个类还包含了两个新方法——raiseLevel() 和 lowerLevel()，它们的名称已经说明了它们的用途。在开发过程和调试过程中会使用 show() 方法，它只输出实例变量的当前值。

代码清单 2-6 中的主代码通过创建一个 DimmerSwitch 对象（oDimmer），并调用各种方法来测试类。

代码清单 2-6：包含测试代码的 DimmerSwitch 类（文件: OO_DimmerSwitch_with_Test_Code.py）

```python
# DimmerSwitch class with test code

class DimmerSwitch():
--- snipped code of DimmerSwitch class, as in Listing 2-5 ---

# Main code
oDimmer = DimmerSwitch()

# Turn switch on, and raise the level 5 times
oDimmer.turnOn()
oDimmer.raiseLevel()
oDimmer.raiseLevel()
oDimmer.raiseLevel()
oDimmer.raiseLevel()
oDimmer.raiseLevel()
oDimmer.show()

# Lower the level 2 times, and turn switch off
```

```
oDimmer.lowerLevel()
oDimmer.lowerLevel()
oDimmer.turnOff()
oDimmer.show()

# Turn switch on, and raise the level 3 times
oDimmer.turnOn()
oDimmer.raiseLevel()
oDimmer.raiseLevel()
oDimmer.raiseLevel()
oDimmer.show()
```

运行这段代码得到的输出如下所示。

```
Switch is on? True
Brightness is: 5
Switch is on? False
Brightness is: 3
Switch is on? True
Brightness is: 6
```

主代码创建了 oDimmer 对象，然后调用各个方法。每次调用 show() 方法时，都输出开关状态和亮度级别。这里要重点记住的是，oDimmer 代表一个对象。它允许访问自己的类（DimmerSwitch 类）中的全部方法，并且包含类中定义的全部实例变量（self.switchIsOn 和 self.brightness）。在调用一个对象的不同方法时，实例变量维护自己的值，所以每次调用 oDimmer.raiseLevel() 时，self.brightness 实例变量会增加 1。

2.5　将一个更加复杂的物理对象表示为类

我们考虑一个更加复杂的物理对象——电视机。在这个更加复杂的示例中，我们将仔细看看类中的参数如何工作。

电视机需要比电灯开关多得多的数据来表示状态，并且有更多的行为。为了创建一个 TV 类，我们必须考虑用户通常如何使用电视机，以及电视机必须记忆什么。图 2-4 展示了简化的电视机遥控器上一些重要的按钮。

从该图可知，要跟踪自己的状态，TV 类必须维护下面的数据：

- 电源状态（开或关）；
- 静音状态（是否静音）；
- 可用频道列表；
- 当前频道设置；
- 当前音量设置；
- 可用音量范围。

TV 类必须提供的操作包括：

- 打开和关闭电源；

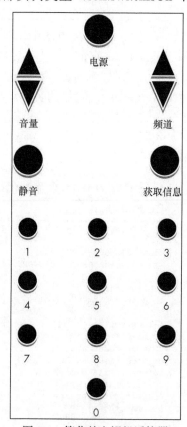

图 2-4　简化的电视机遥控器

❑ 调高和调低音量；
❑ 上调和下调频道；
❑ 静音和取消静音；
❑ 获得关于当前设置的信息；
❑ 打开指定频道。

TV 类的代码如代码清单 2-7 所示。使用 __init__() 方法来进行初始化，然后为每个行为创建一个方法。

代码清单 2-7：包含许多实例变量和方法的 TV 类（文件: TV.py）

```
# TV class

class TV():
    def __init__(self):   ❶
        self.isOn = False
        self.isMuted = False
        # Some default list of channels
        self.channelList = [2, 4, 5, 7, 9, 11, 20, 36, 44, 54, 65]
        self.nChannels = len(self.channelList)
        self.channelIndex = 0
        self.VOLUME_MINIMUM = 0 # constant
        self.VOLUME_MAXIMUM = 10 # constant
        self.volume = self.VOLUME_MAXIMUM //2 # integer divide

    def power(self):   ❷
        self.isOn = not self.isOn # toggle

    def volumeUp(self):
        if not self.isOn:
            return
        if self.isMuted:
            self.isMuted = False # changing the volume while muted unmutes the sound
        if self.volume < self.VOLUME_MAXIMUM:
            self.volume = self.volume + 1

    def volumeDown(self):
        if not self.isOn:
            return
        if self.isMuted:
            self.isMuted = False # changing the volume while muted unmutes the sound
        if self.volume > self.VOLUME_MINIMUM:
            self.volume = self.volume - 1

    def channelUp(self):   ❸
        if not self.isOn:
            return
        self.channelIndex = self.channelIndex + 1
        if self.channelIndex > self.nChannels:
            self.channelIndex = 0 # wrap around to the first channel

    def channelDown(self):   ❹
        if not self.isOn:
            return
        self.channelIndex = self.channelIndex - 1
        if self.channelIndex < 0:
            self.channelIndex = self.nChannels - 1 # wrap around to the top channel
```

```python
    def mute(self):                           ❺
        if not self.isOn:
            return
        self.isMuted = not self.isMuted

    def setChannel(self, newChannel):
        if newChannel in self.channelList:
            self.channelIndex = self.channelList.index(newChannel)
        # if the newChannel is not in our list of channels, don't do anything

    def showInfo(self):                       ❻
        print()
        print('TV Status:')
        if self.isOn:
            print('    TV is: On')
            print('    Channel is:', self.channelList[self.channelIndex])
            if self.isMuted:
                print('    Volume is:', self.volume, '(sound is muted)')
            else:
                print('    Volume is:', self.volume)
        else:
            print(' TV is: Off')
```

　　__init__()方法（❶）创建方法中使用的所有实例变量，并给每个变量分配合适的初始值。从技术上讲，你可以在任何方法内创建实例变量，在__init__()方法中定义所有实例变量是一种好的编程实践。这避免了在一个方法中出现先使用某个实例变量后定义该实例变量的错误。

　　power()方法（❷）代表在遥控器上按下电源按钮时发生的操作。如果电视机是关闭的，则按电源按钮会打开它；如果电视机是打开的，则按电源按钮会关闭它。为了在代码中实现这种行为，这里使用了一个开关，这是一个布尔值，用于代表两个状态中的一个，并能够轻松地在两个状态之间切换。对于这个开关，not 运算符将 self.isOn 变量的值从 True 切换为 False，或从 False 切换为 True。mute()方法的代码（❺）的行为与之类似，使 self.muted 变量的值在静音和未静音之间切换，但它首先要检查电视机是否打开。如果电视机是关闭的，则调用 mute()方法没有任何效果。

　　这里有一点值得注意，我们并没有跟踪当前的频道，而跟踪当前频道的索引，这允许我们在任何时候使用 self.channelList[self.channelIndex]来获取当前频道。

　　channelUp()（❸）与 channelDown()（❹）方法分别递增和递减频道索引，但它们也包含一些巧妙的代码，用于在到达一端时转到另一端。如果当前位于频道列表的最后一个索引，那么当用户请求上一个频道时，电视机会返回列表中的第 1 个频道。如果当前位于频道列表的第 1 个索引，那么当用户请求下一个频道时，电视机会返回列表中的最后一个频道。

　　showInfo()方法（❻）根据实例变量的值输出电视机的当前状态（开/关、当前频道、当前音量设置和静音设置）。

　　在代码清单 2-8 中，我们将创建一个 TV 对象，并调用该对象的方法。

代码清单 2-8：包含测试代码的 TV 类（文件: OO_TV_with_Test_Code.py）

```
# TV class with test code

--- snipped code of TV class, as in Listing 2-7 ---

# Main code
```

2.5 将一个更加复杂的物理对象表示为类

```
oTV = TV()  # create the TV object

# Turn the TV on and show the status
oTV.power()
oTV.showInfo()

# Change the channel up twice, raise the volume twice, show status
oTV.channelUp()
oTV.channelUp()
oTV.volumeUp()
oTV.volumeUp()
oTV.showInfo()

# Turn the TV off, show status, turn the TV on, show status
oTV.power()
oTV.showInfo()
oTV.power()
oTV.showInfo()

# Lower the volume, mute the sound, show status
oTV.volumeDown()
oTV.mute()
oTV.showInfo()

# Change the channel to 11, mute the sound, show status
oTV.setChannel(11)
oTV.mute()
oTV.showInfo()
```

运行这段代码得到的输出如下所示。

```
TV Status:
    TV is: On
    Channel is: 2
    Volume is: 5

TV Status:
    TV is: On
    Channel is: 5
    Volume is: 7

TV Status:
    TV is: Off

TV Status:
    TV is: On
    Channel is: 5
    Volume is: 7

TV Status:
    TV is: On
    Channel is: 5
    Volume is: 6 (sound is muted)

TV Status:
    TV is: On
    Channel is: 11
    Volume is: 6
```

所有这些方法都正常运行，我们得到了期望的输出。

2.5.1 向方法传递实参

当调用任何函数时，实参的数量必须匹配相应的 def 语句中列出的形参数量。

```
def myFunction(param1, param2, param3):
    # body of function

# call to a function:
myFunction(argument1, argument2, argument3)
```

同样的规则也适用于方法和方法调用。但是，你可能注意到，每当我们调用一个方法时，我们指定的实参看起来比形参数少一个。例如，TV 类中 power() 方法的定义如下所示。

```
def power(self):
```

这意味着 power() 方法期望传入一个值，并且传入的值将被赋给变量 self。但是，当我们在代码清单 2-8 中打开电视机时，使用了下面的调用。

```
oTV.power()
```

在这个调用中，我们没有在圆括号内显式传递任何东西。

setChannel() 方法看起来更加奇怪。该方法有两个形参。

```
def setchannel(self, newchannel):
    if newChannel in self.channelList:
        self.channelIndex = self.channelList.index(newChannel)
```

但我们像下面这样调用 setChannel()。

```
oTV.setChannel(11)
```

看起来只传入了一个值。

你可能预期 Python 在这里生成一个错误，因为实参数量（一个）和形参数量（两个）不匹配。实际上，Python 做了一些幕后工作，使语法更容易使用。

我们具体看一下。前面提到，要调用对象的方法，需要使用下面的语法。

```
<对象>.<方法>(<任何实参>)
```

Python 取出调用中指定的 <object>，将其作为方法的第 1 个实参。方法调用的圆括号中的任何值将被视为后续的实参。因此，经过 Python 调整后，就好像你编写了下面的代码。

```
<对象方法>(<对象>,<任何实参>)
```

图 2-5 用示例代码进行了说明，这里也使用了 TV 类的 setChannel() 方法。

尽管看起来这里只提供了一个实参（newChannel 的实参），但其实传入了两个实参（oTV 和 11），方法提供了两个参数（分别是 self 和 newChannel）来接受这些值。当发出调用时，Python 会重新调整实参。一开始看起来，这可能有些奇怪，但很快你就会习惯这种行为。在编写方法调用时，让

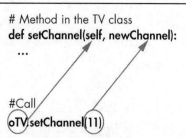

图 2-5　调用方法

对象出现在第 1 个位置，能够让程序员更容易看到方法操作的对象。

这是一个隐蔽但重要的特性。记住，对象（在这里是 oTV）保存其全部实例变量的当前设置。将对象作为第 1 个实参，允许方法在运行中使用该对象的实例变量的值。

2.5.2 多个实例

每个方法都以 self 作为第 1 个形参，所以 self 变量会接收每个调用中使用的对象。这有一个重要的影响：类中的任何方法可以使用不同的对象。下面通过一个示例进行说明。

在代码清单 2-9 中，我们将创建两个 TV 对象，并把它们保存到两个变量 oTV1 和 oTV2 中。每个 TV 对象都有音量设置、频道列表、频道设置等。我们将调用不同对象的不同方法。最终，我们将调用每个对象的 showInfo() 方法来查看设置的结果。

代码清单 2-9：创建 TV 类的两个实例，并调用每个实例的方法（文件：OO_TV_TwoInstances.py）

```python
# Two TV objects with calls to their methods
class TV():
--- snipped code of TV class, as in Listing 2-7 ---
# Main code
oTV1 = TV() # create one TV object
oTV2 = TV() # create another TV object

# Turn both TVs on
oTV1.power()
oTV2.power()

# Raise the volume of TV1
oTV1.volumeUp()
oTV1.volumeUp()

# Raise the volume of TV2
oTV2.volumeUp()
oTV2.volumeUp()
oTV2.volumeUp()
oTV2.volumeUp()
oTV2.volumeUp()

# Change TV2's channel, then mute it
oTV2.setChannel(44)
oTV2.mute()

# Now display both TVs
oTV1.showInfo()
oTV2.showInfo()
```

运行这段代码将生成如下所示的输出。

```
Status of TV:
    TV is: On
    Channel is: 2
    Volume is: 7

Status of TV:
    TV is: On
    Channel is: 44
```

```
Volume is: 10 (sound is muted)
```

每个 TV 对象维护自己的一组实例变量,这些变量是在类中定义的。这样一来,你可以独立于其他 TV 对象的实例变量来使用每个 TV 对象的实例变量。

2.5.3 初始化参数

向方法调用传递实参在实例化对象时也可行。到现在为止,当我们创建对象的时候,始终将它们的实例变量设置为常量值。但是,我们常常需要创建具有不同初始值的不同实例。例如,我们可能想实例化不同的电视机,通过它们的品牌和位置识别它们,这样我们就可以区分客厅中的三星电视和卧室中的索尼电视。对于这种情况,常量值起不到作用。

为了使用不同的值初始化对象,我们在 __init__() 方法的定义中添加形参,如下所示。

```
# TV class

class TV():
    def __init__(self, brand, location): # pass in a brand and location for the TV
        self.brand = brand
        self.location = location
        --- snipped remaining initialization of TV ---
        ...
```

在所有方法中,参数是局部变量,所以当方法结束时,它们会消失。例如,在这里显示的 TV 类的 __init__() 方法中,brand 和 location 是局部变量,当方法结束时会消失。但是,我们通常想保存通过参数传入的值,以便能够在其他方法中使用它们。

为了使对象能够记住初始值,标准方法是将传入的任何值存储到实例变量中。因为实例变量具有对象作用域,所以类中的其他方法可以使用它们。Python 的约定是,实例变量应该具有与参数相同的名称,但以 self 和句点作为前缀。

```
def __init__(self, someVariableName):
    self.someVariableName = someVariableName
```

在 TV 类中,def 语句后面的一行代码告诉 Python,将 brand 参数的值赋给名为 self.brand 的实例变量。下一行代码对 location 参数和 self.location 实例变量执行了相同的操作。在赋值后,我们就可以在其他方法中使用 self.brand 和 self.location。

使用这种方法可以从相同的类创建多个对象,但让每个对象一开始包含不同的数据。因此,我们可以像下面这样创建两个 TV 对象。

```
oTV1 = TV('Samsung', 'Family room')
oTV2 = TV('Sony', 'Bedroom')
```

执行第一行代码时,Python 首先为一个 TV 对象分配空间。然后,如前一节所述,它会重新调整实参,使用新分配的 oTV1 对象、brand 和 location 3 个实参来调用 TV 类的 __init__() 方法。

当初始化 oTV1 对象时,将 self.brand 设置为字符串 'Samsun',将 self.location 设置为字符串 'Family room'。当初始化 oTV2 时,将 self.brand 设置为字符串 'Sony',将 self.location 设置为字符串 'Bedroom'。

我们可以修改 showInfo() 方法来报告电视机的名称和位置。

文件: OO_TV_TwoInstances_with_Init_Params.py

```
def showInfo(self):
    print()
    print('Status of TV:', self.brand)
    print(' Location:', self.location)
    if self.isOn:
        ...
```

我们将看到如下所示的输出。

```
Status of TV: Sony
    Location: Family room
    TV is: On
    Channel is: 2
    Volume is: 7

Status of TV: Samsung
    Location: Bedroom
    TV is: On
    Channel is: 44
    Volume is: 10 (sound is muted)
```

我们发出的方法调用与代码清单 2-9 中的示例相同。两段代码的区别是，现在使用品牌和位置来初始化每个 TV 对象，而且现在在调用修改后的 showInfo() 方法时，可以在输出中看到这些信息。

2.6 类的使用

通过在本章中学习到的知识，我们现在可以创建类，并从这些类创建多个独立的实例。下面给出了几个使用类的示例。

- 假设我们想要建模一个课程中的学生。我们可以创建一个 Student 类，使其包含 name、emailAddress、currentGrade 等实例变量。从这个类创建的每个 Student 对象会有自己的这样一组实例变量，并且对于每个学生，给这些实例变量提供的值是不同的。
- 考虑有多个玩家的一个游戏。创建一个 Player 类来为玩家建模，使其包含 name、points、health、location 等实例变量。每个玩家的能力相同，但由于实例变量的值不同，因此方法可能表现出不同的行为。
- 考虑一个地址簿。我们可以创建一个 Person 类，使其包含 name、address、phoneNumber 和 birthday 等实例变量。我们可以从 Person 类创建任意多个对象，每个对象对应我们认识的一个人。每个 Person 对象中的实例变量将包含不同的值。我们可以编写代码，在所有 Person 对象中进行搜索，找到我们感兴趣的对象的信息。

后面的章节将探讨从一个类实例化多个对象的概念，并提供一些工具来帮助管理对象集合。

2.7 以 OOP 作为解决方案

第 1 章在结束时提到了过程式编程的 3 个固有问题。在学习完本章的示例后，希望你了解了面向对象编程如何解决这些问题。

（1）规范的类很容易在许多不同的程序中重用。类不需要访问全局数据。相反，对象在相同的级别提供代码和数据。

（2）面向对象编程可以大大减少需要的全局变量的数量，因为类提供了一个框架，数据和操作数据的代码在这个框架中作为一个组合存在。这通常也使代码更容易调试。

（3）从类创建的对象只能访问它们自己的数据，即它们从类获得的实例变量的集合。即使从同一个类创建了多个对象，它们也不能访问彼此的数据。

2.8 小结

本章通过演示类和对象之间的关系，介绍了面向对象编程。类定义了对象的形状和能力。对象是类的一个实例，具有自己的一组数据，这些数据是由类的实例变量定义的。你需要把想让一个对象包含的每条数据都存储在一个实例变量中。实例变量具有对象作用域，即它对于类中定义的所有方法可用。从同一个类创建的所有对象都有自己的一组实例变量，因为它们可能包含不同的值，所以调用不同对象上的方法可能导致不同的行为。

本章展示了如何从类创建对象，这通常是通过赋值语句完成的。实例化一个对象后，你可以使用该对象来调用它的类定义的任何方法。另外，本章还展示了如何从同一个类实例化多个对象。

本章的演示类实现了真实物体（电灯开关、电视机）。这是一开始理解类和对象的概念的好方法。但是，后面的几章将介绍不代表真实物体的对象。

第3章 对象的思维模型和"self"的意义

希望你对前面章节介绍的新概念和术语已经有所理解。一些新接触 OOP 的人在理解对象是什么,以及对象的方法如何使用实例变量时遇到了困难。具体细节十分复杂,所以在脑中建立对象和类的工作方式的模型很有帮助。

本章将介绍 OOP 的两种思维模型。先明确说明一点:这两种模型并不能精确反映 Python 中对象的工作方式。相反,介绍这两种模型的目的是帮助你思考对象是什么样子,以及调用方法时会发生什么。本章还将深入介绍 self,并展示它如何使方法能够处理从同一个类实例化的多个对象。在本书剩余部分,你将更深入地理解对象和类。

3.1 重看 DimmerSwitch 类

在下面的示例中,我们将继续使用第 2 章介绍的 DimmerSwitch 类(见代码清单 2-5)。DimmerSwitch 类已经有两个实例变量——self.isOn 和 self.brightness。我们只会做一个修改:添加一个 self.label 实例变量,以便能够在运行程序得到的输出中轻松识别每个对象。在 __init__() 方法中创建这些变量,并为它们指定初始值。之后,类的其他 5 个方法将访问或修改它们。

代码清单 3-1 提供了一些测试代码,从 DimmerSwitch 类创建了 3 个 DimmerSwitch 对象,我们将在思维模型中使用它们。我们将调用每个 DimmerSwitch 对象的多个方法。

代码清单 3-1:创建 3 个 DimmerSwitch 对象,并调用每个对象的多个方法(文件:OO_DimmerSwitch_Model1.py)

```
# Create first DimmerSwitch, turn it on, and raise the level twice
oDimmer1 = DimmerSwitch('Dimmer1')
oDimmer1.turnOn()
oDimmer1.raiseLevel()
oDimmer1.raiseLevel()

# Create second DimmerSwitch, turn it on, and raise the level 3 times
oDimmer2 = DimmerSwitch('Dimmer2')
oDimmer2.turnOn()
oDimmer2.raiseLevel()
oDimmer2.raiseLevel()
oDimmer2.raiseLevel()
```

```
# Create third DimmerSwitch, using the default settings
oDimmer3 = DimmerSwitch('Dimmer3')

# Ask each switch to show itself
oDimmer1.show()
oDimmer2.show()
oDimmer3.show()
```

当使用 DimmerSwitch 类运行这段代码时,将得到下面的输出。

```
Label: Dimmer1
Light is on? True
Brightness is: 2

Label: Dimmer2
Light is on? True
Brightness is: 3

Label: Dimmer3
Light is on? False
Brightness is: 0
```

这正是我们期望的结果。每个 DimmerSwitch 对象独立于其他任何 DimmerSwitch 对象,并且每个对象包含并修改自己的实例变量。

3.2　1号高级思维模型

在第一种模型中,你可以把每个对象想象成自包含的单元,其中包含一个数据类型、一组在类中定义的实例变量,以及在类中定义的所有方法的一个副本(见图 3-1)。

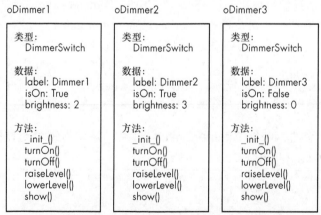

图 3-1　在第一种思维模型中,每个对象是包含类型、数据和方法的一个单元

每个对象的数据和方法打包在一起。实例变量的作用域被定义为该类中的所有方法,所以所有方法都可以访问与该对象关联的实例变量。

如果你觉得基于这种思维模型更容易理解概念,就有了一个不错的起点。虽然对象实际上并不是以这种方式实现的,但是这是思考对象的实例变量和方法如何共同工作的一种完全合理的方式。

3.3 2号深层模型

第二种模型在更低级别上探索对象，更详细地解释对象是什么。

每次实例化一个对象时，都会从 Python 得到一个值。我们通常把返回的这个值存储在一个变量中，以引用该对象。在代码清单 3-2 中，创建 3 个 DimmerSwitch 对象。创建每个对象后，添加代码来输出每个变量的类型值，通过这种方式检查结果。

代码清单 3-2：创建 3 个 DimmerSwitch 对象，并输出每个对象的类型和值（文件：OO_DimmerSwitch_Model2_Instantiation.py）

```
# Create three DimmerSwitch objects
oDimmer1 = DimmerSwitch('Dimmer1')
print(type(oDimmer1))
print(oDimmer1)
print()
oDimmer2 = DimmerSwitch('Dimmer2')
print(type(oDimmer2))
print(oDimmer2)
print()
oDimmer3 = DimmerSwitch('Dimmer3')
print(type(oDimmer3))
print(oDimmer3)
print()
```

输出如下所示。

```
<class '__main__.DimmerSwitch'>
<__main__.DimmerSwitch object at 0x7ffe503b32e0>
<class '__main__.DimmerSwitch'>
<__main__.DimmerSwitch object at 0x7ffe503b3970>
<class '__main__.DimmerSwitch'>
<__main__.DimmerSwitch object at 0x7ffe503b39d0>
```

每组输出中的第一行告诉我们数据类型。我们看到，这 3 个对象不是内置类型（如整型或浮点型），而是程序员定义的 DimmerSwitch 类型（__main__ 说明 DimmerSwitch 代码包含在单独的一个 Python 文件中，而不是从其他任何文件中导入的）。

每组输出中的第二行包含一个字符串。每个字符串代表计算机内存中的一个位置。与每个对象关联的所有数据都存储在某个内存位置。注意，每个对象存储在内存中的不同位置。如果在你的计算机上运行这段代码，很可能会得到不同的值，但实际值是什么对理解概念并不重要。

所有 DimmerSwitch 对象都报告相同的类型——class DimmerSwitch。这里一个很重要的知识点是，这些对象都引用同一个类的代码，这些代码只存于一个地方。当你的程序开始运行时，Python 会读取全部类定义，并记下来全部类及其方法的位置。

Python Tutor 网站提供了一些有用的工具，它们让你能够一步步执行每行代码，从而以可视化的方式理解小的程序的执行过程。图 3-2 是通过这个可视化工具运行 DimmerSwitch 类和测试代码时的屏幕截图，这里在实例化第 1 个 DimmerSwitch 对象前停止了代码的执行。

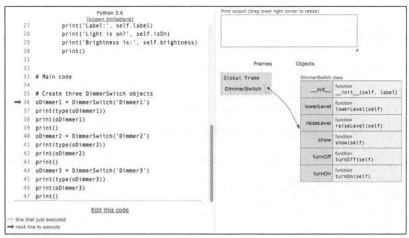

图 3-2 Python 会记住所有的类以及每个类中的所有方法

在图 3-2 中可以看到，Python 记住了 DimmerSwitch 类及其所有方法的位置。类可以包含几百行甚至几千行代码，但没有对象实际上会获得该类的代码的副本。只有代码的一个副本非常重要，因为这使 OOP 程序很小。实例化一个对象时，Python 为每个对象分配足够的内存，用于代表该对象自己的一组在类中定义的实例变量。一般来说，从类实例化对象的过程在内存使用上很高效。

图 3-3 显示了运行代码清单 3-2 中全部测试代码的结果。

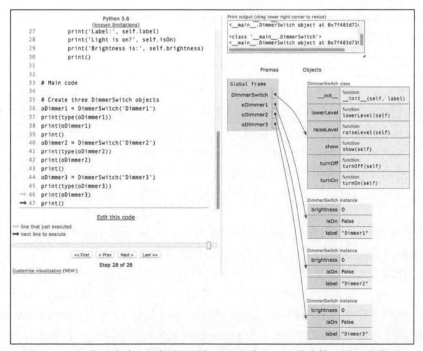

图 3-3 运行代码清单 3-2 演示了对象不包含代码，这符合第二种思维模型

这种行为与第二种思维模型能够对应上。在图 3-3 的右侧，DimmerSwitch 类的代码只出现了一次。每个对象知道自己是从哪个类实例化的，并包含自己的一组在该类中定义的实例变量。

> **注意：** 虽然下面要介绍的是实现细节，但是它有助于加深你对对象的理解。在内部，对象的所有实例变量被另存为一个 Python 字典中的名称/值对。通过对任何对象调用内置的 vars() 函数，我们可以检查该对象的所有实例变量。例如，在代码清单 3-2 包含的测试代码中，要查看实例变量的内部表示，在最后添加下面这行代码。

```
print('oDimmer1 variables:', vars(oDimmer1))
```

当运行这行代码时，得到以下输出。

```
oDimmer1 variables: {'label': 'Dimmer1', 'isOn': True, 'brightness': 2}
```

3.4 self 的含义

self 的含义已经困扰了哲学家几世纪，所以如果我尝试用几页内容来解释这个问题，就太自命不凡了。但是，在 Python 中，名称为 self 的变量确实有特定的、清晰的含义。本节将展示如何为 self 赋值，以及类的方法的代码如何使用从该类实例化的任何对象的实例变量。

> **注意：** 变量名 self 并不是 Python 关键字，而只是约定使用的一个名称。当使用其他任何名称时，代码也可以运行。但是，在 Python 中，使用 self 是一种普遍接受的做法，本书中将使用这个名称。如果你想让其他 Python 程序员理解你的代码，则应该将 self 这个名称用作类的所有方法的第 1 个参数（其他 OOP 语言有相同的概念，但使用其他名称，如 this 或 me）。

假设你写了一个名为 SomeClass 的类，然后从该类创建了一个对象，如下所示。

```
oSomeObject = SomeClass(<optional arguments>)
```

对象 oSomeObject 包含该类中定义的全部实例变量。SomeClass 类中的每个方法都有与下面类似的定义。

```
def someMethod(self, <any other parameters>):
```

下面是调用这种方法的一般形式。

```
oSomeObject.someMethod(<any other arguments>)
```

我们知道，Python 在调用方法时会重新排列实参，将对象作为第 1 个实参传入。把这个值传递给方法的第 1 个形参，保存到变量 self 中（见图 3-4）。

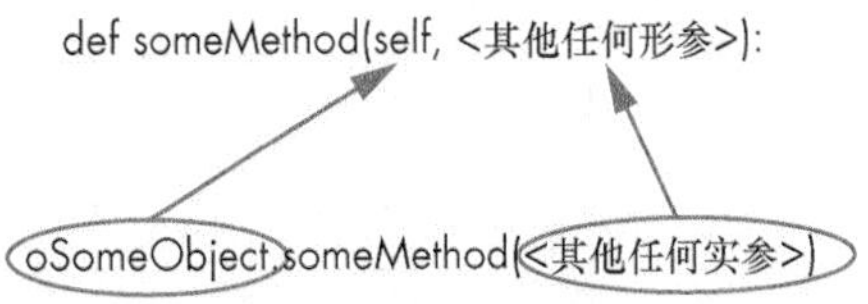

因此，每当调用一个方法时，将把 self 视为调用的对象。这意味着方法的代码可以操作从该类实例化的任何对象的实例变量。这是通过下面的形式实现的。

```
def someMethod(self, <其他任何形参>):

oSomeObject.someMethod(<其他任何实参>)
```

图 3-4 Python 在调用方法时如何重新安排实参

```
self.<instanceVariableName>
```

它的意思是，使用 self 引用的对象来访问由<instanceVariableName>指定的实例变量。因为每个方法都把 self 作为第 1 个参数，所以类中的每个方法都采用这种形式。

我们使用 DimmerSwitch 类来说明这个概念。在下面的示例中，我们将实例化两个 DimmerSwitch 对象，并对每个对象调用 raiseLevel()方法来提高它们的亮度级别，看看会发生什么。

我们要调用的方法的代码如下所示。

```
def raiseLevel(self):
    if self.brightness < 10:
        self.brightness = self.brightness + 1
```

代码清单 3-3 显示了两个 DimmerSwitch 对象的一些示例测试代码。

代码清单 3-3：对不同的 DimmerSwitch 对象调用相同的方法（文件: OO_DimmerSwitch_Model2_Method_Calls.py）

```
# Create two DimmerSwitch objects
oDimmer1 = DimmerSwitch('Dimmer1')
oDimmer2 = DimmerSwitch('Dimmer2')

# Tell oDimmer1 to raise its level
oDimmer1.raiseLevel()

# Tell oDimmer2 to raise its level
oDimmer2.raiseLevel()
```

在这个代码清单中，我们首先实例化了两个 DimmerSwitch 对象，然后调用 raiseLevel()方法两次，第 1 次对 oDimmer1 调用该方法，第 2 次对 oDimmer2 调用该方法。

图 3-5 显示了在 Python Tutor 中运行代码清单 3-3 中测试代码的结果，在第一次调用 raiseLevel()时停止执行。

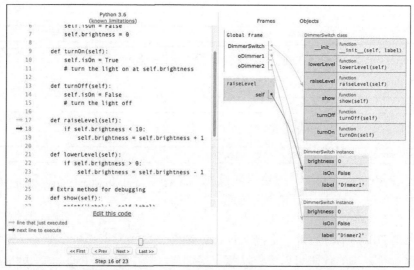

图 3-5　代码清单 3-3 中的程序在调用 oDimmer1.raiseLevel()时停止执行

注意，self 和 oDimmer1 引用相同的对象。当方法执行并使用任何 self.<instanceVariable>时，它将使用 oDimmer1 的实例变量。因此，当这个方法运行时，self.brightness 引用 oDimmer1 中的 brightness 实例变量。

如果继续执行代码清单 3-3 中的测试代码，将对 oDimmer2 调用 raiseLevel()。在图 3-6 中，在这个方法调用的内部停止了执行。

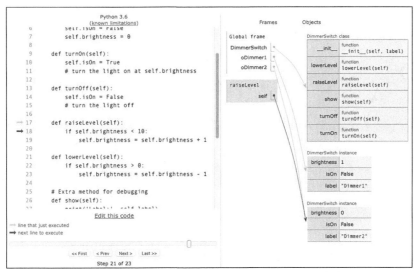

图 3-6　代码清单 3-3 中的程序在 oDimmer2.raiseLevel()中停止执行

注意，这一次，self 与 oDimmer2 引用相同的对象。现在，self.brightness 引用的是 oDimmer2 的 brightness 实例变量。

无论使用哪个对象、调用哪个方法，对象的值将被赋给被调用方法中的 self 变量。self 指代当前对象，即用来调用该方法的对象。每当一个方法执行时，它会使用方法调用中指定的对象的实例变量集合。

3.5　小结

本章介绍了两种思考对象的方式。这两种思维模型有助于理解在从一个类实例化多个对象实例时发生了什么。

第一种思维模型指出，对象将类的全部实例变量和全部方法打包在一起。

第二种思维模型更加深入细节，指出类的代码只存在于一个位置。这种思维模型告诉我们的一个要点是，从类创建新对象在空间上是高效的。创建一个对象的新实例时，Python 会分配内存来代表类中定义的实例变量。不需要也不会创建类的代码的副本。

关于方法如何处理多个对象，关键在于，所有方法的第 1 个参数 self 始终会设置为调用该方法时使用的对象。于是，每个方法都会使用当前对象的实例变量。

第 4 章　管理多个对象

本章将介绍如何管理从同一个类实例化的多个对象。本章首先将介绍第 1 章的银行账户示例的 OOP 实现。OOP 方法允许账户的数据和代码位于一个级别，从而不需要依赖全局数据。然后，本章讲述如何把这个程序拆分为提供顶级菜单的主代码，以及一个管理账户和任意数量的 Account 对象的 Bank 对象。本章还将讨论处理错误的一种更好的方式——异常。

4.1　银行账户类

我们的银行账户类至少需要包含姓名、密码和余额。至于行为，用户必须能够创建账户、存取钱和查看余额。

我们不仅将为姓名、密码和余额定义并初始化变量，还将创建方法来实现每种操作。然后，我们应该能够实例化任意数量的 Account 对象。与第 1 章的类一样，这是一个简化的 Account 类，它为余额使用整数，并使用明文保存密码。真实的银行应用程序不会使用这种简化，但这种简化能够让我们将注意力放在程序的 OOP 方面。

代码清单 4-1 显示了 Account 类的新代码。

代码清单 4-1：极简的 Account 类（文件：Account.py）

```
# Account class

class Account():
❶ def __init__(self, name, balance, password):
        self.name = name
        self.balance = int(balance)
        self.password = password

❷ def deposit(self, amountToDeposit, password):
        if password != self.password:
            print('Sorry, incorrect password')
            return None

        if amountToDeposit < 0:
            print('You cannot deposit a negative amount')
            return None

        self.balance = self.balance + amountToDeposit
        return self.balance
```

```
❸ def withdraw(self, amountToWithdraw, password):
      if password != self.password:
          print('Incorrect password for this account')
          return None

      if amountToWithdraw < 0:
          print('You cannot withdraw a negative amount')
          return None

      if amountToWithdraw > self.balance:
          print('You cannot withdraw more than you have in your account')
          return None

      self.balance = self.balance - amountToWithdraw
      return self.balance
❹ def getBalance(self, password):
      if password != self.password:
          print('Sorry, incorrect password')
          return None
      return self.balance

  # Added for debugging
❺ def show(self):
      print('  Name:', self.name)
      print('  Balance:', self.balance)
      print('  Password:', self.password)
      print()
```

> **注意：** 　　代码清单 4-1 中的错误处理非常简单。如果我们发现一个错误条件，就输出一条错误消息，并返回一个特殊的 None 值。本章后面将展示一种更好地处理错误的方法。

注意这些方法如何操作和记忆数据。数据通过参数传递给每个方法，这些参数是局部变量，只有当方法运行的时候才存在。数据存储到实例变量中，实例变量具有对象作用域，所以能够在调用不同方法时记忆它们的值。

类中首先定义了 __init__() 方法（❶），它有 3 个参数。从这个类创建一个对象时，需要 3 条数据——姓名、余额和密码。初始化代码可能如下所示。

```
oAccount = Account('Joe Schmoe', 1000, 'magic')
```

初始化对象时，把 3 个实参的值传入 __init__() 方法，该方法将这些值赋给与形参有相似名称的实例变量——self.name、self.balance 和 self.password。在其他方法中将访问这些实例变量。

deposit() 方法（❷）使用户能够在账户中存款。实例化一个 Account 对象并将其保存到 oAccount 中以后，我们可以像下面这样调用 deposit() 方法。

```
newBalance = oAccount.deposit(500, 'magic')
```

这个方法调用的意思是不仅在账户中存 500 美元，还提供密码"magic"作为 deposit() 方法的实参。对于存款请求，该方法执行两个有效性验证。第 1 个验证通过检查调用中提供的密码和创建 Account 对象时设置的密码，确保密码的正确性。这是使用在实例变量 self.password 中保存的原密码的一个好示例。第 2 个有效性检查确保我们不会在账户中存负数的钱（那实际上是取款）。

如果这两个测试中的任何一个测试失败，那么目前我们只返回特殊值 None，表示发生了某种错误。如果两个测试都通过，就根据余额增加实例变量 self.balance 保存的值。因为余额存储在 self.balance 中，所以被记忆下来，可供将来的调用使用。最后，我们返回新的余额。

withdraw()方法（❸）的工作方式与 deposit()的类似，我们可以像下面这样调用它。

```
oAccount.withdraw(250, 'magic')
```

withdraw()方法将提供的密码与实例变量 self.password 中保存的密码进行对比，验证我们提供的密码是否正确。它还会检查我们要取款的数额不是负数，并使用 self.balance 来确保我们要取款的数额没有超过账户中的余额。一旦这些测试通过，该方法就将 self.balance 保存的值减去取款数额。它会返回最终的余额。

要查看余额（❹），我们只需要提供账户的正确密码。

```
currentBalance = oAccount.getBalance('magic')
```

如果提供的密码匹配实例变量 self.password 中保存的密码，该方法将返回 self.balance 的值。

最后，为了方便调试，我们添加了一个 show()方法（❺），用于显示账户的 self.name、self.balance 和 self.password 的当前值。

Account 类表示的不是一个真实的物体，这是第 1 个这样的示例类。银行账户不是你能够看到、感觉到或触摸到的东西。但是，它完全适合用计算机对象来表示，因为它有数据（姓名、余额、密码）和处理这些数据的操作（创建账户、存款、取款、获取余额、显示余额）。

4.2 导入类的代码

在代码中，通过两种方式使用自己创建的类。我们在前面的章节中看到，第一种方法是将类的全部代码直接保存到主 Python 源文件中。但是，这么做会让重用类变得困难。

第二种方法是将类的代码单独保存到一个文件中，然后在使用该类的程序中导入该文件。我们将 Account 类的全部代码保存到了 Account.py 中，但如果我们试图单独运行 Account.py，则什么也不会发生，因为该文件中只包含一个类的定义。要使用类的代码，我们必须实例化一个或多个对象，并调用对象的方法。随着类越来越大、越来越复杂，将每个类保存到单独的文件中是使用类首选的方式。

要使用 Account 类，我们必须创建另外一个.py 文件，并在其中导入 Account.py 的代码，就像我们导入了内置的 random 包和 time 包那样。Python 程序员通常把导入其他类文件的主程序命名为 main.py，或者 Main_<SomeName>.py。我们必须确保 Account.py 和主程序文件在相同的文件夹中。在主程序的开头，通过写一条 import 语句导入 Account 类的代码（注意，我们没有使用文件扩展名.py）。

```
from Account import *
```

在 import 语句中使用星号（*），将把导入文件的全部内容引入当前文件。导入的文件可以包含多个类。在这种情况下，如果有可能，你应该指定你想要导入的特定的一个类或多个类，而不是导入整个文件。导入特定类的语法如下所示。

```
from <ExternalFile> import <ClassName1>, <ClassName2>, ...
```

导入类代码有两个优势。

（1）模块是可重用的，所以如果想在其他项目中使用 Account.py，则只需要复制该文件，并把副本文件添加到该项目的文件夹中。以这种方式重用代码是面向对象编程的一个主要特征。

（2）如果在主程序中包含类的代码，那么每次运行程序时，Python 都会编译类中的全部代码（即将其翻译为更容易在计算机上运行的低级语言），即使你并没有对该类做任何修改。但是，当你在主程序中导入了类的代码并运行主程序时，Python 会优化编译步骤，不需要你做任何处理。它会在项目文件夹中创建一个名为 __pycache__ 的文件夹，然后编译类文件中的代码，并将编译后的代码保存到 __pycache__ 文件夹的一个文件中，该文件的名称与原 Python 文件的名称相似。例如，对于 Account.py 文件，Python 将使用名称 Accouint.cpython-39.pyc（或类似的名称，这个名称基于你使用的 Python 版本）来创建该文件。.pyc 扩展名代表 Python Compiled（Python 已编译）。只有当类文件的源代码改变时，Python 才会重新编译类文件。如果 Account.py 的源代码没有变化，Python 知道不需要重新编译该文件，所以能够更加高效地使用该文件的.pyc 版本。

4.3　创建一些测试代码

我们将通过 4 个主程序测试新类。第 1 个主程序使用单独命名的变量来创建 Account 对象。第 2 个主程序将对象存储到一个列表中，第 3 个主程序则在一个字典中存储账户号码和对象。第 4 个主程序将拆分功能，使主程序响应用户，并通过一个 Bank 对象管理不同的账户。

在每个示例中，主程序都会导入 Account.py。你的项目文件夹应该包含主程序和 Account.py 文件。在下面的讨论中，主程序的不同版本将命名为 Main_Bank_VersionX.py，其中 X 代表版本号。

4.3.1　创建多个账户

在第 1 个版本中，我们将创建两个示例账户，并在其中填充合理的数据，以便进行测试（见代码清单 4-2）。我们将把每个账户分别保存到一个显式命名的、代表对象的变量中。

代码清单 4-2：用来测试 Account 类的主程序（文件: BankOOP1_IndividualVariables/Main_Bank_Version1.py）

```
# Test program using accounts
# Version 1, using explicit variables for each Account object

# Bring in all the code from the Account class file
from Account import *

# Create two accounts
❶ oJoesAccount = Account('Joe', 100, 'JoesPassword')
print("Created an account for Joe")
```

```
❷ oMarysAccount = Account('Mary', 12345, 'MarysPassword')
  print("Created an account for Mary")

❸ oJoesAccount.show()
  oMarysAccount.show()
  print()

  # Call some methods on the different accounts
  print('Calling methods of the two accounts ...')
❹ oJoesAccount.deposit(50, 'JoesPassword')
  oMarysAccount.withdraw(345, 'MarysPassword')
  oMarysAccount.deposit(100, 'MarysPassword')

  # Show the accounts
  oJoesAccount.show()
  oMarysAccount.show()
```

我们为 Joe（❶）和 Mary（❷）分别创建一个账户，并将结果保存到两个 Account 对象中。然后，我们调用账户的 show() 方法，证明正确创建它们（❸）。Joe 存入了 $50。Mary 取出了 $345，然后存入了 $100（❹）。如果现在运行程序，输出将如下所示。

```
Created an account for Joe
Created an account for Mary
        Name: Joe
        Balance: 100
        Password: JoesPassword

        Name: Mary
        Balance: 12345
        Password: MarysPassword

Calling methods of the two accounts ...
        Name: Joe
        Balance: 150
        Password: JoesPassword

        Name: Mary
        Balance: 12100
        Password: MarysPassword
```

现在，扩展测试程序，通过交互式方式获得用户输入，创建第 3 个账户。代码清单 4-3 显示了新的代码。

代码清单 4-3：扩展测试程序，动态创建账户

```
# Create another account with information from the user
print()
userName = input('What is the name for the new user account? ')  ❶
userBalance = input('What is the starting balance for this account? ')
userBalance = int(userBalance)
userPassword = input('What is the password you want to use for this account? ')
oNewAccount = Account(userName, userBalance, userPassword)  ❷

# Show the newly created user account
oNewAccount.show()  ❸

# Let's deposit 100 into the new account
oNewAccount.deposit(100, userPassword)  ❹
usersBalance = oNewAccount.getBalance(userPassword)
print()
```

```
print("After depositing 100, the user's balance is:", usersBalance)

# Show the new account
oNewAccount.show()
```

这段测试代码要求用户输入姓名、开始余额和密码（❶）。它使用这些值来创建新账户，然后把新创建的对象保存到变量 oNewAccount 中（❷）。然后，对新对象调用 show()方法（❸）。我们在该账户中存入$100，然后调用 getBalance()方法来获取新的余额（❹）。运行完整的程序后，将得到代码清单 4-2 对应的输出，以及下面的输出。

```
What is the name for the new user account? Irv
What is the starting balance for this account? 777
What is the password you want to use for this account? IrvsPassword
        Name: Irv
        Balance: 777
        Password: IrvsPassword
After depositing 100, the user's balance is: 877
        Name: Irv
        Balance: 877
        Password: IrvsPassword
```

这里重点要注意的是，每个 Account 对象维护自己的一组实例变量。每个对象（oJoesAccount、oMarysAccount 和 oNewAccount）都是一个全局变量，都包含 3 个实例变量。如果扩展 Account 类的定义，包含地址、电话号码和出生日期等信息，则每个对象也会获得新增的实例变量。

4.3.2　在列表中包含多个 Account 对象

用单独的全局变量表示每个账户是可行的，但当我们需要处理大量对象时，这不是一种好方法。银行需要使用一种方法来处理任意数量的账户。当我们需要任意数量的数据时，通常会选择使用列表。

在测试代码的这个版本中，首先创建 Account 对象的一个空列表。每当用户开户时，我们就实例化一个 Account 对象，并将该对象追加到列表中。以给定账户的账户号码作为该账户在列表中的索引，索引从 0 开始。同样，我们首先为 Joe 和 Mary 各创建一个测试账户，如代码清单 4-4 所示。

代码清单 4-4：修改后的测试代码，用于在列表中存储对象（文件：BankOOP2_ListOfAccountObjects/Main_Bank_Version2.py）

```
# Test program using accounts
# Version 2, using a list of accounts

# Bring in all the code from the Account class file
from Account import *

# Start off with an empty list of accounts
accountsList = [ ]  ❶

# Create two accounts
oAccount = Account('Joe', 100, 'JoesPassword')  ❷
```

```
accountsList.append(oAccount)
print("Joe's account number is 0")

oAccount = Account('Mary', 12345, 'MarysPassword')  ❸
accountsList.append(oAccount)
print("Mary's account number is 1")

accountsList[0].show()  ❹
accountsList[1].show()
print()

# Call some methods on the different accounts
print('Calling methods of the two accounts ...')
accountsList[0].deposit(50, 'JoesPassword')  ❺
accountsList[1].withdraw(345, 'MarysPassword')  ❻
accountsList[1].deposit(100, 'MarysPassword')  ❼

# Show the accounts
accountsList[0].show()  ❽
accountsList[1].show()

# Create another account with information from the user
print()
userName = input('What is the name for the new user account? ')
userBalance = input('What is the starting balance for this account? ')
userBalance = int(userBalance)
userPassword = input('What is the password you want to use for this account? ')
oAccount = Account(userName, userBalance, userPassword)
accountsList.append(oAccount) # append to list of accounts

# Show the newly created user account
print('Created new account, account number is 2')
accountsList[2].show()

# Let's deposit 100 into the new account
accountsList[2].deposit(100, userPassword)
usersBalance = accountsList[2].getBalance(userPassword)
print()
print("After depositing 100, the user's balance is:", usersBalance)

# Show the new account
accountsList[2].show()
```

我们首先创建一个空的账户列表（❶）。我们为 Joe 创建一个账户，将返回的值存储到变量 oAccount 中，然后立即将该对象追加到账户列表中（❷）。因为这是列表中的第 1 个账户，所以 Joe 的账号是 0。与真实银行一样，每当 Joe 想要用他的账户做任何交易时，都需要提供自己的账号。我们使用他的账号来显示账户余额（❹）、存款（❺），然后再次显示余额（❽）。我们还为 Mary 创建了一个账号为 1 的账户（❸），并在❻和❼处对她的账户执行了一些测试操作。

结果与代码清单 4-3 中的测试代码的结果相同。但是，这两个测试程序有一个非常重要的区别——现在只有一个全局变量 accountsList。每个账户有唯一的账号，我们使用这个号码来访问特定的账户。在减少全局变量的个数方面，我们迈出了重要的一步。

另外一个需要注意的地方是，我们对主程序做了相当大的修改，但并没有修改 Account 类文件的内容。OOP 常常允许在不同的级别隐藏细节。如果我们假定 Account 类的代码处理了与单独账户相关的细节，就可以把注意力放到如何使主代码更好。

还要注意，我们以变量 oAccount 作为一个临时变量——每当我们创建一个新的 Account 对象时，就把新的对象赋给变量 oAccount。之后，我们将 oAccount 追加到账户列表中。在调用特定 Account 对象的任何方法时，我们并不会使用变量 oAccount。于是，我们就可以重用变量 oAccount，使其接受下一个创建的账户的值。

4.3.3 具有唯一标识符的多个对象

我们必须能够单独识别每个 Account 对象，以便每个用户能够存取款，并获得自己账户的余额。为银行账户使用列表是可行的，但有一个严重的缺陷。假设我们有 5 个账户，账号对应整数 0 到 4。如果账户 2 的所有者决定关闭账户，我们很可能会对列表使用标准的 pop() 操作来删除账户 2。这会导致多米诺效应：原本在位置 3 的账户现在移动到了位置 2，原本在位置 4 的账户现在移动到了位置 3。但是，这些账户的用户仍然有他们原来的账号 3 和 4。结果，拥有账户 3 的客户将获得原来的账户 4 的信息，而账户号码 4 现在成为无效的索引。

为了处理大量具有唯一标识符的对象，我们一般会使用字典。与列表不同，字典使我们能够在删除账户时，不改变与它们关联的账号。对于我们构建的每个键值对，以账号作为键，以 Account 对象作为值。这样一来，如果需要删除给定的账户，并不会影响其他账户。账户字典如下所示。

```
{0 : <object for account 0>, 1 : <object for account 1>, ... }
```

然后，很容易获得关联的 Account 对象，并调用其方法，如下所示。

```
oAccount = accountsDict[accountNumber]
oAccount.someMethodCall()
```

或者，使用 accountNumber 直接调用某个 Account 对象的方法。

```
accountsDict[accountNumber].someMethodCall()
```

代码清单 4-5 显示了使用 Account 对象字典的测试代码。同样，虽然我们对测试代码做了许多修改，但是没有修改 Account 类中的任何代码。在测试代码中，我们没有使用硬编码的账户号码，而添加了一个计数器 nextAccountNumber，并在每次创建一个新的 Account 后递增它。

代码清单 4-5：修改后的测试代码，将账号和对象存储到一个字典中（文件：BankOOP3_Dictionary）

```
# Test program using accounts
# Version 3, using a dictionary of accounts

# Bring in all the code from the Account class file
from Account import *
accountsDict = {}  ❶
nextAccountNumber = 0  ❷

# Create two accounts:
oAccount = Account('Joe', 100, 'JoesPassword')
joesAccountNumber = nextAccountNumber
```

```
accountsDict[joesAccountNumber] = oAccount  ❸
print('Account number for Joe is:', joesAccountNumber)
nextAccountNumber = nextAccountNumber + 1  ❹

oAccount = Account('Mary', 12345, 'MarysPassword')
marysAccountNumber = nextAccountNumber
accountsDict[marysAccountNumber] = oAccount  ❺
print('Account number for Mary is:', marysAccountNumber)
nextAccountNumber = nextAccountNumber + 1

accountsDict[joesAccountNumber].show()
accountsDict[marysAccountNumber].show()
print()

# Call some methods on the different accounts
print('Calling methods of the two accounts ...')
accountsDict[joesAccountNumber].deposit(50, 'JoesPassword')
accountsDict[marysAccountNumber].withdraw(345, 'MarysPassword')
accountsDict[marysAccountNumber].deposit(100, 'MarysPassword')

# Show the accounts
accountsDict[joesAccountNumber].show()
accountsDict[marysAccountNumber].show()

# Create another account with information from the user
print()
userName = input('What is the name for the new user account? ')
userBalance = input('What is the starting balance for this account? ')
userBalance = int(userBalance)
userPassword = input('What is the password you want to use for this account? ')
oAccount = Account(userName, userBalance, userPassword)
newAccountNumber = nextAccountNumber
accountsDict[newAccountNumber] = oAccount
print('Account number for new account is:', newAccountNumber)
nextAccountNumber = nextAccountNumber + 1

# Show the newly created user account
accountsDict[newAccountNumber].show()

# Let's deposit 100 into the new account
accountsDict[newAccountNumber].deposit(100, userPassword)
usersBalance = accountsDict[newAccountNumber].getBalance(userPassword)
print()
print("After depositing 100, the user's balance is:", usersBalance)

# Show the new account
accountsDict[newAccountNumber].show()
```

运行这段代码得到的结果与前面的示例几乎完全相同。我们首先创建一个空的账户字典（❶），并将 nextAccountNumber 变量初始化为 0（❷）。每次实例化一个新账户后，就在账户字典中添加一个新项，其键是 nextAccountNumber 的当前值，其值是新创建的 Account 对象（❸）。我们为每个客户（如 Mary（❺））执行此操作。每次我们创建一个新账户时，都会递增 nextAccountNumber，为下一个账户做好准备（❹）。由于使用账号作为字典中的键，因此如果某个客户关闭了账户，我们就可以从字典中删除对应的键和值，并不会影响其他账户。

4.3.4 创建一个交互式菜单

在 Account 类能够正确工作后,我们让主代码更具交互性,让用户告诉我们他们想做什么——查看余额、存款、取款或开设新账户。然后,主代码将从用户那里获得需要的信息(首先是他们的账户号码),并调用该用户的 Account 对象的合适方法。

为方便起见,我们再次为 Joe 和 Mary 预先填充两个账户。代码清单 4-6 显示了扩展后的主代码,它使用一个字典来跟踪所有账户。为了简洁起见,以下省略了为 Joe 和 Mary 创建账户并把它们添加到账户字典的代码,这些代码与代码清单 4-5 中的相同。

代码清单 4-6:添加交互式菜单(文件: BankOOP4_InteractiveMenu/Main_Bank_Version4.py)

```
# Interactive test program creating a dictionary of accounts
# Version 4, with an interactive menu

from Account import *

accountsDict = {}
nextAccountNumber = 0

--- snip creating accounts, adding them to dictionary ---

while True:
    print()
    print('Press b to get the balance')
    print('Press d to make a deposit')
    print('Press o to open a new account')
    print('Press w to make a withdrawal')
    print('Press s to show all accounts')
    print('Press q to quit')
    print()

    action = input('What do you want to do? ')  ❶
    action = action.lower()
    action = action[0] # grab the first letter
    print()

    if action == 'b':
        print('*** Get Balance ***')
        userAccountNumber = input('Please enter your account number: ')
        userAccountNumber = int(userAccountNumber)
        userAccountPassword = input('Please enter the password: ')
        oAccount = accountsDict[userAccountNumber]
        theBalance = oAccount.getBalance(userAccountPassword)
        if theBalance is not None:
            print('Your balance is:', theBalance)

    elif action == 'd':  ❷
        print('*** Deposit ***')
        userAccountNumber = input('Please enter the account number: ')  ❸
        userAccountNumber = int(userAccountNumber)
        userDepositAmount = input('Please enter amount to deposit: ')
        userDepositAmount = int(userDepositAmount)
        userPassword = input('Please enter the password: ')
        oAccount = accountsDict[userAccountNumber]  ❹
        theBalance = oAccount.deposit(userDepositAmount, userPassword)  ❺
        if theBalance is not None:
            print('Your new balance is:', theBalance)
```

```
    elif action == 'o':
        print('*** Open Account ***')
        userName = input('What is the name for the new user account? ')
        userStartingAmount = input('What is the starting balance for this account? ')
        userStartingAmount = int(userStartingAmount)
        userPassword = input('What is the password you want to use for this account? ')
        oAccount = Account(userName, userStartingAmount, userPassword)
        accountsDict[nextAccountNumber] = oAccount
        print('Your new account number is:', nextAccountNumber)
        nextAccountNumber = nextAccountNumber + 1
        print()

    elif action == 's':
        print('Show:')
        for userAccountNumber in accountsDict:
            oAccount = accountsDict[userAccountNumber]
            print('    Account number:', userAccountNumber)
            oAccount.show()

    elif action == 'q':
        break

    elif action == 'w':
        print('*** Withdraw ***')
        userAccountNumber = input('Please enter your account number: ')
        userAccountNumber = int(userAccountNumber)
        userWithdrawalAmount = input('Please enter the amount to withdraw: ')
        userWithdrawalAmount = int(userWithdrawalAmount)
        userPassword = input('Please enter the password: ')
        oAccount = accountsDict[userAccountNumber]
        theBalance = oAccount.withdraw(userWithdrawalAmount, userPassword)
        if theBalance is not None:
            print('Withdrew:', userWithdrawalAmount)
            print('Your new balance is:', theBalance)

    else:
        print('Sorry, that was not a valid action. Please try again.')

print('Done')
```

在这个版本中，我们为用户展示一个选项菜单。当用户选择一个操作时（❶），代码会针对用户想执行的操作提出一些问题，以收集到调用该用户的账户时需要的所有信息。例如，如果用户想存款（❷），程序会询问该用户的账号、要存入的金额以及该账户的密码（❸）。我们以账号作为 Account 对象字典的键，以获取合适的 Account 对象（❹）。有了该对象后，我们将调用 deposit()方法，传入要存入的金额和用户的密码（❺）。

这一次，我们仍然在主代码级别修改代码，而保持 Account 类不变。

4.4　创建对象管理器

代码清单 4-6 中的代码实际上做了两件不同的工作。程序首先提供了一个简单的菜单界面。然后，当用户选择一个操作时，它会收集数据，并调用一个 Account 对象的方法。我们不必让一个很大的主程序来执行两种不同的任务，而可以将这些代码拆分到两个较小的逻辑单元中，每个单元具有清晰定义的角色。菜单系统成为主代码，决定要采取的操作，其余代码处理银行实际提供的操作。我们可以把银行建模为一个管理其他对象（账户）的对象，称为对象管理器。

对象管理器： 维护一个托管对象（通常是同一个类的对象）的列表或字典，并调用这些对象的方法的一个对象。

我们能够以简单且符合逻辑的方式实现这种拆分：将与银行相关的所有代码放到一个新的 Bank 类中。然后，在主程序的开头，从新的 Bank 类实例化一个 Bank 对象。

Bank 类将管理一个 Account 对象的列表或字典。于是，Bank 对象是唯一直接与 Account 对象通信的代码（见图 4-1）。

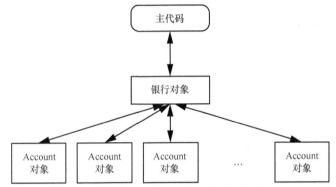

图 4-1 主代码管理 Bank 对象，Bank 对象管理许多 Account 对象

为了创建这种层次结构，我们使用一些主代码来处理最高层的菜单系统。当用户选择一个操作时，主代码将调用 Bank 对象的一个方法（如 deposit() 或 withdraw()）。Bank 对象将收集它需要的信息（账号、密码以及要存入或取出的金额），在账户字典中找到匹配的用户账户，并为该用户的账户调用合适的方法。

这种任务分工包含 3 个层次。
（1）创建和处理单个 Bank 对象的主代码。
（2）管理 Account 对象的字典并调用这些对象的方法的 Bank 对象。
（3）Account 对象自身。

当使用这种方法时，我们只有一个全局变量，即 Bank 对象。事实上，主代码甚至不知道 Account 对象的存在。反过来，每个 Account 对象不知道（也不关心）程序的顶层用户界面是什么。Bank 对象收到主代码的消息，并与合适的 Account 对象通信。

这种方法的主要优势在于，我们将一个较大的程序拆分为较小的子程序：在本例中，拆分成主代码和两个类。这种方法更容易编写每个子程序，因为每个子程序的责任更加清晰，工作范围也更小。另外，只有一个全局变量也保证了低层代码不会不小心影响全局级别的数据。

在计算机文献中，图 4-1 中的结构常称为组合或对象组合。

组合： 一个对象管理另外一个或多个对象的一种逻辑结构。

你可以认为一个对象由其他对象组成。例如，一个汽车对象通常由一个引擎对象、一个方向盘对象、4 个门对象、4 个车轮和轮胎对象等组成。这种讨论常常围绕对象之间的关系展开。在这个示例中，我们会说一个汽车"有"一个方向盘、一个引擎、4 扇门等。因此，汽车对象是其他对象的组合。

我们将创建 3 个单独的文件。主代码放在自己的文件中。它导入我们新创建的 Bank.py 文件的代码，后者包含 Bank 类（如代码清单 4-7 所示）。Bank 类导入了 Account.py 文件的代码，并根据需要使用这些代码来实例化 Account 对象。

4.4.1 创建对象管理器

代码清单 4-7 显示了新创建的 Bank 类的代码，它是一个对象管理器。

代码清单 4-7：针对不同的银行操作提供单独的方法的 Bank 类（文件: BankOOP5_SeparateBankClass/Bank.py）

```
# Bank that manages a dictionary of Account objects

from Account import *

class Bank():

    def __init__(self):
        self.accountsDict = {}  ❶
        self.nextAccountNumber = 0

    def createAccount(self, theName, theStartingAmount, thePassword):  ❷
        oAccount = Account(theName, theStartingAmount, thePassword)
        newAccountNumber = self.nextAccountNumber
        self.accountsDict[newAccountNumber] = oAccount
        # Increment to prepare for next account to be created
        self.nextAccountNumber = self.nextAccountNumber + 1
        return newAccountNumber

    def openAccount(self):  ❸
        print('*** Open Account ***')
        userName = input('What is the name for the new user account? ')
        userStartingAmount = input('What is the starting balance for this account? ')
        userStartingAmount = int(userStartingAmount)
        userPassword = input('What is the password you want to use for this account? ')

        userAccountNumber = self.createAccount(userName, userStartingAmount, userPassword)  ❹
        print('Your new account number is:', userAccountNumber)
        print()

    def closeAccount(self):  ❺
        print('*** Close Account ***')
        userAccountNumber = input('What is your account number? ')
        userAccountNumber = int(userAccountNumber)
        userPassword = input('What is your password? ')
        oAccount = self.accountsDict[userAccountNumber]
        theBalance = oAccount.getBalance(userPassword)
        if theBalance is not None:
            print('You had', theBalance, 'in your account, which is being returned to you.')
            # Remove user's account from the dictionary of accounts
            del self.accountsDict[userAccountNumber]
            print('Your account is now closed.')
```

```python
    def balance(self):
        print('*** Get Balance ***')
        userAccountNumber = input('Please enter your account number: ')
        userAccountNumber = int(userAccountNumber)
        userAccountPassword = input('Please enter the password: ')
        oAccount = self.accountsDict[userAccountNumber]
        theBalance = oAccount.getBalance(userAccountPassword)
        if theBalance is not None:
            print('Your balance is:', theBalance)

    def deposit(self):
        print('*** Deposit ***')
        accountNum = input('Please enter the account number: ')
        accountNum = int(accountNum)
        depositAmount = input('Please enter amount to deposit: ')
        depositAmount = int(depositAmount)
        userAccountPassword = input('Please enter the password: ')
        oAccount = self.accountsDict[accountNum]
        theBalance = oAccount.deposit(depositAmount, userAccountPassword)
        if theBalance is not None:
            print('Your new balance is:', theBalance)

    def show(self):
        print('*** Show ***')
        for userAccountNumber in self.accountsDict:
            oAccount = self.accountsDict[userAccountNumber]
            print(' Account:', userAccountNumber)
            oAccount.show()

    def withdraw(self):
        print('*** Withdraw ***')
        userAccountNumber = input('Please enter your account number: ')
        userAccountNumber = int(userAccountNumber)
        userAmount = input('Please enter the amount to withdraw: ')
        userAmount = int(userAmount)
        userAccountPassword = input('Please enter the password: ')
        oAccount = self.accountsDict[userAccountNumber]
        theBalance = oAccount.withdraw(userAmount, userAccountPassword)
        if theBalance is not None:
            print('Withdrew:', userAmount)
            print('Your new balance is:', theBalance)
```

下面将重点介绍 Bank 类中最值得注意的地方。首先，在 __init__()方法中，Bank 初始化了两个变量 self.accountsDict 和 self.nextAccountNumber（❶）。前缀 self.使它们成为实例变量，这意味着 Bank 类能够在它的任何方法中引用这些变量。

其次，两个方法 createAccount()和 openAccount()可用于创建账户。createAccount()方法使用传入的用户姓名、开始余额和密码实例化一个新的账户（❷）。openAccount()方法向用户提出问题，以获得这 3 条信息（❸），然后调用同一个类中定义的 createAccount()方法。

让一个方法调用同一个类中的另外一个方法是常见的做法。但是，被调用的方法并不知道它是在类的内部还是外部调用的，它只知道第 1 个实参是自己应该操作的对象。因此，对它的调用必须以 self.开头，因为 self 始终引用当前对象。一般来说，要在一个方法中调用同一个类的另外一个方法，需要编写如下代码。

```
def myMethod(self, <other optional parameters>):
    ...
    self.methodInSameClass(<any needed arguments>)
```

从用户那里收集了 openAccount() 需要的信息后，我们编写了如下代码（❹）。

```
userAccountNumber = self.createAccount(userName, userStartingAmount, userPassword)
```

这里，openAccount() 调用同一个类中的 createAccount() 来创建账户。createAccount() 会实例化一个 Account 对象，并将其账号返回给 openAccount()，后者再将这个账号返回给用户。

最后，新创建的 closeAccount() 方法允许用户关闭一个现有账户（❺）。这是我们在主代码中额外提供的一种功能。

Bank 类代表银行的一个抽象视图，而不是物理存在的实际物体。这是不代表物理结构的类的另一个好示例。

4.4.2　创建对象管理器的主代码

代码清单 4-8 显示了创建并调用 Bank 对象的主代码。

代码清单 4-8：创建并调用 Bank 对象的主代码（文件: BankOOP5_SeparateBankClass/Main_Bank_Version5.py）

```
# Main program for controlling a Bank made up of Accounts

# Bring in all the code of the Bank class
from Bank import *

# Create an instance of the Bank
oBank = Bank()

# Main code
# Create two test accounts
joesAccountNumber = oBank.createAccount('Joe', 100, 'JoesPassword')
print("Joe's account number is:", joesAccountNumber)

marysAccountNumber = oBank.createAccount('Mary', 12345, 'MarysPassword')
print("Mary's account number is:", marysAccountNumber)

while True:
    print()
    print('To get an account balance, press b')
    print('To close an account, press c')
    print('To make a deposit, press d')
    print('To open a new account, press o')
    print('To quit, press q')
    print('To show all accounts, press s')
    print('To make a withdrawal, press w ')
    print()

❶   action = input('What do you want to do? ')
    action = action.lower()
    action = action[0] # grab the first letter
    print()

❷   if action == 'b':
        oBank.balance
```

```
❸   elif action == 'c':
        oBank.closeAccount()
    
    elif action == 'd':
        oBank.deposit()
    
    elif action == 'o':
        oBank.openAccount()
    
    elif action == 's':
        oBank.show()
    
    elif action == 'q':
        break
    
    elif action == 'w':
        oBank.withdraw()
    
    else:
        print('Sorry, that was not a valid action. Please try again.')

print('Done')
```

注意代码清单 4-8 中的代码如何展示顶层菜单系统。它询问用户想执行的操作（❶），然后调用 Bank 对象的合适方法来执行操作（❷）。很容易扩展 Bank 对象来处理一些额外的查询，例如，获取银行的营业时间、地址或电话号码。这些数据可以保存为 Bank 对象中的实例变量，所以 Bank 对象能够提供这些信息，并不需要与任何 Account 对象通信。

当用户发出关闭账户的请求时（❸），主代码会调用 Bank 对象的 closeAccount()方法来关闭账户。Bank 对象使用如下代码来从自己的账户字典中删除指定的账户。

```
del self.accountsDict[userAccountNumber]
```

回忆一下我们给对象下的定义：对象是数据以及在一段时间内的操作这些数据的代码。能够删除一个对象，对应对象定义的"一段时间内"这一点。我们可以在任何时候创建一个对象（这里是 Account 对象），并不是只能在程序启动时创建。在这个程序中，每当用户决定开设一个账户的时候，我们就创建一个新的 Account 对象。代码可以通过调用该对象的方法使用该对象。我们还可以在任何时候删除一个对象，在本例中，就在用户选择关闭账户的时候删除对应的 Account 对象。这是对象（如 Account 对象）有一个生存期（从对象创建到对象删除的时间）的示例。

4.5 使用异常更好地处理错误

到目前为止，在 Account 类中，如果一个方法检测到错误（例如，用户存入了负的金额、输入了错误的密码或者取出了负数金额等），我们就采用一种临时的方案，即返回 None 来标识错误。本节将讨论一种更好的错误处理方式，即使用 try/except 块和引发异常。

4.5.1　try 和 except

当 Python 标准库中的函数或方法出现运行时错误或者异常条件时,该函数或方法通过引发异常(有时候也称为抛出或生成异常)表示发生了错误。我们可以使用 try/except 结构来检测并处理异常。try/except 结构的一般形式如下所示。

```
try:
    # some code that may cause an error (raise an exception)
except <some exception name>: # if an exception happens
    # some code to handle the exception
```

如果 try 块内的代码正确工作,没有生成异常,则 except 块将被跳过,继续执行 except 块后面的代码。但是,如果 try 块内的代码导致异常,则控制权将传递给 except 语句。如果生成的异常与 except 语句中列出的异常(或多个异常中的某个异常)匹配,则控制权将传递给对应的 except 子句的代码。这常称为捕获异常。这个缩进的代码块通常包含报告错误或从错误恢复的代码。

下面是一个简单的示例。我们要求用户输入一个数字,然后试图将该数字转换为一个整数。

```
age = input('Please enter your age: ')
try:  # attempt to convert to integer
    age = int(age)
except ValueError: # if an exception is raised trying to convert
    print('Sorry, that was not a valid number')
```

调用 Python 标准库函数可能生成标准异常,如 TypeError、ValueError、NameError、ZeroDivisionError 等。在这个示例中,如果用户输入字母或浮点数,内置的 int()函数将引发 ValueError 异常,控制权将传递给 except 块内的代码。

4.5.2　raise 语句和自定义异常

如果代码检测到运行时错误条件,就可以使用 raise 语句来表示异常。raise 语句有许多形式,但标准方法是使用下面的语法。

```
raise <ExceptionName>('<Any string to describe the error>')
```

对于<ExceptionName>,有 3 个选项。首先,如果有一个标准异常能够匹配检测到的错误(TypeError、ValueError、NameError、ZeroDivisionError 等),就可以使用标准异常。你还可以添加自己的描述字符串。

```
raise ValueError('You need to specify an integer')
```

其次,你可以使用通用的 Exception 异常:

```
raise Exception('The amount cannot be a floating-point number')
```

但是,一般不鼓励这么做,因为标准做法是编写 except 语句并根据名称查找异常,而这种方式不能提供具体的名称。

第 3 个选项（可能是最好的选项）是创建自定义异常。创建自定义异常很容易，但需要用到一种叫作继承的技术（第 10 章将详细讨论继承）。使用下面的代码就可以创建自己的异常。

```
# Define a custom exception
class <CustomExceptionName>(Exception):
    pass
```

你需要为自己的异常提供唯一的名称。然后，你可以在代码中使用 raise 引发自定义异常。创建自己的异常，意味着你能够在代码的更高层次按名称显式检查这些异常。在下一节中，我们将重写银行示例的代码，在 Bank 类和 Account 类中引发自定义异常，并在主代码中检查和报告错误。主代码将报告错误，但允许程序继续运行。

在典型的情况下，raise 语句使当前函数或方法退出，并将控制权传回调用者。如果调用者包含一个能够捕获该异常的 except 子句，则继续执行该 except 子句内的代码。否则，该函数或方法将退出。这个过程会重复执行，直到有 except 子句捕获异常。控制权将在调用序列中传递回去，如果没有 except 子句能够捕获异常，则程序会停止，Python 会显示错误。

4.6 在 Bank 程序中使用异常

现在，我们可以重写程序的 3 个层（主代码、Bank 类和 Account 类），使用 raise 语句标记错误，使用 try/except 块处理错误。

4.6.1 使用异常的 Account 类

代码清单 4-9 是 Account 类的新版本，它使用异常，并经过优化，从而不包含重复的代码。首先，定义一个自定义的 AbortTransaction 异常，当用户试图在我们的银行中完成一个交易时，如果发生错误，就引发这个异常。

代码清单 4-9：修改后的 Account 类会引发异常（文件：BankOOP6_UsingExceptions/Account.py，修改为使用后面的 Bank.py）

```
# Account class
# Errors indicated by "raise" statements

# Define a custom exception
class AbortTransaction(Exception):   ❶
    '''raise this exception to abort a bank transaction'''
    pass

class Account():
    def __init__(self, name, balance, password):
        self.name = name
        self.balance = self.validateAmount(balance)   ❷
        self.password = password

    def validateAmount(self, amount):
        try:
            amount = int(amount)
        except ValueError:
            raise AbortTransaction('Amount must be an integer')   ❸
```

```
        if amount <= 0:
            raise AbortTransaction('Amount must be positive')  ❹
        return amount

    def checkPasswordMatch(self, password):  ❺
        if password != self.password:
            raise AbortTransaction('Incorrect password for this account')

    def deposit(self, amountToDeposit):  ❻
        amountToDeposit = self.validateAmount(amountToDeposit)
        self.balance = self.balance + amountToDeposit
        return self.balance

    def getBalance(self):
        return self.balance

    def withdraw(self, amountToWithdraw):  ❼
        amountToWithdraw = self.validateAmount(amountToWithdraw)
        if amountToWithdraw > self.balance:
            raise AbortTransaction('You cannot withdraw more than you have in your account')
        self.balance = self.balance - amountToWithdraw
        return self.balance

    # Added for debugging
    def show(self):
        print('       Name:', self.name)
        print('       Balance:', self.balance)
        print('       Password:', self.password)
```

我们首先定义 AbortTransaction 自定义异常（❶），以便能够在这个类和导入这个类的其他代码中使用该异常。

在 Account 类的 __init__()方法中，通过调用 validateAmount()方法（❷），确保作为开始余额提供的金额是有效的。该方法使用一个 try/except 块，确保开始数额能够成功地转换为一个整数。如果对 int()的调用失败，它会引发一个 ValueException 异常，except 子句会捕获该异常。这个 except 块的代码（❸）并不把通用的 ValueError 返回给调用者，而执行一个 raise 语句，引发 AbortTransaction 异常，并包含一个更有意义的错误消息字符串。如果成功地转换为整数，我们就执行另外一个测试。如果用户提供了负数，我们也会引发 AbortTransaction 异常（❹），但提供一个不同的错误消息字符串。

Bank 对象中的方法会调用 checkPasswordMatch()方法（❺）来检查用户提供的密码是否与 Account 中保存的密码匹配。如果不匹配，就使用相同的异常执行另外一个 raise 语句，但提供一个更具描述性的错误消息字符串。

这使我们能够简化 deposit()（❻）和 withdraw()（❼）的代码，因为这些方法假定在调用它们的时候已经验证了金额和密码。withdraw()中还有另外一个检查，用于确保用户要取出的钱不会多于账户中现有的钱，否则就使用合适的描述消息引发 AbortTransaction 异常。

因为这个类中没有代码来处理 AbortTransaction 异常，所以每当引发该异常时，控制权将传回调用者。如果调用者没有代码来处理该异常，则控制权会传回它的调用者，以此类推，沿着调用栈向回传递。后面将看到，主代码将处理这个异常。

4.6.2 优化后的 Bank 类

Bank 类的完整代码可以下载。代码清单 4-10 给出了它的一些示例方法，通过调用前面更新过的 Account 类的方法演示 try/except 技术。

代码清单 4-10：修改后的 Bank 类（文件：BankOOP6_UsingExceptions/Bank.py，修改为使用 Account.py）

```
# Bank that manages a dictionary of Account objects

from Account import *

class Bank():
    def __init__(self, hours, address, phone):  ❶
        self.accountsDict = {}
        self.nextAccountNumber = 0
        self.hours = hours
        self.address = address
        self.phone = phone

    def askForValidAccountNumber(self):  ❷
        accountNumber = input('What is your account number? ')
        try:  ❸
            accountNumber = int(accountNumber)
        except ValueError:
            raise AbortTransaction('The account number must be an integer')
        if accountNumber not in self.accountsDict:
            raise AbortTransaction('There is no account ' + str(accountNumber))
        return accountNumber

    def getUsersAccount(self):  ❹
        accountNumber = self.askForValidAccountNumber()
        oAccount = self.accountsDict[accountNumber]
        self.askForValidPassword(oAccount)
        return oAccount

    --- snipped additional methods ---

    def deposit(self):  ❺
        print('*** Deposit ***')
        oAccount = self.getUsersAccount()
        depositAmount = input('Please enter amount to deposit: ')
        theBalance = oAccount.deposit(depositAmount)
        print('Deposited:', depositAmount)
        print('Your new balance is:', theBalance)

    def withdraw(self):  ❻
        print('*** Withdraw ***')
        oAccount = self.getUsersAccount()
        userAmount = input('Please enter the amount to withdraw: ')
        theBalance = oAccount.withdraw(userAmount)
        print('Withdrew:', userAmount)
        print('Your new balance is:', theBalance)

    def getInfo(self):  ❼
        print('Hours:', self.hours)
        print('Address:', self.address)
        print('Phone:', self.phone)
        print('We currently have', len(self.accountsDict), 'account(s) open.')
```

```
# Special method for Bank administrator only
def show(self):
    print('*** Show ***')
    print('(This would typically require an admin password)')
    for userAccountNumber in self.accountsDict:
        oAccount = self.accountsDict[userAccountNumber]
        print('Account:', userAccountNumber)
        oAccount.show()
        print()
```

Bank 类首先从 __init__()方法（❶）开始，它将所有相关信息保存到实例变量中。

新的 askForValidAccountNumber()方法（❷）会在其他多个方法中调用，以要求用户提供账号，并验证用户提供的账号。首先，它用一个 try/except 块（❸）确保用户提供的账号是一个整数。如果不是整数，except 块会检测到一个 ValueError 异常，但它会使用一个描述性消息来引发自定义的 AbortTransaction 异常，从而以更加清晰的方式报告错误。接下来，它会检查用户提供的账号是不是银行知道的账号。如果不是，它也会引发一个 AbortTransaction 异常，但提供一个不同的错误消息字符串。

新的 getUsersAccount()方法（❹）首先调用前面的 askForValidAccountNumber()方法，然后使用账号找到合适的 Account 对象。注意，这个方法中不包含 try/except 块。如果 askForValidAccountNumber()（或更低层）引发了异常，这个方法将立即返回调用者。

deposit()（❺）和 withdraw()（❻）方法均调用同一个类中的 getUsersAccount()方法。类似地，如果它们对 getUsersAccount()的调用引发异常，将立即退出，并在调用链中将异常向上传递给调用者。如果所有测试都通过，那么 deposit()和 withdraw()方法将调用指定 Account 对象中名称与它们类似的方法来执行实际交易。

getInfo()方法（❼）报告关于银行的信息（营业时间、地址、电话），并不访问任何单独的账户。

4.6.3 处理异常的主代码

代码清单 4-11 显示了更新后的主代码，它现在能够处理自定义异常。发生的任何错误将在这里报告给用户。

代码清单 4-11：使用 try/except 处理错误的主代码（文件：BankOOP6_UsingException/Main_Bank_Version6.py）

```
# Main program for controlling a Bank made up of Accounts
from Bank import *

# Create an instance of the Bank
❶ oBank = Bank('9 to 5', '123 Main Street, Anytown, USA', '(650) 555-1212')

# Main code
❷ while True:
    print()
    print('To get an account balance, press b')
    print('To close an account, press c')
    print('To make a deposit, press d')
    print('To get bank information, press i')
```

```
    print('To open a new account, press o')
    print('To quit, press q')
    print('To show all accounts, press s')
    print('To make a withdrawal, press w')
    print()

     action = input('What do you want to do? ')
     action = action.lower()
     action = action[0] # grab the first letter
     print()

❸   try:
        if action == 'b':
            oBank.balance()
        elif action == 'c':
            oBank.closeAccount()
        elif action == 'd':
            oBank.deposit()
        elif action == 'i':
            oBank.getInfo()
        elif action == 'o':
            oBank.openAccount()
        elif action == 'q':
            break
        elif action == 's':
            oBank.show()
        elif action == 'w':
            oBank.withdraw()
❹   except AbortTransaction as error:
        # Print out the text of the error message
        print(error)

print('Done')
```

主代码首先创建一个 Bank 对象（❶）。然后，它在循环中向用户展示顶层菜单，询问用户想执行什么操作（❷）。它为每个命令调用合适的方法。

关于这个代码清单，重要的一点是，我们在调用 oBank 对象的方法的所有位置添加了一个 try 块（❸）。这样一来，如果任何方法调用引发 AbortTransaction 异常，控制权将转移到 except 语句（❹）。

异常是对象。在 except 子句中，我们处理在任何更低层次上引发的 AbortTransaction 异常。我们将异常的值赋给变量 error。输出该变量时，用户将看到相关的错误消息。因为 except 子句处理了异常，所以程序能够继续运行，询问用户要做什么。

4.7　在对象列表上调用相同的方法

与银行示例不同，当不需要唯一标识每个单独的对象时，使用对象列表的效果非常好。假设你在编写一个游戏，需要有一些坏人、太空飞船、子弹、僵尸或其他任何东西。每个对象通常会记忆一些数据，并有一些能够执行的操作。只要每个对象不需要有唯一标识符，处理这种需求的标准做法是从类创建多个对象实例，并将所有对象放到一个列表中：

```
objectList = [] # start off with an empty list
for i in range(nObjects):
    oNewObject = MyClass() # create a new instance
    objectList.append(oNewObject) # store the object in the list
```

在游戏中，我们将世界表示为一个大网格，就像电子表格那样。我们想要把怪物放到网格中的随机位置。代码清单 4-12 显示了 Monster 类的开始部分，包括__init__()方法和 move()方法。当实例化 Monster 时，会告诉它网格中的行数和列数以及最大速度，它会选择一个随机的开始位置和速度。

代码清单 4-12：可以用来实例化许多怪物的 Monster 类（文件: MonsterExample.py）

```
import random

class Monster():
    def __init__(self, nRows, nCols, maxSpeed):
        self.nRows = nRows # save away
        self.nCols = nCols # save away
        self.myRow = random.randrange(self.nRows) # chooses a random row
        self.myCol = random.randrange(self.nCols) # chooses a random col
        self.mySpeedX = random.randrange(-maxSpeed, maxSpeed + 1) # chooses an X speed
        self.mySpeedY = random.randrange(-maxSpeed, maxSpeed + 1) # chooses a Y speed
        # Set other instance variables like health, power, etc.

    def move(self):
        self.myRow = (self.myRow + self.mySpeedY) % self.nRows
        self.myCol = (self.myCol + self.mySpeedX) % self.nCols
```

使用这个 Monster 类可以创建 Monster 对象的一个列表，如下所示。

```
N_MONSTERS = 20
N_ROWS = 100    # could be any size
N_COLS = 200    # could be any size
MAX_SPEED = 4
monsterList = [] # start with an empty list
for i in range(N_MONSTERS):
    oMonster = Monster(N_ROWS, N_COLS, MAX_SPEED) # create a Monster
    monsterList.append(oMonster) # add the Monster to our list
```

这个循环将实例化 20 个 Monster，每个 Monster 知道自己在网格中的开始位置以及自己的速度。有了一个对象列表后，在程序后面想让每个对象执行相同的操作时，你可以编写一个简单的循环，对列表中的每个对象调用相同的方法：

```
for objectVariable in objectVariablesList:
    objectVariable.someMethod()
```

例如，如果我们想让每个 Monster 对象移动，可以使用如下循环。

```
for oMonster in monsterList:
    oMonster.move()
```

因为每个 Monster 对象记忆自己的位置和速度，所以在 move()方法中每个 Monster 对象可以移动到并记住自己的新位置。

这种构建对象列表并为列表中的所有对象调用相同方法的技术很有用，是处理相似对象的集合的一种标准方法。后面当我们使用 pygame 创建游戏的时候，将经常使用这种方法。

4.8 接口与实现

前面的 Account 类的方法和实例变量很有效。当你确信代码能够很好地工作的时候，就不再需要关心类内的细节。当类的行为符合你的期望时，你只需要记住该类中提供了什么方法。使用两种不同的方法来了解一个类，它们分别是关注类能够做什么（接口），以及类在内部如何工作（实现）。

接口：	一个类提供的方法（以及每个方法期望的参数）的集合。接口说明了从该类创建的对象能够做什么。
实现：	类的实际代码，说明了一个对象如何执行它能够执行的操作。

如果你是某个类的创建者或维护者，就需要完全理解其实现，即所有方法的代码，以及它们如何影响实例变量。如果你只在编写使用一个类的代码，则只需要关心接口，即类提供的不同方法，需要传递给每个方法的值，以及每个方法返回的值。如果你独立编码（所谓的"一人团队"），那么你既是类的实现者，也是类的接口的用户。

只要类的接口没有改变，类的实现就可以在任何时候改变。也就是说，如果你发现能够以一种更快或更高效的方式实现某个方法，则可以在类内修改相关代码，这并不会对程序的其他部分造成任何负面影响。

4.9 小结

对象管理器是管理其他对象的对象。它的一个或多个实例变量是由其他对象组成的列表或字典。对象管理器可以调用其管理的任何对象或所有对象的方法。当使用这种技术时，只有对象管理器能够全面管理所有托管的对象。

在方法或函数中遇到错误时，你可以引发一个异常。raise 语句将控制权返回给调用者。通过将方法调用放到一个 try 块中，调用者不仅可以检测到潜在的错误，还可以使用一个 except 块来响应这种错误。

类的接口是该类中的所有方法及其相关参数的文档。类的实现是类的实际代码。你需要知道什么，取决于你的角色。类的编写者/维护者需要理解代码的细节，使用类的人则只需要理解该类提供的接口。

Part 2

第二部分

使用 pygame 创建图形用户界面

本部分介绍 pygame，它是一个外部包，添加了 GUI 程序常见的功能。pygame 允许编写具有窗口、能够响应鼠标和键盘以及能够播放声音等的程序。

第 5 章介绍 pygame 的基本工作原理，并为创建基于 pygame 的程序提供一个标准模板。我们将首先创建几个简单的程序，然后创建一个使用键盘控制图片的程序，最后创建一个弹球程序。

第 6 章解释为什么最好以 pygame 作为一个面向对象的框架。该章将介绍如何使用面向对象技术重写弹球程序，并开发简单的按钮和文本输入字段。

第 7 章介绍 pygwidgets 模块，它包含许多标准用户界面组件（如按钮、输入和输出字段、单选按钮、复选框等）的完整实现，并且这些实现都使用了面向对象编程。所有代码都提供给你，使你能够使用这个模块来创建自己的应用程序。该章将提供几个示例。

第 5 章 pygame 简介

Python 语言用于处理文本输入和文本输出。它提供了从用户、文件和互联网获取文本以及向它们发送文本的功能。但是，Python 的核心语言无法处理更加现代的概念，如窗口、鼠标单击、声音等。那么，如果你想使用 Python 来创建一个比基于文本的程序更加先进的程序，应该怎么办？本章将介绍 pygame，这是一个免费、开源的外部包，其设计目的是扩展 Python，让程序员能够开发游戏程序。也可以用 pygame 创建其他包含图形用户界面（Graphical User Interface，GUI）的交互式程序。它添加了许多功能，如创建窗口、显示图片、识别鼠标移动、单击界面、播放声音等。简言之，它允许 Python 程序员创建现在的计算机用户已经熟悉的游戏和应用程序。

我并不打算让你成为游戏程序员，不过如果你真的成为一名游戏程序员，就会很有趣。相反，我将借助 pygame 的环境，以更清晰、可视化程度更高的方式解释面向对象编程的一些技术。通过使用 pygame 在窗口中显示对象，并处理用户与这些对象的交互，你应该能够更加深刻地理解如何有效地使用 OOP 技术。

本章对 pygame 进行一般性介绍，所以大部分信息和示例将使用过程式编码。从下一章开始，本书将介绍如何在 pygame 中有效地使用 OOP。

5.1 安装 pygame

pygame 是一个免费的、可下载的包。我们将使用包管理器 pip（pip installs packages 的缩写）来安装 Python 包。如前所述，假定你已经从 python.org 安装了 Python 的官方版本。该下载程序中已经包含了 pip 程序，所以你应该已经安装了该程序。

不同于运行标准的应用程序，你必须在命令行运行 pip。要打开命令行，在 Mac 系统中，启动 Terminal 应用程序（位于 Applications 文件夹下的 Utilities 子文件夹中）。在 Windows 系统中，单击 Windows 图标，输入 cmd，然后按 Enter 键。

> **注意：** 本书的内容没有在 Linux 系统中进行测试。但是，只需要稍做调整，大部分（甚至全部）内容就应该能够在 Linux 系统中工作。要在 Linux 发行版中安装 pygame，用你习惯的任何方式打开一个终端。

在命令行输入下面的命令。

```
python3 -m pip install -U pip --user
python3 -m pip install -U pygame --user
```

第 1 条命令确保你安装了最新版本的 pip 程序。第 2 条命令安装最新版本的 pygame。

如果在安装 pygame 时遇到问题，可以查阅 Pygame 网站上的文档"Getting Started"。为了确认 pygame 已经正确安装，你可以打开 IDLE（Python 的默认实现捆绑的开发环境），然后在 shell 窗口中输入以下命令。

```
import pygame
```

如果出现类似于"Hello from the pygame community"这样的消息，或者如果没有出现任何消息，则说明 pygame 已经正确安装。没有显示错误消息，说明 Python 能够找到并加载 pygame 包，你可以使用该包了。如果你想查看一个使用 pygame 的示例游戏，则可以输入下面的命令（这会启动一个 Space Invaders 程序）。

```
python3 -m pygame.examples.aliens
```

在我们学习如何使用 pygame 之前，需要先解释两个重要的概念。首先，我们将介绍使用 GUI 的程序如何定位单独的像素。然后，我们将讨论事件驱动的程序，以及它们与基于文本的程序有什么区别。最后，我们将编写一些程序来演示 pygame 的关键特性。

5.2 窗口

计算机屏幕包含大量的行和列，这些行和列由一些小点组成，它们称为像素。像素的英文 pixel 源于"picture element"（图像元素）。用户通过一个或多个窗口与 GUI 程序交互；每个窗口是屏幕上的一个矩形部分。程序可以控制自己的窗口中任何像素的颜色。如果你在运行多个 GUI 程序，每个程序通常会显示在自己的窗口中。本节将讨论如何定位和修改窗口中的单独像素。这些概念是独立于 Python 的，它们是适用于所有计算机的概念，在所有编程语言中都会使用。

5.2.1 窗口坐标系统

你可能已经熟悉了网格中的笛卡儿坐标，如图 5-1 所示。

通过指定一个点的 x 坐标和 y 坐标（按照这个顺序），我们可以在一个笛卡儿网格中定位该点。原点是坐标为(0,0)的点，它位于网格的中心。

计算机窗口的坐标采用了类似的方式，如图 5-2 所示。

但是，计算机窗口与标准笛卡儿坐标系有一些关键的区别。

（1）原点(0,0)位于窗口的左上角。

（2）y 轴与标准笛卡儿坐标系中的相反，窗口顶部的 y 值是 0，沿着窗口向下，y 值增加。

（3）x 值和 y 值始终整数。每对(x,y)指定窗口中的一像素。这些值始终相对于窗口的左上角，而不是屏幕的左上角。这样一来，用户就可以在屏幕上四处移动窗口，并不会影响程序在窗口中显示的元素的坐标。

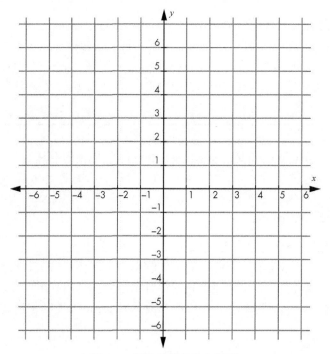

图 5-1　标准的笛卡儿坐标系

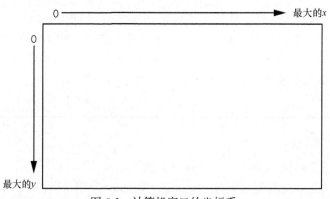

图 5-2　计算机窗口的坐标系

对于每像素，整个计算机屏幕有其自己的一组(x,y)坐标，并使用相同类型的坐标系统，但程序很少需要处理屏幕坐标。

当编写 pygame 应用程序的时候，我们需要指定要创建的窗口的宽度和高度。在该窗口中，你可以使用 x 坐标和 y 坐标来定位任何像素，如图 5-3 所示。

图 5-3 在位置(3,5)显示了一个黑色的像素。这个位置的 x 值是 3（注意，它实际上在第 4 列，因为坐标是从 0 开始的），y 值是 5（实际上在第 6 行）。窗口中的每个像素通常称为"点"。

要引用窗口中的一个点，通常会使用一个 Python 元组。例如，你可能会使用如下赋值语句，其中第 1 个值是 *x* 值。

```
pixelLocation = (3, 5)
```

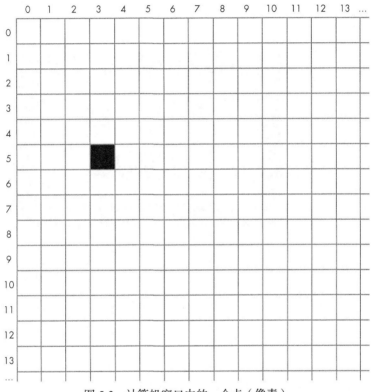

图 5-3　计算机窗口中的一个点（像素）

要在窗口中显示一张图片，需要使用一个(*x*,*y*)坐标对来指定该图片的起点，这个起点始终位于该图片的左上角。例如，在图 5-4 中，我们在位置(3,5)绘制了图片。

当使用图片时，常常需要处理边界矩形，这是能够完全包围该图片的所有像素的最小矩形。在 pygame 中，通过一组值（4 个值——*x*、*y*、宽度和高度）表示矩形。图 5-4 中的图片的边界矩形的值是 3、5、11、7。后面我们将在一个示例程序中演示如何使用这样的矩形。即使图片不是矩形（如图片是圆形或椭圆形），你仍然需要考虑它的边界矩形，以方便进行定位和碰撞检测。

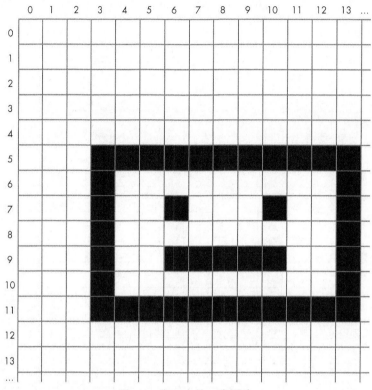

图 5-4　窗口中的一张图片

5.2.2　像素颜色

我们探讨如何在计算机屏幕上表示颜色。如果你使用过图形处理程序（如 Photoshop），则可能已经知道颜色的工作方式，但可能仍然想快速回顾一下。

屏幕上的每个像素由红色、绿色和蓝色 3 种颜色组合而成，它们常称为 RGB。任何像素显示的颜色都是由一定数量的红色、绿色和蓝色组成的，种类数量是 0（代表没有颜色）～255（代表最大亮度）。因此，对于每个像素，可能有 256 × 256 × 256 种可能的组合，即 16 777 216（通常简单地说成 1600 万）种可能的颜色。

在 pygame 中，使用 RGB 值指定颜色，我们把它们写成包含 3 个数字的 Python 元组。下面显示了我们如何为主颜色创建常量。

```
RED = (255, 0, 0)    # full red, no green, no blue
GREEN = (0, 255, 0)  # no red, full green, no blue
BLUE = (0, 0, 255)   # no red, no green, full blue
```

下面是另外一些颜色的定义。我们可以使用 0～255 的任何 3 个整数的任意组合来创建颜色。

```
BLACK = (0, 0, 0)        # no red, no green, no blue
WHITE = (255, 255, 255)  # full red, full green, full blue
```

```
DARK_GRAY = (75, 75, 75)
MEDIUM_GRAY = (128, 128, 128)
LIGHT_GRAY = (175, 175, 175)
TEAL = (0, 128, 128) # no red, half-strength green, half-strength blue
YELLOW = (255, 255, 0)
PURPLE = (128, 0, 128)
```

在 pygame 中，当你想要填充窗口的背景、以某种颜色绘制形状或者以某种颜色绘制文本的时候，就需要指定颜色。提前将颜色定义为元组常量，后面就很容易在代码中识别它们。

5.3 事件驱动的程序

在本书到目前为止的大部分程序中，主代码都包含在一个 while 循环中。当调用内置的 input() 函数时，程序会停止执行，等待用户输入。程序输出通常是通过调用 print() 来处理的。

在交互式 GUI 程序中，这种模型不再适用。GUI 引入了一种新的计算模型——事件驱动的模型。事件驱动的程序不依赖 input() 和 print()；相反，用户使用键盘以及鼠标和其他指向设备，与窗口中的元素随意交互。他们可能能够单击各种按钮或图标，在菜单中做出选择，为文本字段提供输入，或者通过鼠标单击或键盘按键来发出命令，控制窗口中的图片。

注意： 调用 print() 对于调试仍然很有用，print() 可以用来写出中间结果。

事件驱动的编程的核心概念是事件。事件很难定义，所以最好用示例来描述，例如，鼠标单击和按键（它们实际上都是由两个事件组成的，分别是按下和松开鼠标，以及按下和松开按键）。事件的定义如下。

事件： 在程序运行时发生的并且程序想要或者需要响应的事情。大部分事件是由用户操作生成的。

事件驱动的 GUI 程序在无限循环中一直运行。每次循环时，程序检查是否有新的事件需要响应，并执行合适的代码来处理这些事件。另外，每次循环时，程序需要重新绘制窗口中的所有元素，以更新用户看到的内容。

例如，假设我们有一个简单的 GUI 程序，它显示了 Bark 和 Meow 两个按钮。当单击按钮时，Bark 按钮播放狗叫的声音，Meow 按钮播放猫叫的声音（见图 5-5）。

图 5-5 包含两个按钮的简单程序

用户可以在任何时候、按照任何顺序单击这两个按钮。要处理用户的操作，程序会在循环中运行，并不断执行检查，看是否有按钮被单击。当收到某个按钮的鼠标按下事件时，程序会记下来该按钮已被单击，并绘制该按钮被按下的图片。当收到该按钮的鼠标释放事件时，它会记下来新的状态，并使用原来的图片重新绘制该按钮，并播放合适的声音。因为主循环运行得很快，所以看起来在用户单击按钮后立即播放了声音。每次循环时，程序会使用与每个按钮的当前状态匹配的图片重新绘制它们。

5.4 使用 pygame

一开始看起来，pygame 是一个非常大的包，提供了许多不同的方法调用。它的确很大，但如果只是要运行一个小程序，其实并不需要理解太多东西。为了介绍 pygame，首先提供一个模板，你可以把它用于自己创建的所有 pygame 程序。然后，在这个模板的基础上，逐渐添加一些关键的功能。

本节将展示如何完成以下操作：
- 打开一个空白窗口；
- 显示一张图片；
- 检测鼠标单击；
- 检测单次和连续按键；
- 创建简单的动画；
- 播放音效和背景声音；
- 绘制形状。

下一章将继续讨论 pygame，你将学到如何完成以下操作：
- 用动画显示多个对象；
- 创建并响应按钮；
- 创建文本显示字段。

5.4.1 打开一个空白窗口

如前所述，pygame 程序在循环中不断运行并检查事件。把程序想象成一个动画可能会有帮助，其中每次通过的主循环就像是动画的一个帧。用户可能在任何帧中单击了某个东西，程序不仅要响应该输入，还要跟踪它需要在窗口中绘制的所有东西。例如，在本章后面的一个示例程序中，我们将在窗口中移动一个球，在每一帧中，绘制球的位置都稍有不同。

代码清单 5-1 是一个通用的模板，你可以把它用作你的所有 pygame 程序的起点。这个程序打开一个窗口，并将窗口的全部内容涂成黑色。用户唯一能做的是单击关闭按钮来关闭程序。

代码清单 5-1：创建 pygame 程序的模板（文件：PygameDemo0_WindowOnly/PygameWindowOnly.py）

```
# pygame demo 0 - window only

# 1 - Import packages
import pygame
from pygame.locals import *
import sys

# 2 - Define constants
BLACK = (0, 0, 0)
```

```
WINDOW_WIDTH = 640
WINDOW_HEIGHT = 480
FRAMES_PER_SECOND = 30

# 3 - Initialize the world
pygame.init()
window = pygame.display.set_mode((WINDOW_WIDTH, WINDOW_HEIGHT))
clock = pygame.time.Clock()

# 4 - Load assets: image(s), sound(s), etc.

# 5 - Initialize variables

# 6 - Loop forever
while True:

    # 7 - Check for and handle events
    for event in pygame.event.get():
        # Clicked the close button? Quit pygame and end the program
        if event.type == pygame.QUIT:
            pygame.quit()
            sys.exit()

    # 8 - Do any "per frame" actions

    # 9 - Clear the window
    window.fill(BLACK)

    # 10 - Draw all window elements

    # 11 - Update the window
    pygame.display.update()

    # 12 - Slow things down a bit
    clock.tick(FRAMES_PER_SECOND)
```

我们查看这个模板的不同部分。

(1) 导入包。

模板首先使用了 import 语句。我们首先导入 pygame 包，然后导入 pygame 中定义的一些常量，以方便后面使用它们。最后导入 sys 包，我们将使用它来关闭程序。

(2) 定义常量。

接下来，定义程序中需要使用的一些常量。首先，定义黑色（BLACK）的 RGB 值，使用它来填充窗口的背景。然后，使用像素作为单位，为窗口的宽度和高度定义常量。另外，还定义一个常量来表示程序的刷新率。这个数字定义程序每秒循环（因而会重绘窗口）的最大次数。我们指定的值是 30，这是相当典型的一个值。如果主循环中要做的工作量很大，那么程序的运行频率可能会低于这个值，但绝不会高于这个值。过高的刷新率会导致程序运行太快。在移动球的示例中，这意味着球在窗口中以超出我们预期的速度快速跳动。

(3) 初始化 pygame 环境。

在这个部分，调用一个函数来让 pygame 执行初始化。然后，使用 pygame.display.set_mode() 函数，并传入期望的窗口宽度和高度，让 pygame 为程序创建一个窗口。最后，调用另外一个 pygame 函数来创建一个时钟对象，主循环的底部将使用它来保持最大帧率。

(4) 加载图片、声音等资源。

这个部分是占位用的部分，我们最终将在这里添加代码来从磁盘加载外部图片、声音等，以便在程序中使用它们。在这个基本的程序中，我们没有使用任何外部资源，所以这个部分现在是空的。

(5) 初始化变量。

在这里，我们最终将初始化程序使用的任何变量。现在还没有要使用的变量，所以这里没有代码。

(6) 无限循环。

这里启动了主循环。这是一个简单的 while True 无限循环。可以把主循环的每次迭代想象成动画中的一帧。

(7) 检查并处理事件，通常称为事件循环。

在这个部分，我们调用 pygame.event.get() 来获取自上次检查（即上次主循环运行）后发生的事件的列表，然后迭代该事件列表。报告给程序的每个事件都是一个对象，每个事件对象都有一个类型。如果没有发生事件，就跳过本部分的代码。

在这个极简的程序中，用户能够执行的唯一操作是关闭窗口，所以我们只检查一个事件类型——pygame.QUIT 常量。当用户单击关闭按钮时，pygame 会生成这个类型的事件。如果发现此事件，就告诉 pygame 退出，这会释放它使用的任何资源。然后，我们退出程序。

(8) 执行"每帧中应该做的"任何操作。

在这个部分，我们最终将添加任何需要在每一帧中运行的代码。这可能包括在窗口中移动东西，或者检查元素之间的碰撞。在这个极简的程序中，不需要在这里做任何事情。

(9) 清除窗口。

在主循环中每次迭代时，程序必须重绘窗口中的所有内容，这意味着我们需要先清除它的内容。最简单的方法是使用一种颜色填充窗口，这里就是这么做的。我们调用 window.fill()，为窗口指定黑色背景。我们也可以绘制一个背景图片，但现在先不那么做。

(10) 绘制全部窗口元素。

我们将在这里添加代码，绘制需要在窗口中显示的所有东西。在这个示例程序中，什么也不需要绘制。

在真正的程序中，按照代码中出现的顺序来绘制元素，首先绘制最靠后的层中的元素，最后绘制最靠前的层中的元素。例如，假设我们想绘制两个部分重叠的圆形，分别是圆 A 和圆 B。如果我们首先绘制圆 A，则圆 A 将出现在圆 B 的后面，圆 A 的一部分将被圆 B 覆盖。如果我们首先绘制圆 B，然后绘制圆 A，则结果相反，我们将看到圆 A 出现在圆 B 的上面。这与图形程序（如 Photoshop）中的层相似。

(11) 更新窗口。

该部分告诉 pygame 接受我们在窗口中包含和显示的所有元素，pygame 在第 (8)(9)(10) 步在屏幕外缓冲区中完成了所有绘制工作。当你告诉 pygame 更新时，它接受在屏幕外缓冲区中的内容并把这些内容放入实际的窗口中。

（12）慢下来。

计算机的运行速度非常快，如果循环不等待，直接进入下一次迭代，那么程序可能比指定的帧率运行得更快。本节的代码告诉 pygame 等待一定的时间，以便程序的帧按照指定的帧率运行。这种处理非常重要，可以保证程序以一致的速率运行，并不受运行它的计算机的速度的影响。

当运行这个程序时，将显示一个填充了黑色的空白窗口。要结束程序，只需要单击标题栏的关闭按钮。

5.4.2 绘制图片

现在在窗口中进行绘制。显示图片的过程包含两个步骤：首先把图片加载到计算机的内存中，然后在应用程序窗口中显示该图片。

当使用 pygame 时，需要把所有图片（和声音）保存到代码外部的文件中。pygame 支持许多标准的图形文件格式，包括.png、.jpg 和.gif。在这个程序中，我们将从 ball.png 文件中加载一个球的图片。提醒一下，本书中的主要代码清单用到的代码和资源可从 No Starch 网站（搜索"objectorientedpython"）或者 GitHub 网站（搜索"Object-Oriented-Python-Code"）下载。

尽管这个程序中只需要一个图形文件，但使用一致的方式来处理图形和声音文件是一个好主意，所以这里先确定一种方式。首先，创建一个项目文件夹。将主程序以及包含 Python 类和函数的任何相关文件添加到这个项目文件夹中。然后，在项目文件夹中创建一个 images 文件夹，把你想要在程序中使用的任何图片文件添加到这个文件夹中。再创建一个 sounds 文件夹，在其中添加你想要使用的任何声音文件。图 5-6 显示了建议使用的结构。本书的所有示例程序都使用这种项目文件夹布局。

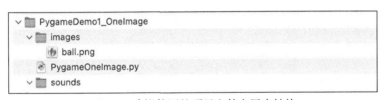

图 5-6　建议使用的项目文件夹层次结构

路径（也称为路径名）是一个字符串，唯一标识一个文件或文件夹在计算机上的位置。要把一个图片或声音文件加载到程序中，你必须指定该文件的路径。路径有两种类型——相对路径和绝对路径。

相对路径相对于当前文件夹（常称为当前工作目录）。当使用 IDE（如 IDLE 或 PyCharm）运行一个程序时，它会将当前文件夹设置为包含主 Python 程序的文件夹，从而方便我们使用相对路径。本书假定你使用 IDE，所以给出的所有路径都是相对路径。

与主 Python 文件在相同文件夹中的图形文件（如 ball.png）的相对路径就是该文件的文件名字符串（如'ball.png'）。使用前面建议的项目结构，相对路径将是'images/ball.png'。

这个路径说明，项目文件夹中包含一个名为 images 的文件夹，该文件夹中包含一个名为 ball.png 的文件。在路径字符串中，使用斜杠字符分隔文件夹的名称。

但是，如果你需要在命令行中运行程序，则需要为所有文件构造绝对路径。绝对路径以文件系统的根目录开头，包含你的文件所在的完整文件夹层次。要构建任何文件的绝对路径，使用如下代码（它为项目文件夹的 images 文件夹中的 ball.png 文件创建绝对路径字符串）。

```
from pathlib import Path

# Place this in section #2, defining a constant
BASE_PATH = Path(__file__).resolve().parent

# Build a path to the file in the images folder
pathToBall = BASE_PATH + 'images/ball.png'
```

现在，我们将创建弹球程序的代码。以前面包含 12 个步骤的模板作为基础，只需要添加两行新的代码，如代码清单 5-2 所示。

代码清单 5-2：加载一张图片，并在每帧中绘制它（文件：PygameDemo1_OneImage/PygameOneImage.py）

```
# pygame demo 1 - draw one image

--- snip ---
# 3 - Initialize the world
pygame.init()
window = pygame.display.set_mode((WINDOW_WIDTH, WINDOW_HEIGHT))
clock = pygame.time.Clock()

# 4 - Load assets: image(s), sound(s), etc.
❶ ballImage = pygame.image.load('images/ball.png')

# 5 - Initialize variables

--- snip ---

    # 10 - Draw all window elements
    # draw ball at position 100 across (x) and 200 down (y)
❷ window.blit(ballImage, (100, 200))

    # 11 - Update the window
    pygame.display.update()

    # 12 - Slow things down a bit
    clock.tick(FRAMES_PER_SECOND)   # make pygame wait
```

首先，我们告诉 pygame 找到包含球的图片的文件，并将该图片加载到内存中（❶）。变量 ballImage 现在引用球的图片。注意，这个赋值语句只在主循环开始前执行一次。

注意： 在 pygame 的官方文档中，每张图片（包括应用程序窗口）都称为一个表面。我们将使用更加具体的术语，把应用程序窗口简单地称为窗口，将从外部文件加载的任何图片称为图片。我们只使用术语"表面"来表示任何动态绘制的图片。

然后，我们告诉程序在每次主循环迭代时绘制球（❷）。我们指定图片的边界矩形的左上角应该在的位置，通常是一个包含 x 坐标和 y 坐标的元组。

函数名 blit() 在以前指的是 bit block transfer（位块传输），但是在现在这个上下文中其实它的意思就是"绘图"。因为程序在之前加载了球的图片，所以 pygame 知道图片有多大，我们只需要告诉它在什么地方绘制球就可以了。在代码清单 5-2 中，指定的 *x* 值是 100，*y* 值是 200。

在运行程序时，每次迭代循环（每秒迭代 30 次），窗口中的每个像素会设置为黑色，然后在背景上绘制球。从用户的角度看，好像什么也没有发生，球只停留在一个位置，其边界矩形的左上角位于(100, 200)位置。

5.4.3 检测鼠标单击

接下来，我们将让程序能够检测和响应鼠标单击。用户将能够单击球，使其出现在窗口内的其他位置。当程序检测到球上的鼠标单击操作时，会随机选择新的坐标，并在该位置绘制球。我们不使用硬编码的(100, 200)，而是创建两个变量 ballX 和 ballY，使用元组(ballX, ballY)来引用球在窗口内的坐标。代码清单 5-3 提供了相关代码。

代码清单 5-3：检测鼠标单击并响应（文件：PygameDemo2_ImageClickAndMove/PygameImageClickAndMove.py）

```
# pygame demo 2 - one image, click and move

# 1 - Import packages
import pygame
from pygame.locals import *
import sys
❶ import random

# 2 - Define constants
BLACK = (0, 0, 0)
WINDOW_WIDTH = 640
WINDOW_HEIGHT = 480
FRAMES_PER_SECOND = 30
❷ BALL_WIDTH_HEIGHT = 100
MAX_WIDTH = WINDOW_WIDTH - BALL_WIDTH_HEIGHT
MAX_HEIGHT = WINDOW_HEIGHT - BALL_WIDTH_HEIGHT

# 3 - Initialize the world
pygame.init()
window = pygame.display.set_mode((WINDOW_WIDTH, WINDOW_HEIGHT))
clock = pygame.time.Clock()

# 4 - Load assets: image(s), sound(s), etc.
ballImage = pygame.image.load('images/ball.png')

# 5 - Initialize variables
❸ ballX = random.randrange(MAX_WIDTH)
  ballY = random.randrange(MAX_HEIGHT)
❹ ballRect = pygame.Rect(ballX, ballY, BALL_WIDTH_HEIGHT, BALL_WIDTH_HEIGHT)

# 6 - Loop forever
while True:

    # 7 - Check for and handle events
    for event in pygame.event.get():
        # Clicked the close button? Quit pygame and end the program
        if event.type == pygame.QUIT:
            pygame.quit()
            sys.exit()
```

```
            # See if user clicked
❺       if event.type == pygame.MOUSEBUTTONUP:
            # mouseX, mouseY = event.pos # Could do this if we needed it

            # Check if the click was in the rect of the ball
            # If so, choose a random new location
❻           if ballRect.collidepoint(event.pos):
                ballX = random.randrange(MAX_WIDTH)
                ballY = random.randrange(MAX_HEIGHT)
                ballRect = pygame.Rect(ballX, ballY, BALL_WIDTH_HEIGHT,
                                       BALL_WIDTH_HEIGHT)

        # 8 Do any "per frame" actions

        # 9 - Clear the window
        window.fill(BLACK)

        # 10 - Draw all window elements
        # Draw the ball at the randomized location
❼       window.blit(ballImage, (ballX, ballY))

        # 11 - Update the window
        pygame.display.update()

        # 12 - Slow things down a bit
        clock.tick(FRAMES_PER_SECOND) # make pygame wait
```

因为我们需要为球的坐标生成随机数，所以导入了 random 包（❶）。

然后，添加一个新的常量，用于将图片的高度和宽度均设置为 100 像素（❷）。创建另外两个常量，用于限制最大的宽度和高度坐标。通过使用这些常量，而不是窗口的大小，我们确保球的图片始终会完全显示在窗口内（记住，当我们引用图片的位置时，指定的是其左上角的位置）。我们使用这些常量来为球的起始 x 坐标和 y 坐标选择随机值（❸）。

接下来，调用 pygame.Rect() 来创建一个矩形（❹）。定义矩形需要用到 4 个参数——x 坐标、y 坐标、宽度以及高度。

```
<rectObject> = pygame.Rect(<x>, <y>, <width>, <height>)
```

这会返回一个 pygame 矩形对象。在处理事件时，我们将使用球的矩形。

我们还添加代码来检查用户是否单击了鼠标。如前所述，鼠标单击实际上由鼠标按下事件和鼠标释放事件两个不同的事件组成。因为鼠标释放事件通常用于表示激活，所以这里只关注该事件。这个事件由新的 event.type 值 pygame.MOUSEBUTTONUP（❺）来表示。当我们发现发生了鼠标释放事件时，就检查用户单击的位置是否在球的当前矩形内。

当 pygame 检测到一个事件时，就创建一个事件对象，在其中包含大量数据。这里只关心事件发生位置的 x 坐标和 y 坐标。我们使用 event.pos 获取单击的(x, y)位置，event.pos 提供了包含两个值的一个元组。

> **注意：** 如果需要拆分单击事件的 x 坐标和 y 坐标，你可以拆包元组，将元组的值存储到两个变量中，如下所示。
>
> ```
> mouseX, mouseY = event.pos
> ```

现在，我们可以使用 collidepoint()，检查事件是否发生在球的矩形内（❻）。collidepoint()

5.4 使用 pygame

的语法如下所示。

```
<booleanVariable> = <someRectangle>.collidepoint(<someXYLocation>)
```

如果给定的点位于矩形内，此方法返回布尔值 True。如果用户单击了球，我们为 ballX 和 ballY 随机选择新值。我们使用这些值，在新的随机位置为球创建新的矩形。

这里唯一的修改是，我们始终在元组(ballX, ballY)指定的位置绘制球（❼）。其效果是，每当用户在球的矩形内单击时，球看起来就移动到窗口内的某个新的随机位置。

5.4.4 处理键盘操作

下一步是允许用户通过键盘控制程序的某个方面。要处理用户的键盘交互，有两种不同的方式：用户单次按下按键，或者用户按住一个键不动，表示在该键按下期间，某个操作应该一直发生（这称为连续模式）。

1. 识别单次按键操作

与鼠标单击一样，每次按键也会生成两个事件——按键按下事件和按键松开事件。这两种事件有不同的事件类型——pygame.KEYDOWN 和 pygame.KEYUP。

代码清单 5-4 显示了一个小示例程序，它允许用户使用键盘在窗口中移动球。该程序还在窗口中显示了一个目标矩形。用户的目标是移动球的图片，使其与目标图片重叠。

代码清单 5-4：检测和响应单次按键操作（文件：PygameDemo3_MoveByKeyboard/PygameMoveByKeyboardOncePerKey.py）

```
# pygame demo 3(a) - one image, move by keyboard

# 1 - Import packages
import pygame
from pygame.locals import *
import sys
import random

# 2 - Define constants
BLACK = (0, 0, 0)
WINDOW_WIDTH = 640
WINDOW_HEIGHT = 480
FRAMES_PER_SECOND = 30
BALL_WIDTH_HEIGHT = 100
MAX_WIDTH = WINDOW_WIDTH - BALL_WIDTH_HEIGHT
MAX_HEIGHT = WINDOW_HEIGHT - BALL_WIDTH_HEIGHT
❶ TARGET_X = 400
TARGET_Y = 320
TARGET_WIDTH_HEIGHT = 120
N_PIXELS_TO_MOVE = 3

# 3 - Initialize the world
pygame.init()
window = pygame.display.set_mode((WINDOW_WIDTH, WINDOW_HEIGHT))
clock = pygame.time.Clock()

# 4 - Load assets: image(s), sound(s), etc.
ballImage = pygame.image.load('images/ball.png')
```

```
❷ targetImage = pygame.image.load('images/target.jpg')

  # 5 - Initialize variables
  ballX = random.randrange(MAX_WIDTH)
  ballY = random.randrange(MAX_HEIGHT)
  targetRect = pygame.Rect(TARGET_X, TARGET_Y, TARGET_WIDTH_HEIGHT, TARGET_
  WIDTH_HEIGHT)

  # 6 - Loop forever
  while True:

      # 7 - Check for and handle events
      for event in pygame.event.get():
          # Clicked the close button? Quit pygame and end the program
          if event.type == pygame.QUIT:
              pygame.quit()
              sys.exit()

          # See if the user pressed a key
❸         elif event.type == pygame.KEYDOWN:
              if event.key == pygame.K_LEFT:
                  ballX = ballX - N_PIXELS_TO_MOVE
              elif event.key == pygame.K_RIGHT:
                  ballX = ballX + N_PIXELS_TO_MOVE
              elif event.key == pygame.K_UP:
                  ballY = ballY - N_PIXELS_TO_MOVE
              elif event.key == pygame.K_DOWN:
                  ballY = ballY + N_PIXELS_TO_MOVE

      # 8 Do any "per frame" actions
      # Check if the ball is colliding with the target
❹     ballRect = pygame.Rect(ballX, ballY,
                             BALL_WIDTH_HEIGHT, BALL_WIDTH_HEIGHT)
❺     if ballRect.colliderect(targetRect):
          print('Ball is touching the target')

      # 9 - Clear the window
      window.fill(BLACK)

      # 10 - Draw all window elements
❻     window.blit(targetImage, (TARGET_X, TARGET_Y)) # draw the target
      window.blit(ballImage, (ballX, ballY)) # draw the ball

      # 11 - Update the window
      pygame.display.update()

      # 12 - Slow things down a bit
      clock.tick(FRAMES_PER_SECOND) # make pygame wait
```

  首先，添加一些新的常量（❶），用于定义目标矩形左上角的 x 坐标和 y 坐标，以及它的宽度和高度。然后，加载目标矩形的图片（❷）。

  在检测事件的循环中，我们通过检查 pygame.KEYDOWN 类型的事件，添加对按键的检测（❸）。如果检测到按键按下事件，就检查该事件，确定用户按下哪个键。在 pygame 中，每个键都有关联的常量，我们在这里利用这些常量，检查用户是否按下某个方向键。如果用户按下一个方向键，就将球的 x 坐标和 y 坐标相应地修改一定数量的像素。

  之后，我们基于球的 x 坐标和 y 坐标，以及球的高度和宽度，为它创建一个 pygame rect 对象（❹）。我们可以使用下面的调用，检查两个矩形是否重叠。

```
<booleanVariable> = <rect1>.colliderect(<rect2>)
```

这个调用比较两个矩形。如果它们重叠，就返回 True；否则，返回 False。我们比较球的矩形和目标的矩形（❺），如果它们重叠，程序就在 shell 窗口中输出"Ball is touching the target"。

最后一处修改是绘制目标和球的代码。首先，绘制目标，这样一来，当两者重叠时，球将显示在目标的上方（❻）。

当运行程序时，如果球的矩形与目标的矩形重叠，就在 shell 窗口中写入消息。如果将球从目标那里移开，就不再写该消息。

2. 处理连续模式下的重复按键

在 pygame 中，处理键盘交互的第二种方式是轮询键盘。这需要在每一帧中使用下面的调用，要求 pygame 提供代表按下的按键的列表。

```
<aTuple> = pygame.key.get_pressed()
```

这个调用返回一个元组，它用 0 和 1 来表示每个键的状态：0 表示按键未按下，1 表示按键按下。然后，我们可以使用 pygame 定义的常量作为这个元组的索引，以确定特定的键是否按下。例如，下面的代码用于判断键 A 的状态。

```
keyPressedTuple = pygame.key.get_pressed()
# Now use a constant to get the appropriate element of the tuple
aIsDown = keyPressedTuple[pygame.K_a]
```

关于 pygame 中定义的、代表所有键的常量的完整列表，请访问 Pygame 网站。

代码清单 5-5 中的代码显示了如何使用这种技术连续移动图片，而不是每次按下按键移动一次。在这个版本中，我们将处理键盘的代码从第 7 部分移动到第 8 部分。其余代码与代码清单 5-4 中的版本相同。

代码清单 5-5：处理按下的按键（文件：PygameDemo3_MoveByKeyboard/PygameMoveByKeyboardContinuous.py）

```
# pygame demo 3(b) - one image, continuous mode, move as long as a key is down

--- snip ---
    # 7 - Check for and handle events
    for event in pygame.event.get():
        # Clicked the close button? Quit pygame and end the program
        if event.type == pygame.QUIT:
            pygame.quit()
            sys.exit()

    # 8 - Do any "per frame" actions
    # Check for user pressing keys
❶   keyPressedTuple = pygame.key.get_pressed()

    if keyPressedTuple[pygame.K_LEFT]: # moving left
        ballX = ballX - N_PIXELS_TO_MOVE

    if keyPressedTuple[pygame.K_RIGHT]: # moving right
        ballX = ballX + N_PIXELS_TO_MOVE
```

```
    if keyPressedTuple[pygame.K_UP]: # moving up
        ballY = ballY - N_PIXELS_TO_MOVE

    if keyPressedTuple[pygame.K_DOWN]: # moving down
        ballY = ballY + N_PIXELS_TO_MOVE

    # Check if the ball is colliding with the target
    ballRect = pygame.Rect(ballX, ballY,
                           BALL_WIDTH_HEIGHT, BALL_WIDTH_HEIGHT)
    if ballRect.colliderect(targetRect):
        print('Ball is touching the target')
--- snip ---
```

代码清单 5-5 中的键盘处理代码不依赖事件，所以我们把新代码放到了迭代 pygame 返回的所有事件的 for 循环的外部（❶）。

因为我们在每一帧中执行这种检查，所以只要用户按住按键不放，球的移动看起来就是连续的。例如，如果用户按住右方向键，这段代码将在每一帧中为 ballX 坐标的值加 3，用户将看到球平滑地向右移动。当他们松开按键时，球就停止移动。

另外一处修改是，这种方法允许检查同时按下多个键的情况。例如，如果用户同时按住左方向键和下方向键，则球将沿着对角线向左下方移动。你可以检查任意多的键同时按下的情况。但是，能够检测到的同时按下的键的数量受到操作系统、键盘硬件和其他许多因素的限制。典型的限制是 4 个键左右，但你的具体情况可能不同。

5.4.5 创建基于位置的动画

接下来，我们将创建一个基于位置的动画。这段代码允许我们按对角线移动图片，然后让图片看起来从窗口的边缘弹回去。在原来使用 CRT 的显示器上，常常为屏保使用这种技术，以防止出现静态图片烧屏的现象。

我们在每帧中稍微修改图片的位置。我们还会检查移动的结果是否会导致图片的一部分出现在某个窗口边界的外部，如果出现这种情况，就翻转移动的方向。例如，如果图片向下移动，将要越过窗口的底部，我们就翻转移动方向，使图片开始向上移动。

这里仍然使用相同的起始模板。代码清单 5-6 显示了完整的源代码。

代码清单 5-6：一个基于位置的动画，它在窗口中四处弹球（文件：PygameDemo4_OneBallBounce/PygameOneBallBounceXY.py）

```
# pygame demo 4(a) - one image, bounce around the window using (x, y) coords

# 1 - Import packages
import pygame
from pygame.locals import *
import sys
import random

# 2 - Define constants
BLACK = (0, 0, 0)
WINDOW_WIDTH = 640
WINDOW_HEIGHT = 480
FRAMES_PER_SECOND = 30
```

```
BALL_WIDTH_HEIGHT = 100
N_PIXELS_PER_FRAME = 3

# 3 - Initialize the world
pygame.init()
window = pygame.display.set_mode((WINDOW_WIDTH, WINDOW_HEIGHT))
clock = pygame.time.Clock()

# 4 - Load assets: image(s), sound(s), etc.
ballImage = pygame.image.load('images/ball.png')

# 5 - Initialize variables
MAX_WIDTH = WINDOW_WIDTH - BALL_WIDTH_HEIGHT
MAX_HEIGHT = WINDOW_HEIGHT - BALL_WIDTH_HEIGHT
❶ ballX = random.randrange(MAX_WIDTH)
ballY = random.randrange(MAX_HEIGHT)
xSpeed = N_PIXELS_PER_FRAME
ySpeed = N_PIXELS_PER_FRAME

# 6 - Loop forever
while True:

    # 7 - Check for and handle events
    for event in pygame.event.get():
        # Clicked the close button? Quit pygame and end the program
        if event.type == pygame.QUIT:
            pygame.quit()
            sys.exit()

    # 8 - Do any "per frame" actions
❷   if (ballX < 0) or (ballX >= MAX_WIDTH):
        xSpeed = -xSpeed # reverse X direction

    if (ballY < 0) or (ballY >= MAX_HEIGHT):
        ySpeed = -ySpeed # reverse Y direction

    # Update the ball's location, using the speed in two directions
❸   ballX = ballX + xSpeed
    ballY = ballY + ySpeed

    # 9 - Clear the window before drawing it again
    window.fill(BLACK)

    # 10 - Draw the window elements
    window.blit(ballImage, (ballX, ballY))

    # 11 - Update the window
    pygame.display.update()

    # 12 - Slow things down a bit
    clock.tick(FRAMES_PER_SECOND)
```

我们首先创建并初始化两个变量 xSpeed 和 ySpeed（❶），它们决定了图片在每一帧中的移动距离和方向。我们将这两个变量初始化为每帧中应该移动的像素数，使图片一开始向右（正 x 的方向）移动 3 像素、向下（正 y 的方向）移动 3 像素。

在程序的关键部分，我们单独处理 x 坐标和 y 坐标（❷）。首先，检查球的 x 坐标是否小于 0（表示图片的一部分已经离开了左边缘）或者大于 MAX_WIDTH 像素（表示图片已经离开了右边缘）。如果其中一个条件满足，我们就翻转 x 方向的速度的符号，这意味着球将向相反的方向移动。例如，如果球正在向右移动，移出了右边缘，我们就把 xSpeed 的值从 3 改为-3，使球开始向左移动；反之亦然。

然后，我们为 y 坐标执行类似的检查，使球根据需要在顶边缘和底边缘向反方向回弹。

最后，通过将 xSpeed 加到 ballX 坐标，将 ySpeed 加到 ballY 坐标（❸），更新球的位置。这会让球在两条轴上都处在一个新的位置。

在主循环的底部，绘制球。因为每帧中都更新 ballX 和 ballY 的值，球看起来是平滑移动的。你可以试一下。每当球到达任何边缘时，它看起来就会向回弹。

5.4.6 使用 pygame 矩形

下面将介绍如何用一种不同的方法来实现相同的结果。我们不再使用单独的变量跟踪球的当前 x 坐标和 y 坐标，而使用球的 rect，在每帧中更新 rect，并检查执行更新是不是会导致 rect 的任何部分超出窗口的边缘。这种方法用到的变量更少，而且因为我们一开始会调用方法来获取图片的 rect，所以它能够用于任何尺寸的图片。

当创建一个 rect 对象时，除将 left、top、width 和 height 作为矩形的特性之外，该对象还会计算并维护其他许多特性。通过使用点语法，你可以直接按名称访问其中任何特性，如表 5-1 所示（第 8 章将更加详细地介绍相关内容）。

表 5-1 直接访问 rect 的特性

特性	描述
<rect>.x	rect 的左边的 x 坐标
<rect>.y	rect 的顶边的 y 坐标
<rect>.left	rect 的左边的 x 坐标（与<rect>.x 相同）
<rect>.top	rect 的顶边的 y 坐标（与<rect>.y 相同）
<rect>.right	rect 的右边的 x 坐标
<rect>.bottom	rect 的底边的 y 坐标
<rect>.topleft	包含两个整数的元组，代表 rect 左上角的坐标
<rect>.bottomleft	包含两个整数的元组，代表 rect 左下角的坐标
<rect>.topright	包含两个整数的元组，代表 rect 右上角的坐标
<rect>.bottomright	包含两个整数的元组，代表 rect 右下角的坐标
<rect>.midtop	包含两个整数的元组，代表 rect 顶边中点的坐标
<rect>.midleft	包含两个整数的元组，代表 rect 左边中点的坐标
<rect>.midbottom	包含两个整数的元组，代表 rect 底边中点的坐标
<rect>.midright	包含两个整数的元组，代表 rect 右边中点的坐标
<rect>.center	包含两个整数的元组，代表 rect 中心的坐标
<rect>.centerx	rect 宽度中点的 x 坐标
<rect>.centery	rect 高度中点的 y 坐标
<rect>.size	包含两个整数的元组，代表 rect 的(width, height)
<rect>.width	rect 的宽度

续表

特性	描述
`<rect>.height`	rect 的高度
`<rect>.w`	rect 的宽度（与`<rect>.width` 相同）
`<rect>.h`	rect 的高度（与`<rect>.height` 相同）

我们可以把 pygame 的 rect 理解成为包含 4 个元素的一个列表，并按照这种方式进行访问。具体来说，使用一个索引来访问或设置 rect 的任何组成部分。例如，当使用 ballRect 时，我们可以像下面这样访问它的各个元素：

- ballRect[0]是 x 值（但也可以使用 ballRect.left）；
- ballRect[1]是 y 值（但也可以使用 ballRect.top）；
- ballRect[2]是宽度（但也可以使用 ballRect.width）；
- ballRect[3]是高度（但也可以使用 ballRect.height）。

代码清单 5-7 是弹球程序的另外一个版本，它使用一个矩形对象来维护关于球的所有信息。

代码清单 5-7：一个基于位置的动画，它使用 rect 在窗口中四处弹球（文件：PygameDemo4_OneBallBounce/PygameOneBallBounceRects.py）

```
# pygame demo 4(b) - one image, bounce around the window using rects

# 1 - Import packages
import pygame
from pygame.locals import *
import sys
import random

# 2 - Define constants
BLACK = (0, 0, 0)
WINDOW_WIDTH = 640
WINDOW_HEIGHT = 480
FRAMES_PER_SECOND = 30
N_PIXELS_PER_FRAME = 3

# 3 - Initialize the world
pygame.init()
window = pygame.display.set_mode((WINDOW_WIDTH, WINDOW_HEIGHT))
clock = pygame.time.Clock()

# 4 - Load assets: image(s), sound(s), etc.
ballImage = pygame.image.load('images/ball.png')

# 5 - Initialize variables
❶ ballRect = ballImage.get_rect()
MAX_WIDTH = WINDOW_WIDTH - ballRect.width
MAX_HEIGHT = WINDOW_HEIGHT - ballRect.height
ballRect.left = random.randrange(MAX_WIDTH)
ballRect.top = random.randrange(MAX_HEIGHT)
xSpeed = N_PIXELS_PER_FRAME
ySpeed = N_PIXELS_PER_FRAME

# 6 - Loop forever
while True:
```

```
    # 7 - Check for and handle events
    for event in pygame.event.get():
        # Clicked the close button? Quit pygame and end the program
        if event.type == pygame.QUIT:
            pygame.quit()
            sys.exit()

    # 8 - Do any "per frame" actions
❷   if (ballRect.left < 0) or (ballRect.right >= WINDOW_WIDTH):
        xSpeed = -xSpeed # reverse X direction

    if (ballRect.top < 0) or (ballRect.bottom >= WINDOW_HEIGHT):
        ySpeed = -ySpeed # reverse Y direction

    # Update the ball's rectangle using the speed in two directions
    ballRect.left = ballRect.left + xSpeed
    ballRect.top = ballRect.top + ySpeed

    # 9 - Clear the window before drawing it again
    window.fill(BLACK)

    # 10 - Draw the window elements
❸   window.blit(ballImage, ballRect)

    # 11 - Update the window
    pygame.display.update()

    # 12 - Slow things down a bit
    clock.tick(FRAMES_PER_SECOND)
```

这种使用 rect 对象的方法并不比使用单独的变量更好，也没有更差。得到的程序与原来的版本的行为完全一样。这里的要点是如何使用和操纵 rect 对象的特性。

加载球的图片后，我们调用 get_rect() 方法（❶）来获取图片的边界矩形。该调用返回一个 rect 对象，我们把它存储到一个名为 ballRect 的变量中。我们使用 ballRect.width 与 ballRect.height 来直接访问球的图片的宽度和高度（在前面的版本中，我们对宽度和高度均使用常量 100）。从加载的图片获取这些值，使代码的适应性更强，因为这意味着我们能够使用任意大小的图片。

这里的代码还使用矩形的特性（而并不是单独的变量），检查球的矩形的任何部分是否超出了边界。我们可以使用 ballRect.left 和 ballRect.right 来检查 ballRect 是否超出了窗口的左边与右边（❷）。使用 ballRect.top 和 ballRect.bottom 执行类似的检查。我们没有更新单独的 x 坐标和 y 坐标变量，而更新 ballRect 的 left 和 top 特性。

另外一个细微但重要的修改是用来绘制球的方法调用（❸）。blit() 的第 2 个实参可以是一个 (x, y) 元组，也可以是一个 rect。blit() 中的代码使用 rect 的 left 与 top 位置作为 x 坐标和 y 坐标。

5.5 播放声音

在程序中，你可能想播放两种类型的声音——短音效和背景音乐。

5.5.1 播放音效

所有音效必须保存在外部文件中，并且这些文件的格式必须是 .wav 或 .ogg。播放一个相对短的音效包含两个步骤：首先从外部声音文件加载声音一次，然后在合适的时候播放声音。

要把音效加载到内存中，使用如下代码。

```
<soundVariable> = pygame.mixer.Sound(<path to sound file>)
```

要播放音效，只需要调用它的 play()方法。

```
<soundVariable>.play()
```

我们将修改代码清单 5-7，添加一个"啵"的音效，每当球从窗口的一边弹回时就播放该音效。在项目文件夹中，与主程序相同的级别，有一个 sounds 文件夹。在加载球的图片后，我们通过添加下面的代码加载声音文件。

```
# 4 - Load assets: image(s), sound(s), etc.
ballImage = pygame.image.load('images/ball.png')
bounceSound = pygame.mixer.Sound('sounds/boing.wav')
```

为了在每次改变球的水平或垂直方向时播放"啵"的音效，需要像下面这样修改第 8 部分的代码。

```
# 8 - Do any "per frame" actions
    if (ballRect.left < 0) or (ballRect.right >= WINDOW_WIDTH):
        xSpeed = -xSpeed # reverse X direction
        bounceSound.play()

    if (ballRect.top < 0) or (ballRect.bottom >= WINDOW_HEIGHT):
        ySpeed = -ySpeed # reverse Y direction
        bounceSound.play()
```

当你发现应该播放音效时，就可以添加对声音的 play()方法的调用。对于控制音效，还有多得多的选项。要了解详细信息，请参考 Pygame 官方文档。

5.5.2 播放背景音乐

播放背景音乐需要添加两行代码，它们都调用了 pygame.mixer.music 模块。首先，需要添加下面的代码，把声音文件加载到内存中。

```
pygame.mixer.music.load(<path to sound file>)
```

<path to sound file>是一个路径字符串，在这个位置可以找到声音文件。不仅可以使用.mp3 文件（这种文件的效果似乎是最好的），还可以使用.wav 或.ogg 文件。当要开始播放音乐时，需要使用下面的调用。

```
pygame.mixer.music.play(<number of loops>, <starting position>)
```

要重复播放背景音乐，我们可以为<number of loops>传入-1，以便一直播放音乐。<starting position>通常被设置为 0，表示希望从头开始播放声音。

弹球程序修改后的版本可以下载，它恰当地加载了音效和背景音乐文件，并开始播放背景声音。唯一修改的地方在于第 4 部分，如下所示。

文件: PygameDemo4_OneBallBounce/PyGameOneBallBounceWithSound.py

```
# 4 - Load assets: image(s), sound(s), etc.
ballImage = pygame.image.load('images/ball.png')
bounceSound = pygame.mixer.Sound('sounds/boing.wav')
pygame.mixer.music.load('sounds/background.mp3')
pygame.mixer.music.play(-1, 0.0)
```

pygame 允许以更加巧妙的方式处理背景声音。你可以在 Pygame 网站查阅完整的文档。

注意： 为了使将来的示例更明显地关注 OOP，那些示例不包含用来播放音效和背景音乐的方法调用。但是，添加声音能够大大增强游戏的用户体验，强烈建议你包含它们。

5.6 绘制形状

pygame 提供了大量的内置函数，用于绘制称为"基本形状"的一些形状，包括线条、圆形、椭圆形、弧、多边形和矩形。表 5-2 列出了这些函数。注意，有两个调用可以绘制抗锯齿线条。这些线条在边缘位置包含混合色，从而看起来更加平滑，没有太强的锯齿感。使用这些绘制函数有两个关键优势：它们的执行速度很快，而且它们允许绘制简单的形状，并不需要从外部文件创建或加载图片。

表 5-2 绘制形状的函数

函数	描述
pygame.draw.aaline()	绘制抗锯齿线条
pygame.draw.aalines()	绘制一系列抗锯齿线条
pygame.draw.arc()	绘制一条弧线
pygame.draw.circle()	绘制一个圆形
pygame.draw.ellipse()	绘制一个椭圆形
Pygame.draw.line()	绘制一条线
pygame.draw.lines()	绘制一系列线
pygame.draw.polygon()	绘制一个多边形
pygame.draw.rect()	绘制一个矩形

图 5-7 显示了一个示例程序的输出，该示例程序演示了这些基本形状绘制函数的调用。

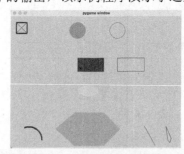

图 5-7 示例程序演示了如何调用方法来绘制基本形状

代码清单 5-8 给出了这个示例程序的代码，它使用包含 12 个步骤的模板，产生了图 5-7 中显示的输出。

代码清单 5-8：演示了在 pygame 中如何调用基本形状绘制函数的一个程序（文件：PygameDemo5_DrawingShapes.py）

```
# pygame demo 5 - drawing

--- snip ---
while True:

    # 7 - Check for and handle events
    for event in pygame.event.get():
        # Clicked the close button? Quit pygame and end the program
        if event.type == pygame.QUIT:
            pygame.quit()
            sys.exit()

    # 8 - Do any "per frame" actions

    # 9 - Clear the window
    window.fill(GRAY)

❶   # 10 - Draw all window elements
    # Draw a box
    pygame.draw.line(window, BLUE, (20, 20), (60, 20), 4) # top
    pygame.draw.line(window, BLUE, (20, 20), (20, 60), 4) # left
    pygame.draw.line(window, BLUE, (20, 60), (60, 60), 4) # right
    pygame.draw.line(window, BLUE, (60, 20), (60, 60), 4) # bottom
    # Draw an X in the box
    pygame.draw.line(window, BLUE, (20, 20), (60, 60), 1)
    pygame.draw.line(window, BLUE, (20, 60), (60, 20), 1)

    # Draw a filled circle and an empty circle
    pygame.draw.circle(window, GREEN, (250, 50), 30, 0) # filled
    pygame.draw.circle(window, GREEN, (400, 50), 30, 2) # 2 pixel edge

    # Draw a filled rectangle and an empty rectangle
    pygame.draw.rect(window, RED, (250, 150, 100, 50), 0) # filled
    pygame.draw.rect(window, RED, (400, 150, 100, 50), 1) # 1 pixel edge

    # Draw a filled ellipse and an empty ellipse
    pygame.draw.ellipse(window, YELLOW, (250, 250, 80, 40), 0) # filled
    pygame.draw.ellipse(window, YELLOW, (400, 250, 80, 40), 2) # 2 pixel edge

    # Draw a six-sided polygon
    pygame.draw.polygon(window, TEAL, ((240, 350), (350, 350),
                                      (410, 410), (350, 470),
                                      (240, 470), (170, 410)))

    # Draw an arc
    pygame.draw.arc(window, BLUE, (20, 400, 100, 100), 0, 2, 5)

    # Draw anti-aliased lines: a single line, then a list of points
    pygame.draw.aaline(window, RED, (500, 400), (540, 470), 1)
    pygame.draw.aalines(window, BLUE, True,
                        ((580, 400), (587, 450),
                         (595, 460), (600, 444)), 1)
```

```
# 11 - Update the window
pygame.display.update()

# 12 - Slow things down a bit
clock.tick(FRAMES_PER_SECOND) # make pygame wait
```

基本形状的绘制发生在第 10 部分（❶）。我们调用 pygame 的绘制函数来绘制包含两条对角线的一个方框，多个实心和空心圆形，多个实心和空心矩形，多个实心和空心椭圆形，一个六边形，一条弧线和两条抗锯齿线条。

基本形状参考

为了方便参考，这里列出了 pygame 中用于绘制基本形状的方法的文档。在下面的所有方法中，color 实参是 RGB 值的一个元组。

以下方法用于在窗口中绘制一条抗锯齿线。

```
pygame.draw.aaline(window, color, startpos, endpos, blend=True)
```

如果 blend 为 True，色度将与现有像素的色度混合，而不是重写现有像素。

以下方法用于在窗口中绘制一系列抗锯齿线条。

```
pygame.draw.aalines(window, color, closed, points, blend=True)
```

close 实参是一个简单的布尔值；如果它是 True，就会在第 1 个点和最后一个点之间绘制一条线，使形状闭合。points 实参是(x, y)坐标的一个列表或元组，它们将被线段（必须有至少两个线段）连接起来。如果把布尔实参 blend 设置为 True，将把色度与现有像素的色度混合，而不是重写现有像素。

以下方法用于在窗口中绘制一条弧线。

```
pygame.draw.arc(window, color, rect, angle_start, angle_stop, width=0)
```

弧线将刚好能够放在给定 rect 内。两个 angle 实参是初始和最终角度（单位为弧度，0 度在右侧）。width 实参代表外边的粗细程度。

以下方法用于在窗口内绘制一个圆形。

```
pygame.draw.circle(window, color, pos, radius, width=0)
```

pos 是圆心，radius 是半径。width 代表外边的粗细程度。如果 width 是 0，则该圆形是一个实心圆形。

以下方法用于在窗口内绘制一个椭圆形。

```
pygame.draw.ellipse(window, color, rect, width=0)
```

给定的 rect 是该椭圆形将填充的区域。width 代表外边的粗细程度。如果 width 是 0，则该椭圆形是一个实心椭圆形。

以下方法用于在窗口内绘制一条线。

```
pygame.draw.line(window, color, startpos, endpos, width=1)
```

width 实参代表线条的粗细程度。

以下方法用于在窗口内绘制一系列线条。

```
pygame.draw.lines(window, color, closed, points, width=1)
```

close 实参是一个简单的布尔值；如果它是 True，就会在第 1 个点和最后一个点之间绘制一条线，使形状闭合。points 实参是(x, y)坐标的一个列表或元组，它们将被线段（必须有至少两个线段）连接起来。width 实参代表线条的粗细程度。注意，指定大于 1 的线宽并不会填充线条之间的空间。因此，宽线和尖锐的角并不会无缝连接起来。

以下方法用于在窗口内绘制一个多边形。

```
pygame.draw.polygon(window, color, pointslist, width=0)
```

pointslist 指定多边形的顶点。width 代表外边的粗细程度。如果 width 是 0，则该多边形是一个实心多边形。

以下方法用于在窗口内绘制一个矩形。

```
pygame.draw.rect(window, color, rect, width=0)
```

rect 是矩形的区域。width 代表外边的粗细程度。如果 width 是 0，则该矩形是一个实心矩形。

注意： 要了解更多信息，请访问 Pygame 网站。

基本形状方法的集合使你能够灵活地绘制自己想要的任何形状。同样，调用方法的顺序很重要。把方法调用的顺序想象为层；先绘制的元素可能被后面调用的其他基本形状绘制函数覆盖。

5.7 小结

本章介绍了 pygame 的基础知识。本章不仅讲述了如何在计算机上安装 pygame，以及事件驱动编程模型和事件的使用（这与编写基于文本的程序有很大区别），还讨论了窗口中的像素坐标系统，以及在代码中表示颜色的方法。

为了在一开始就使用 pygame，本章介绍了一个包含 12 个部分的模板，它只打开一个窗口，但可以用来构建任何基于 pygame 的程序。之后，我们使用该框架构建示例程序，演示如何在窗口内绘制图片（使用 blit()）、如何检测鼠标事件以及如何处理键盘输入。之后的一个演示解释了如何创建基于位置的动画。

在 pygame 中，矩形十分重要，所以本章介绍了如何使用 rect 对象的特性。另外，本章还提供了一些示例代码来说明如何播放音效和背景音乐，从而增强程序用户的乐趣。最后，本章介绍了如何使用 pygame 的方法在窗口内绘制基本形状。

虽然本章介绍了 pygame 的许多概念，但本章展示的几乎所有东西在本质上都是过程式的。rect 对象是 pygame 中内置的面向对象代码的一个示例。下一章将介绍如何在代码中使用 OOP，从而更加有效地使用 pygame。

第 6 章 面向对象的 pygame

本章将展示如何在 pygame 框架内有效地使用 OOP 技术。我们首先给出一个过程式代码的示例,然后把该示例的代码拆分为一个类和调用该类的方法的主代码。之后,我们将构建两个类,分别是 SimpleButton 和 SimpleText,它们实现了两个基本的用户界面小部件,即一个按钮和一个用于显示文本的字段。本章还将介绍回调的概念。

6.1 使用 OOP pygame 创建屏保球

第 5 章创建了一个老式屏保,让一个球在窗口内弹来弹去(如果想回忆一下,可以查看代码清单 5-6)。

那段代码可以正常运行,但是球的数据和操纵球的代码纠缠在一起,这意味着不仅需要编写大量初始化代码,而且用来更新和绘制球的代码也嵌入在包含 12 个步骤的框架中。

一种更加模块化的方法是将代码拆分到一个 Ball 类和一个主程序中,让主程序实例化 Ball 对象,并调用它的方法。本节将实现这种拆分,并展示如何从 Ball 类创建多个球。

6.1.1 创建 Ball 类

首先,把与球相关的所有代码从主程序中提取出来,放到一个单独的 Ball 类中。通过查看原始代码,我们可以看到以下部分对球进行了处理:

- 第 4 部分加载球的图片;
- 第 5 部分创建并初始化与球有关的所有变量;
- 第 8 部分包含移动球、检测边缘弹回以及修改速度和方向的代码;
- 第 10 部分绘制球。

由此可知,Ball 类将需要下面的方法。

- **create()**: 加载图片、设置位置并初始化所有实例变量。
- **update()**: 在每帧中根据球的横向速度和纵向速度改变球的位置。
- **draw()**: 在窗口中绘制球。

第一步是创建项目文件夹。在项目文件夹中,创建一个 Ball.py 文件来保存新的 Ball 类,创建一个 Main_BallBounce.py 文件来保存主代码,创建一个 images 文件夹来保存 ball.png 图片文件。

代码清单 6-1 显示了新的 Ball 类的代码。

代码清单 6-1:新的 Ball 类(文件: PygameDemo6_BallBounceObjectOriented/Ball.py)

```python
import pygame
from pygame.locals import *
import random

# Ball class
class Ball():

❶   def __init__(self, window, windowWidth, windowHeight):
        self.window = window # remember the window, so we can draw later
        self.windowWidth = windowWidth
        self.windowHeight = windowHeight
❷       self.image = pygame.image.load('images/ball.png')
        # A rect is made up of [x, y, width, height]
        ballRect = self.image.get_rect()
        self.width = ballRect.width
        self.height = ballRect.height
        self.maxWidth = windowWidth - self.width
        self.maxHeight = windowHeight - self.height

        # Pick a random starting position
❸       self.x = random.randrange(0, self.maxWidth)
        self.y = random.randrange(0, self.maxHeight)

        # Choose a random speed between -4 and 4, but not zero,
        # in both the x and y directions
❹       speedsList = [-4, -3, -2, -1, 1, 2, 3, 4]
        self.xSpeed = random.choice(speedsList)
        self.ySpeed = random.choice(speedsList)

❺   def update(self):
        # Check for hitting a wall. If so, change that direction.
        if (self.x < 0) or (self.x >= self.maxWidth):
            self.xSpeed = -self.xSpeed

        if (self.y < 0) or (self.y >= self.maxHeight):
            self.ySpeed = -self.ySpeed

        # Update the Ball's x and y, using the speed in two directions
        self.x = self.x + self.xSpeed
        self.y = self.y + self.ySpeed

❻   def draw(self):
        self.window.blit(self.image, (self.x, self.y))
```

当我们实例化 Ball 对象时,__init__()方法会收到 3 条数据——窗口(用来在其中绘制球)、窗口的宽度和窗口的高度(❶)。我们将 window 变量保存到实例变量 self.window 中,以便后面能够在 draw()方法中使用它。对于 self.windowHeight 和 self.windowWidth 实例变量也做了相同的处理。然后,我们使用球的图片的文件路径加载该图片,并获取该图片的 rect(❷)。我们需要使用 rect 来计算 x 和 y 的最大值,使球始终完全出现在窗口内。然后,我们为球随机选择一个初始位置(❸)。最后,将 x 和 y 方向上的速度设置为−4~4 的一个随机值(但不是 0),代表每帧中要移动的像素数(❹)。这些数字决定了每次运行程序时,球的移动可能不同。这些值都保存在实例变量中，以便其他方法能够使用它们。

在主程序中，我们将在主循环的每一帧中调用 update()方法，所以在这里添加代码来检查球是否碰到了窗口的任何边界（❺）。如果碰到，就翻转速度，并使用 x 和 y 方向的当前速度修改 x 坐标和 y 坐标（self.x 和 self.y）。

在主循环的每一帧中，我们还将调用 draw()方法，它只调用 blit()，在球的当前 x 坐标和 y 坐标绘制球（❻）。

6.1.2 使用 Ball 类

现在已经把所有与球相关的功能添加到了 Ball 类的代码中。主程序需要做的就是创建球，然后在每帧中调用它的 update()和 draw()方法。代码清单 6-2 显示了大幅度简化后的主程序的代码。

代码清单 6-2：新的主程序，它实例化一个 Ball 对象，并调用该对象的方法（文件：PygameDemo6_BallBounceObjectOriented/Main_BallBounce.py）

```
# pygame demo 6(a) - using the Ball class, bounce one ball

# 1 - Import packages
import pygame
from pygame.locals import *
import sys
import random
❶ from Ball import *  # bring in the Ball class code

# 2 - Define constants
BLACK = (0, 0, 0)
WINDOW_WIDTH = 640
WINDOW_HEIGHT = 480
FRAMES_PER_SECOND = 30

# 3 - Initialize the world
pygame.init()
window = pygame.display.set_mode((WINDOW_WIDTH, WINDOW_HEIGHT))
clock = pygame.time.Clock()

# 4 - Load assets: image(s), sound(s), etc.

# 5 - Initialize variables
❷ oBall = Ball(window, WINDOW_WIDTH, WINDOW_HEIGHT)

# 6 - Loop forever
while True:

    # 7 - Check for and handle events
    for event in pygame.event.get():
        if event.type == pygame.QUIT:
            pygame.quit()
            sys.exit()

    # 8 - Do any "per frame" actions
❸   oBall.update()  # tell the Ball to update itself

    # 9 - Clear the window before drawing it again
    window.fill(BLACK)
```

```
    # 10 - Draw the window elements
❹ oBall.draw() # tell the Ball to draw itself

    # 11 - Update the window
    pygame.display.update()

    # 12 - Slow things down a bit
    clock.tick(FRAMES_PER_SECOND)
```

如果对比这个新的主程序和代码清单 5-6 中原来的代码,可以看到新的主程序更简单、更清晰。我们使用一条 import 语句来导入 Ball 类的代码(❶)。然后,通过传入我们创建的窗口以及该窗口的宽度和高度,创建一个 Ball 对象(❷),并将得到的 Ball 对象保存到一个名为 oBall 的变量中。

移动球的责任现在放到 Ball 类的代码中,所以这里只需要调用 oBall 对象的 update()方法(❸)。因为 Ball 对象知道窗口的大小、球的图片的大小以及球的位置和速度,所以能够执行自己需要的计算来移动球,以及让球在边缘弹回。

主代码调用 oBall 对象的 draw()方法(❹),但实际绘制工作是在 oBall 对象中完成的。

6.1.3 创建多个 Ball 对象

现在,我们对主程序做一个微小但重要的修改,以便创建多个 Ball 对象。这是面向对象真正强大的地方之一:要创建 3 个球,我们只需要从 Ball 类实例化 3 个 Ball 对象。这里将使用一种基本的方法来构建 Ball 对象的列表。在每一帧中,我们将迭代 Ball 对象的列表,告诉每个对象更新其位置,然后再次迭代,告诉每个对象绘制自身。代码清单 6-3 显示了修改后的主程序,它创建并更新 3 个 Ball 对象。

代码清单 6-3:创建、移动和显示 3 个球(文件: PygameDemo6_BallBounceObjectOriented/ Main_BallBounceManyBalls.py)

```
# pygame demo 6(b) - using the Ball class, bounce many balls

--- snip ---
N_BALLS = 3
--- snip ---

    # 5 - Initialize variables
❶ ballList = []
    for oBall in range(0, N_BALLS):
        # Each time through the loop, create a Ball object
        oBall = Ball(window, WINDOW_WIDTH, WINDOW_HEIGHT)
        ballList.append(oBall) # append the new Ball to the list of Balls

    # 6 - Loop forever
    while True:

        --- snip ---

        # 8 - Do any "per frame" actions
❷     for oBall in ballList:
            oBall.update() # tell each Ball to update itself
```

```
    # 9 - Clear the window before drawing it again
    window.fill(BLACK)

    # 10 - Draw the window elements
❸   for oBall in ballList:
        oBall.draw()    # tell each Ball to draw itself

    # 11 - Update the window
    pygame.display.update()

    # 12 - Slow things down a bit
    clock.tick(FRAMES_PER_SECOND)
```

首先，创建一个空的 Ball 对象列表（❶）。然后，在一个循环中创建 3 个 Ball 对象，并把每个对象添加到 Ball 对象的列表 ballList 中。每个 Ball 对象选择并记忆一个随机的初始位置，以及 x 方向和 y 方向上的一个随机速度。

在主循环中，迭代所有 Ball 对象，并告诉它们更新自己（❷），这会将每个 Ball 对象的 x 坐标和 y 坐标修改为一个新的位置。然后，再次迭代列表，调用每个 Ball 对象的 draw() 方法（❸）。

当运行程序时，我们会看到 3 个球，每个球一开始出现在一个随机位置，并在 x 和 y 方向上以随机速度移动。到达窗口边界时，每个球都会正确地弹回。

通过使用这种面向对象的方法，我们没有对 Ball 类进行修改，而只修改了主程序，使其现在管理 Ball 对象的一个列表，而不是一个单独的 Ball 对象。这是 OOP 代码的一种常见的、非常有帮助的副作用：如果类写得好，那么在重用该类的时候常常不需要进行修改。

6.1.4　创建大量 Ball 对象

我们可以把常量 N_BALLS 的值从 3 改为某个大得多的值，如 300，从而快速创建那么多个球（见图 6-1）。只修改了一个常量，就明显改变了程序的行为。每个球都维护自己的速度和位置，并负责绘制自己。

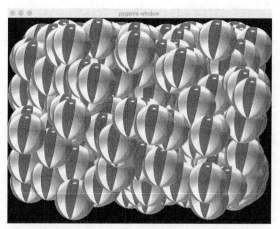

图 6-1　创建、更新和绘制 300 个 Ball 对象

能够从一个脚本实例化任意数量的对象不但对定义游戏对象（如飞船、僵尸、子弹、宝物

等）很关键，而且对构建 GUI 控件（如按钮、复选框、文本输入字段和文本输出等）很关键。

6.2 构建可重用的、面向对象的按钮

简单的按钮是图形用户界面中最容易辨认的元素之一。按钮的标准行为包括用户使用鼠标单击按钮图片，然后释放鼠标。

按钮通常由至少两张图片组成：一张代表未按下（正常）状态，另一张代表按下状态。按钮单击过程可以分解为以下步骤。

（1）用户将鼠标指针移动到按钮上。
（2）用户按下鼠标按键。
（3）程序通过将按钮图片改为按下状态的图片来做出响应。
（4）用户释放鼠标按键。
（5）程序通过显示未按下状态的图片来做出响应。
（6）程序根据单击按钮的操作来执行一些处理。

好的 GUI 允许用户单击按钮，然后临时将鼠标指针移开（此时将按钮图片改为未按下状态），然后在仍然按下鼠标按键的情况下，将鼠标指针移回按钮图片上方，此时按钮图片会重新显示按下状态。如果用户单击按钮，然后移开鼠标指针，并释放鼠标按键，则不认为这是一次单击操作。这意味着只有当鼠标指针位于图片上方的时候，用户按下和释放鼠标按键，程序才会执行操作。

6.2.1 构建一个 Button 类

对于 GUI 中的所有按钮，按钮的行为应该是公共的、一致的，所以我们将创建一个类来处理行为细节。构建一个简单的按钮类后，我们就可以实例化任意数量的按钮，它们的行为将完全相同。

我们考虑一下按钮类必须支持什么行为。我们需要完成如下操作的方法。

❏ 加载未按下和按下状态的图片，然后初始化用于跟踪按钮状态的任何实例变量。
❏ 告诉按钮主程序检测到的所有事件，检查其中是否有按钮需要响应的事件。
❏ 绘制代表按钮当前状态的图片。

代码清单 6-4 显示了 SimpleButton 类的代码（第 7 章将创建一个更加复杂的按钮类）。这个类有 3 个方法，即__init__()、handleEvent()和 draw()，它们实现了前面提到的行为。handleEvent()方法的代码不太容易编写，但当它能够运行后，使用起来非常简单。你可以尝试自己实现这个方法，但需要知道的是，代码的实现并没有那么重要。这里重要的是理解不同方法的用途和用法。

代码清单 6-4：SimpleButton 类（文件: PygameDemo7_SimpleButton/SimpleButton.py）

```
# SimpleButton class
#
# Uses a "state machine" approach
#
```

```python
import pygame
from pygame.locals import *

class SimpleButton():
    # Used to track the state of the button
    STATE_IDLE = 'idle' # button is up, mouse not over button
    STATE_ARMED = 'armed' # button is down, mouse over button
    STATE_DISARMED = 'disarmed' # clicked down on button, rolled off

    def __init__(self, window, loc, up, down):  ❶
        self.window = window
        self.loc = loc
        self.surfaceUp = pygame.image.load(up)
        self.surfaceDown = pygame.image.load(down)

        # Get the rect of the button (used to see if the mouse is over the button)
        self.rect = self.surfaceUp.get_rect()
        self.rect[0] = loc[0]
        self.rect[1] = loc[1]

        self.state = SimpleButton.STATE_IDLE

    def handleEvent(self, eventObj):  ❷
        # This method will return True if user clicks the button.
        # Normally returns False.

        if eventObj.type not in (MOUSEMOTION, MOUSEBUTTONUP, MOUSEBUTTONDOWN):  ❸
            # The button only cares about mouse-related events
            return False

        eventPointInButtonRect = self.rect.collidepoint(eventObj.pos)

        if self.state == SimpleButton.STATE_IDLE:
            if (eventObj.type == MOUSEBUTTONDOWN) and eventPointInButtonRect:
                self.state = SimpleButton.STATE_ARMED

        elif self.state == SimpleButton.STATE_ARMED:
            if (eventObj.type == MOUSEBUTTONUP) and eventPointInButtonRect:
                self.state = SimpleButton.STATE_IDLE
                return True # clicked!

            if (eventObj.type == MOUSEMOTION) and (not eventPointInButtonRect):
                self.state = SimpleButton.STATE_DISARMED

        elif self.state == SimpleButton.STATE_DISARMED:
            if eventPointInButtonRect:
                self.state = SimpleButton.STATE_ARMED
            elif eventObj.type == MOUSEBUTTONUP:
                self.state = SimpleButton.STATE_IDLE

        return False

    def draw(self):  ❹
        # Draw the button's current appearance to the window
        if self.state == SimpleButton.STATE_ARMED:
            self.window.blit(self.surfaceDown, self.loc)

        else: # IDLE or DISARMED
            self.window.blit(self.surfaceUp, self.loc)
```

__init__()方法首先将传入的所有值保存到实例变量中（❶），以便能够在其他方法中使用它们。然后，它实例化另外几个实例变量。

每当主程序检测到任何事件时，就会调用 handleEvent()方法（❷）。这个方法首先检查事件是不是 MOUSEMOTION、MOUSEBUTTONUP 或 MOUSEBUTTONDOWN（❸）。该方法的其余部分被实现为一个状态机，第 15 章将详细说明这种技术。这里的代码有点复杂，你可以自己分析它的工作方式，但现在应该注意的是，它在多个调用中使用实例变量 self.state 来检测用户是否单击了按钮。当用户在按钮上先按下鼠标按键后释放鼠标按钮时，就完成了一次鼠标单击。此时，handleEvent()方法将返回 True。在其他所有情况中，handleEvent()返回 False。

最后，draw()方法使用对象的实例变量 self.state 的状态来决定绘制哪张图片（未按下的或按下的）（❹）。

6.2.2 使用 SimpleButton 的主代码

要在主代码中使用 SimpleButton，首先需要在开始主循环之前，使用下面的代码从 SimpleButton 类实例化一个对象。

```
oButton = SimpleButton(window, (150, 30),
                       'images/buttonUp.png',
                       'images/buttonDown.png')
```

这段代码创建一个 SimpleButton 对象，它指定绘制该对象的位置（同样，这里的坐标是边界矩形左上角的坐标），并提供未按下和按下状态的按钮图片的路径。在主循环中，每当发生任何事件时，就需要调用 handleEvent()方法，判断用户是否单击按钮。如果用户单击按钮，程序应该执行一些操作。另外，在主循环中，还需要调用 draw()方法，使按钮显示在窗口中。

我们将创建一个小测试程序来包含 SimpleButton 的一个实例，它将生成图 6-2 所示的用户界面。

每当用户完成一次按钮单击时，程序将在 shell 中输出一行文本，指出按钮已被单击。代码清单 6-5 包含主程序的代码。

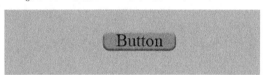

图 6-2　包含 SimpleButton 的一个实例的程序的用户界面

代码清单 6-5：创建和响应 SimpleButton 对象的主程序（文件：PygameDemo7_SimpleButton/Main_SimpleButton.py）

```
# Pygame demo 7 - SimpleButton test

--- snip ---
# 5 - Initialize variables
# Create an instance of a SimpleButton
❶ oButton = SimpleButton(window, (150, 30),
                       'images/buttonUp.png',
                       'images/buttonDown.png')

# 6 - Loop forever
while True:

    # 7 - Check for and handle events
    for event in pygame.event.get():
```

```
            if event.type == pygame.QUIT:
                pygame.quit()
                sys.exit()

        # Pass the event to the button, see if it has been clicked on
    ❷ if oButton.handleEvent(event):
            ❸ print('User has clicked the button')

    # 8 - Do any "per frame" actions

    # 9 - Clear the window
    window.fill(GRAY)

    # 10 - Draw all window elements
  ❹ oButton.draw() # draw the button

    # 11 - Update the window
    pygame.display.update()

    # 12 - Slow things down a bit
    clock.tick(FRAMES_PER_SECOND)
```

同样,我们以第 5 章的标准 pygame 模板作为起点。在开始主循环之前,创建 SimpleButton 的一个实例(❶),指定在哪个窗口中绘制、绘制的位置以及未按下和按下状态的图片的路径。

每次迭代时,我们需要响应主程序中检测到的事件。为了实现这种行为,我们调用 SimpleButton 类的 handleEvent()方法(❷),并从主程序传入 event。

handleEvent()方法跟踪用户在按钮上执行的所有操作(按下、释放、鼠标离开、鼠标返回)。若 handleEvent()返回 True,表示发生了单击操作,我们执行与单击按钮有关的处理。这里只是输出一条消息(❸)。

最后,调用按钮的 draw()方法(❹),绘制代表按钮合适状态(未按下或按下)的图片。

6.2.3 创建包含多个按钮的程序

使用 SimpleButton 类可以实例化任意多个按钮。例如,我们可以修改主程序,使其包含 3 个 SimpleButton 实例,如图 6-3 所示。

图 6-3 包含 3 个 SimpleButton 对象的主程序

这并不需要修改 SimpleButton 类的文件。只需要修改主代码来实例化 3 个 SimpleButton 对象(而不是 1 个)即可。

文件:PygameDemo7_SimpleButton/Main_SimpleButton3Buttons.py

```
oButtonA = SimpleButton(window, (25, 30),
                        'images/buttonAUp.png',
                        'images/buttonADown.png')
oButtonB = SimpleButton(window, (150, 30),
```

```
                        'images/buttonBUp.png',
                        'images/buttonBDown.png')
oButtonC = SimpleButton(window, (275, 30),
                        'images/buttonCUp.png',
                        'images/buttonCDown.png')
```

现在需要调用 3 个按钮的 handleEvent()方法。

```
# Pass the event to each button, see if one has been clicked
if oButtonA.handleEvent(event):
    print('User clicked button A.')
elif oButtonB.handleEvent(event):
    print('User clicked button B.')
elif oButtonC.handleEvent(event):
    print('User clicked button C.')
```

最后，告诉每个按钮绘制自身。

```
oButtonA.draw()
oButtonB.draw()
oButtonC.draw()
```

当运行程序时，你将看到窗口中包含 3 个按钮。单击其中任何一个按钮将输出一条消息，显示单击的按钮的名称。

这里的关键点是，因为我们使用同一个 SimpleButton 类的 3 个实例，所以每个按钮的行为是相同的。这种方法的一个重要优势是，对 SimpleButton 类做的任何修改将影响从该类实例化的所有按钮。主程序不需要关心按钮代码的内部工作方式，而只需要在主循环中调用每个按钮的 handleEvent()方法。每个按钮将返回 True 或 False，指出自己有没有被单击。

6.3 构建可重用的、面向对象的文本显示

在 pygame 程序中，有两种不同类型的文本——显示文本和输入文本。显示文本是程序的输出，相当于调用 print()函数，只不过它们显示在 pygame 窗口中。输入文本是来自用户的字符串输入，相当于调用 input()。本节将讨论显示文本。下一章将介绍如何处理输入文本。

6.3.1 显示文本的步骤

在 pygame 的窗口中显示文本是一个相当复杂的过程，因为不同于简单地在 shell 中显示一个字符串，在窗口中显示文本需要选择显示位置、字体、大小和其他特性。例如，你可能会使用如下代码。

```
pygame.font.init()

myFont = pygame.font.SysFont('Comic Sans MS', 30)
textSurface = myfont.render('Some text', True, (0, 0, 0))
window.blit(textSurface, (10, 10))
```

我们首先初始化 pygame 中的字体系统，这是在主循环开始之前完成的。然后，我们告诉 pygame 按名称从字体系统中加载特定的字体。这里请求的字体是 Comic Sans，字号为 30。

下一步非常重要：我们使用该字体来渲染文本，这会创建文本的一个图片，在 pygame 中

称为表面（surface）。我们提供想要输出的文本、一个布尔值（指定是否让文本抗锯齿）和 RGB 格式的一个颜色值。这里指定了(0, 0, 0)，表示我们想让文本显示为黑色。最后，使用 blit()，在窗口的(x, y)位置绘制文本的图片。

这段代码能够在窗口中的指定位置显示我们提供的文本。但是，如果文本不会改变，那么在主循环的每次迭代中都重新创建 textSurface 是一种浪费。要记住的细节也很多，只有所有细节都正确，才能恰当地绘制文本。通过创建一个类，把这种复杂性隐藏起来。

6.3.2　创建 SimpleText 类

我们的想法是创建一组方法，让它们处理在 pygame 中加载字体和渲染文本的工作，从而不需要我们记忆实现细节。代码清单 6-6 包含一个新的 SimpleText 类，它完成了这些工作。

代码清单 6-6：用于显示文本的 SimpleText 类（文件: PygameDemo8_SimpleTextDisplay/ SimpleText.py）

```
# SimpleText class

import pygame
from pygame.locals import *
class SimpleText():

❶   def __init__(self, window, loc, value, textColor):
❷       pygame.font.init()
        self.window = window
        self.loc = loc
❸       self.font = pygame.font.SysFont(None, 30)
        self.textColor = textColor
        self.text = None  # so that the call to setText below will
                          # force the creation of the text image
        self.setValue(value)  # set the initial text for drawing

❹   def setValue(self, newText):
        if self.text == newText:
            return  # nothing to change

        self.text = newText  # save the new text
        self.textSurface = self.font.render(self.text, True, self.textColor)

❺   def draw(self):
        self.window.blit(self.textSurface, self.loc)
```

可以把 SimpleText 对象想象为窗口中的一个字段，你想在这里显示文本。你不仅可以使用 SimpleText 对象来显示不变的标签文本，还可以显示在程序中一直会改变的文本。

SimpleText 类只有 3 个方法。__init__()方法（❶）的参数包括要绘制文本的窗口、窗口中的绘制位置、希望字段中一开始显示的文本以及文本的颜色。调用 pygame.font.init()（❷）会启动 pygame 的字体系统。第 1 个实例化的 SimpleText 对象中的调用实际执行初始化工作；其他 SimpleText 对象也会发出此调用，但因为字体已经初始化，所以该调用会立即返回。我们使用 pygame.font.SysFont()（❸）创建一个新的 Font 对象。我们没有提供具体的字体名称，而指定 None，这将使用标准的系统字体。

setValue()方法渲染要显示的文本的图片,并将该图片保存到 self.textSurface 实例变量中(❹)。程序运行时,如果想改变显示的文本,就可以调用 setValue()方法,传入要显示的新文本。setValue()方法做了一个优化:它会记住上一次渲染的文本,在执行其他操作前,它会检查新的文本是否与之前的文本相同。如果文本没有改变,就什么都不做,该方法直接返回。如果有新的文本,就把新的文本渲染到绘制的表面上。

draw()方法(❺)将 self.textSurface 实例变量中保存的图片绘制到窗口中的指定位置。应该在每一帧中调用这个方法。

这种方法有一些优势。

- 这个类将 pygame 渲染文本的全部细节隐藏了起来,所以它的用户从不需要知道在显示文本时,需要调用 pygame 的哪些方法。
- 每个 SimpleText 对象会记住它要在哪个窗口中绘制,把文本放到哪个位置,以及文本的颜色。因此,只需要在实例化 SimpleText 对象时(通常在主循环开始前实例化)指定这些值一次。
- 每个 SimpleText 对象也经过优化,能够记住它上一次绘制的文本,以及从当前文本生成的图片(self.textSurface)。它只需要在文本改变时渲染新的表面。
- 要在窗口中显示多条文本,只需要实例化多个 SimpleText 对象。这是面向对象编程的一个关键概念。

6.4 包含 SimpleText 和 SimpleButton 的弹球示例

我们修改代码清单 6-2,使其使用 SimpleText 和 SimpleButton 类。代码清单 6-7 显示了更新后的程序,它跟踪主循环的迭代次数,并在窗口顶部报告此信息。单击 Restart 按钮将重置计数器。

代码清单 6-7:一个示例主程序,它显示了 Ball、SimpleText 和 SimpleButton(文件:PygameDemo8_SimpleTextDisplay/Main_BallTextAndButton.py)

```
# pygame demo 8 - SimpleText, SimpleButton, and Ball

# 1 - Import packages
import pygame
from pygame.locals import *
import sys
import random
❶ from Ball import *  # bring in the Ball class code
from SimpleText import *
from SimpleButton import *

# 2 - Define constants
BLACK = (0, 0, 0)
WHITE = (255, 255, 255)
WINDOW_WIDTH = 640
WINDOW_HEIGHT = 480
FRAMES_PER_SECOND = 30
```

```
# 3 - Initialize the world
pygame.init()
window = pygame.display.set_mode((WINDOW_WIDTH, WINDOW_HEIGHT))
clock = pygame.time.Clock()

# 4 - Load assets: image(s), sound(s), etc.

# 5 - Initialize variables
❷ oBall = Ball(window, WINDOW_WIDTH, WINDOW_HEIGHT)
oFrameCountLabel = SimpleText(window, (60, 20),
                        'Program has run through this many loops: ', WHITE)
oFrameCountDisplay = SimpleText(window, (500, 20), '', WHITE)
oRestartButton = SimpleButton(window, (280, 60),
                        'images/restartUp.png', 'images/restartDown.png')
frameCounter = 0

# 6 - Loop forever
while True:

    # 7 - Check for and handle events
    for event in pygame.event.get():
        if event.type == pygame.QUIT:
            pygame.quit()
            sys.exit()

❸   if oRestartButton.handleEvent(event):
            frameCounter = 0 # clicked button, reset counter

    # 8 - Do any "per frame" actions
❹   oBall.update() # tell the ball to update itself
    frameCounter = frameCounter + 1 # increment each frame
❺   oFrameCountDisplay.setValue(str(frameCounter))

    # 9 - Clear the window before drawing it again
    window.fill(BLACK)

    # 10 - Draw the window elements
❻   oBall.draw() # tell the ball to draw itself
    oFrameCountLabel.draw()
    oFrameCountDisplay.draw()
    oRestartButton.draw()

    # 11 - Update the window
    pygame.display.update()

    # 12 - Slow things down a bit
    clock.tick(FRAMES_PER_SECOND)
```

在程序顶部，导入 Ball、SimpleText 和 SimpleButton 类的代码（❶）。在主循环开始前，创建一个 Ball 实例（❷），两个 SimpleText 实例（oFrameCountLabel 用于不变的消息标签，oFrameCountDisplay 用于不断变化的帧显示）和一个保存在 oRestartButton 中的 SimpleButton 实例。我们还将 frameCounter 变量初始化为 0，并在每次迭代主循环时递增它。

在主循环中，检查用户是否按下了 Restart 按钮（❸）。如果收到 True，就重置帧计数器。

告诉球更新自己的位置（❹）。在递增帧计数器后，调用文本字段的 setValue()方法来显示新的帧计数（❺）。最后，通过调用每个对象的 draw()方法，告诉球、文本字段和 Restart 按钮绘制自身（❻）。

在实例化 SimpleText 对象时，最后一个实参是文本颜色。我们指定，将对象渲染为 WHITE，以便能够在 BLACK 背景上看到它们。下一章将介绍如何扩展 SimpleText 类来包含更多特性，同时并不会让类的接口变得复杂。我们将构建一个功能更加完整的文本对象，它对于每个特性有一个合理的默认值，但允许覆盖这些默认值。

6.5 对比接口与实现

SimpleButton 和 SimpleText 示例引出了一个重要的主题——接口与实现的对比。如第 4 章所述，接口指的是如何使用某个东西，而实现指的是某个东西在内部如何工作。

在 OOP 环境中，接口是类中的方法集合以及它们的参数，也称为应用程序编程接口（Application Programming Interface，API）。实现是类中的所有方法的实际代码。

外部包（如 pygame）很可能会提供 API 的文档，解释可用的方法调用，以及应该为每个方法调用传递的实参。从 Pygame 网站可以找到完整的 pygame API 文档。

当你编写调用 pygame 的代码时，不需要关心使用的方法的实现。例如，当你调用 blit() 来绘制图片时，并不关心 blit() 怎么实现它的功能，而只需要知道这个方法调用做什么，以及需要为它传递什么实参。另外，你可以相信，blit() 的编写者在实现 blit() 方法时，已经仔细考虑过如何让 blit() 最高效地工作。

在编程中，我们常常承担两种角色——实现者和应用程序开发人员，所以在设计 API 时，要努力做到让 API 不仅在当前场景中合理，而且足够通用，能够被我们自己在将来编写的程序和其他人编写的程序使用。SimpleButton 类和 SimpleText 类是很好的示例，因为我们采用了通用的方式编写它们，使它们能够很方便地重用。第 8 章将更详细地介绍接口与实现的对比。

6.6 回调函数

当使用 SimpleButton 对象的时候，我们像下面这样检查和响应单击按钮的操作。

```
if oButton.handleEvent(event):
    print('The button was clicked')
```

这种处理事件的方法对 SimpleButton 类很有效。不过，其他一些 Python 包和其他许多编程语言采用一种不同的方式——回调来处理事件。

回调函数： 当特定操作、事件或条件发生时调用的函数或对象方法。

作为一个示例，考虑一个按钮对象。我们在初始化按钮对象的时候让它有一个回调函数。当用户单击按钮的时候，该按钮会调用回调函数或方法。该函数或方法会执行必要的代码来响应按钮单击事件。

6.6.1 创建回调函数

为了设置回调函数,在创建对象或者调用对象的某个方法的时候,需要传递要调用的函数或者对象方法的名称。例如,Python 有一个标准的 GUI 包 tkinter。当使用这个包创建按钮时,使用的代码与前面展示的代码不同,下面给出了一个示例。

```
import tkinter

def myFunction():
    print('myCallBackFunction was called')

oButton = tkinter.Button(text='Click me', command=myFunction)
```

当使用 tkinter 创建按钮时,你必须传入一个函数(或对象的方法),当用户单击该按钮时将回调这个函数(或对象的方法)。这里传递 myFunction 作为回调函数(这个调用使用了关键字参数,第 7 章将详细讨论什么是关键字参数)。tkinter 按钮会记住这个函数是回调函数,当用户单击创建的按钮时,就会调用 myFunction()函数。

当启动某个可能需要一段时间才能完成的操作时,你也可以使用回调函数。我们不想一直等待操作完成,导致程序看起来在一段时间内停止响应,此时可以提供一个回调函数,当该操作完成后就会调用回调函数。例如,假设你想要在互联网上发出一个请求。我们不想在发出调用后,等待该调用返回数据,因为这可能需要很长的时间。有一些包允许我们在发出调用时指定回调函数。于是,程序就可以继续运行,允许用户继续执行操作。这种方法常常需要用到多个 Python 线程,相关内容不在本书讨论范围内,但应该知道的是,这种方法通常会使用回调函数。

6.6.2 对 SimpleButton 使用回调函数

为了演示这个概念,我们将对 SimpleButton 类做一点小小的修改,使其能够接受回调函数。调用者可以提供一个函数或对象方法作为额外的可选参数,当用户单击一个 SimpleButton 对象时,就回调该函数或对象方法。每个 SimpleButton 实例在一个实例变量中记住该回调。当用户完成单击时,SimpleButton 的实例将调用该回调函数。

代码清单 6-8 中的主程序创建了 3 个 SimpleButton 实例,每个实例以不同的方式处理按钮单击操作。第 1 个按钮 oButtonA 没有提供回调函数,oButtonB 提供了一个函数作为回调函数,oButtonC 指定一个对象方法作为回调函数。

代码清单 6-8:主程序的一个版本,以 3 种不同的方式处理按钮单击(文件:PygameDemo9_SimpleButtonWithCallback/Main_SimpleButtonCallback.py)

```
# pygame demo 9 - 3-button test with callbacks

# 1 - Import packages
import pygame
from pygame.locals import *
from SimpleButton import *
import sys
```

```
# #2 - Define constants
GRAY = (200, 200, 200)
WINDOW_WIDTH = 400
WINDOW_HEIGHT = 100
FRAMES_PER_SECOND = 30

# Define a function to be used as a "callback"
def myCallBackFunction():  ❶
    print('User pressed Button B, called myCallBackFunction')

# Define a class with a method to be used as a "callback"
class CallBackTest():  ❷
--- snipped any other methods in this class ---

    def myMethod(self):
        print('User pressed ButtonC, called myMethod of the CallBackTest object')

# 3 - Initialize the world
pygame.init()
window = pygame.display.set_mode((WINDOW_WIDTH, WINDOW_HEIGHT))
clock = pygame.time.Clock()

# 4 - Load assets: image(s), sound(s), etc.

# 5 - Initialize variables
oCallBackTest = CallBackTest()  ❸
# Create instances of SimpleButton
# No call back
oButtonA = SimpleButton(window, (25, 30),  ❹
                        'images/buttonAUp.png',
                        'images/buttonADown.png')
# Specifying a function to call back
oButtonB = SimpleButton(window, (150, 30),
                        'images/buttonBUp.png',
                        'images/buttonBDown.png',
                        callBack=myCallBackFunction)
# Specifying a method of an object to call back
oButtonC = SimpleButton(window, (275, 30),
                        'images/buttonCUp.png',
                        'images/buttonCDown.png',
                        callBack=oCallBackTest.myMethod)
counter = 0

# 6 - Loop forever
while True:

    # 7 - Check for and handle events
    for event in pygame.event.get():
        if event.type == pygame.QUIT:
            pygame.quit()
            sys.exit()

        # Pass the event to the button, see if it has been clicked on
        if oButtonA.handleEvent(event):  ❺
            print('User pressed button A, handled in the main loop')

        # oButtonB and oButtonC have callbacks,
        # no need to check result of these calls
        oButtonB.handleEvent(event)  ❻

        oButtonC.handleEvent(event)  ❼
```

```
# 8 - Do any "per frame" actions
counter = counter + 1

# 9 - Clear the window
window.fill(GRAY)

# 10 - Draw all window elements
oButtonA.draw()
oButtonB.draw()
oButtonC.draw()

# 11 - Update the window
pygame.display.update()

# 12 - Slow things down a bit
clock.tick(FRAMES_PER_SECOND) # make pygame wait
```

首先，定义一个简单的函数 myCallBackFunction()（❶），它只输出一条消息，说明自己被调用了。然后，定义一个 CallBackTest 类，它包含 myMethod()方法（❷），用于输出它自己的消息，说明自己被调用了。我们从 CallBackTest 类创建一个 oCallBackTest 对象（❸）。我们需要通过这个对象把 oCallBack.myMethod()设置为回调函数。

接下来，创建 3 个 SimpleButton 对象，每个对象使用一种不同的方法（❹）。第 1 个对象 oButtonA 没有回调函数。第 2 个对象 oButtonB 将 myCallBackFunction()设置为回调函数。第 3 个对象 oButtonC 将 oCallBack.myMethod()设置为回调函数。

在主循环中，通过调用每个按钮的 handleEvent()方法，检查用户是否单击了它们。因为 oButtonA 没有回调函数，所以我们必须检查返回的值是否是 True（❺），如果是，就执行一个操作。当单击 oButtonB 时（❻），将调用 myCallBackFunction()函数并输出它的消息。当单击 oButtonC 时（❼），将调用 oCallBackTest 对象的 myMethod()方法并输出它的消息。

一些程序员倾向于使用回调方法，因为在创建对象的时候要调用的目标就设置好了。理解这种技术很重要，如果你在使用需要回调的包，就更是如此。但是，在本书的所有演示代码中，我们将使用原来的方法，即检查 handleEvent()调用返回的值。

6.7 小结

本章展示了如何先创建一个过程式程序，后将相关的代码提取出来，放到一个类中。我们创建了一个 Ball 类来演示这种方法,然后修改了前一章的演示程序的主代码来调用该类的方法，告诉 Ball 对象做什么，但不关心它如何实现结果。把所有相关代码放到一个单独的类中以后，很容易创建一个对象列表，实例化并管理任意多的对象。

接下来，我们创建了一个 SimpleButton 类和一个 SimpleText 类，将实现的复杂性隐藏起来，创建出高度可重用的代码。下一章将在这些类的基础上，展示如何开发出"专业级"的按钮和文本显示类。

最后，本章介绍了回调函数的概念，即在调用对象时传入一个函数或方法。当发生某个事件或者某个动作完成时，将调用回调函数。

第 7 章 pygame GUI 小部件

pygame 使程序员能够使用基于文本的 Python 语言，创建基于 GUI 的程序。窗口、指向设备、单击、拖动和声音都已经成为我们的计算机使用体验的标准部分。但是，pygame 包并没有内置基本用户界面元素，所以我们需要自己构建它们。我们将使用 pygwidgets 来创建基本用户界面元素，pygwidgets 是一个 GUI 小部件库。

本章将解释如何把标准小部件（如图片、按钮以及输入和输出字段）构建为类，以及客户端如何使用它们。通过把每个元素构建为一个类，在创建 GUI 的时候，程序员能够包含每个元素的多个实例。但是，在开始构建这些 GUI 小部件之前，首先需要讨论另外一个 Python 特性——在函数或方法调用中传递数据。

7.1 向函数或方法传递实参

传递给函数调用的实参和函数中定义的形参是一对一的关系，所以第 1 个实参的值将被赋给第 1 个形参，第 2 个实参的值将被赋给第 2 个形参，以此类推。

图 7-1 是从第 3 章复制过来的一张图，它说明在调用对象的方法时，上述行为依然成立。可以看到，调用的第 1 个参数始终是 self，它被设置为对象。

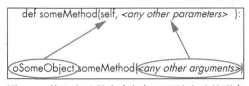

图 7-1 传入方法的实参如何匹配该方法的形参

但是，Python（和其他一些语言）允许让一些实参成为可选的实参。如果调用中没有提供可选实参，则我们可以在函数或方法中提供默认值。这里将通过现实世界的一个比喻来解释这种做法。

如果你在汉堡王订了一个汉堡，那么这个汉堡会附带番茄酱、芥末酱和酸黄瓜。但是，汉堡王有句著名的宣传语："我选我味。"如果你想要其他调料的组合，就必须在下单时说明自己想要（或者不想要）什么。

首先，以前面在定义函数时采用的常规方式，编写一个 orderBurgers() 函数来模拟订汉堡的操作，并不实现默认值。

```
def orderBurgers(nBurgers, ketchup, mustard, pickles):
```

我们必须指定要订的汉堡数，但在理想情况下，如果我们想默认添加番茄酱、芥末酱和酸黄瓜，不应该需要传入更多实参。因此，要订两个带标准配料的汉堡，你可能想这样调用函数。

```
orderBurgers(2) # with ketchup, mustard, and pickles
```

但是，在 Python 中，这会引发错误，因为调用中的实参个数与函数定义中指定的形参个数不匹配。

```
TypeError: orderBurgers() missing 3 required positional arguments: 'ketchup',
'mustard', and 'pickles'
```

下面看看 Python 如何设置可选形参，以便在调用中没有为它们指定实参时使用默认值。

7.1.1 位置和关键字形参

Python 有两种不同类型的形参——位置形参和关键字形参。位置形参是我们已经熟悉的形参类型，即调用中的每个实参在函数或方法定义中有匹配的形参。

关键字形参允许指定默认值。其格式为使用一个关键字形参作为变量名称，后跟等号，最后是默认值，如下所示。

```
def someFunction(<keywordParameter>=<default value>):
```

你可以有多个关键字形参，每个关键字形参有自己的名称和默认值。

函数或方法可以同时包含位置形参和关键字形参，此时你必须把所有位置形参放到任何关键字形参的前面。

```
def someOtherFunction(positionalParam1, positionalParam2, ...
        <keywordParameter1>=<default value 1>,
        <keywordParameter2>=<default value 2>, ...):
```

我们重写 orderBurgers()，使其使用一个位置形参和 3 个带默认值的关键字形参，如下所示。

```
def orderBurgers(nBurgers, ketchup=True, mustard=True, pickles=True):
```

当调用这个函数时，nBurgers 是一个位置形参，所以必须在每个调用中为其指定实参。其他 3 个形参是关键字形参。如果没有为 ketchup、mustard 和 pickles 传入值，该函数将为这些形参变量使用默认值 True。现在，我们可以像下面这样订两个包含所有配料的汉堡。

```
orderBurgers(2)
```

如果我们不想使用默认值，则可以在调用中指定关键字形参的名称和一个不同的值。例如，如果我们只想为两个汉堡添加番茄酱，则可以像下面这样调用函数。

```
orderBurgers(2, mustard=False, pickles=False)
```

当函数运行时，mustard 和 pickles 变量的值均设置为 False。因为我们没有为 ketchup 指定一个值，所以它将使用默认值 True。

在调用函数时，你也可以按位置指定所有实参，包括关键字形参对应的实参。Python 将根据实参的顺序，把正确的值赋给每个形参。

```
orderBurgers(2, True, False, False)
```

在这个调用中，我们也指定了包含番茄酱但不包含芥末酱和酸黄瓜的两个汉堡。

7.1.2 关于关键字形参的一些说明

我们快速介绍有关如何使用关键字形参的一些约定和提示。作为 Python 中的一种约定，当使用关键字形参和实参时，关键字和值之间的等号两边不应该有空格，以表明这不是典型的赋值语句。下面的代码行的格式是正确的。

```
def orderBurgers(nBurgers, ketchup=True, mustard=True, pickles=True):
orderBurgers(2, mustard=False)
```

下面的代码行也能够运行，但没有遵守格式约定，可读性要差一些。

```
def orderBurgers(nBurgers, ketchup = True, mustard = True, pickles = True):
orderBurgers(2, mustard = False)
```

当调用既包含位置形参又包含关键字形参的函数时，你必须首先为所有位置形参提供值，然后再为可选的关键字形参提供值。

我们可以按照任意顺序指定调用中的关键字实参。例如，我们可以采用不同的方式调用 orderBurgers() 函数。

```
orderBurgers(2, mustard=False, pickles=False) # only ketchup
```

或

```
orderBurgers(2, pickles=False, mustard=False, ketchup=False) # plain
```

所有关键字形参将得到合适的值，这与实参的顺序无关。

orderBurgers() 示例中的所有默认值都是布尔值，但关键字形参可以有任何数据类型的默认值。例如，我们可以像下面这样写一个函数，允许客户下一个冰淇淋订单。

```
def orderIceCream(flavor, nScoops=1, coneOrCup='cone', sprinkles=False):
```

调用者必须指定口味，但默认情况下会得到一勺冰淇淋，放在甜筒中，且不带点缀物。调用者可以使用不同的关键字值来覆盖这些默认值。

7.1.3 使用 None 作为默认值

有时候，知道调用者是否为某个关键字形参传入了一个值很有帮助。在下面的示例中，调用者订了一个比萨。调用者至少必须指定比萨的大小。第 2 个形参代表比萨的风味，默认是 'regular'（普通比萨），但可以为它指定 'deepdish'（深盘比萨）。第 3 个形参是可选参数，调用者可以选择传入一种期望的配料。如果调用者想要配料，我们就额外收费。

在代码清单 7-1 中，我们将为 size 使用位置形参，为 style 和 topping 使用关键字形参。style 的默认值是字符串 'regular'。因为配料是可选的，所以我们使用 Python 中的特殊值 None 作为默认值，但调用者可以传入他们期望的配料。

代码清单 7-1：包含一个默认值为 None 的关键字形参的函数（文件: OrderPizzaWithNone.py）

```
def orderPizza(size, style='regular', topping=None):
    # Do some calculations based on the size and style
    # Check if a topping was specified
    PRICE_OF_TOPPING = 1.50 # price for any topping

    if size == 'small':
        price = 10.00
    elif size == 'medium':
        price = 14.00
    else: # large
        price = 18.00

    if style == 'deepdish':
        price = price + 2.00 # charge extra for deepdish

    line = 'You have ordered a ' + size + ' ' + style + ' pizza with '
❶ if topping is None: # check if no topping was passed in
        print(line + 'no topping')
    else:
        print(line + topping)
        price = price + PRICE_OF_TOPPING

    print('The price is $', price)
    print()

# You could order a pizza in the following ways:
❷ orderPizza('large') # large, defaults to regular, no topping

orderPizza('large', style='regular') # same as above

❸ orderPizza('medium', style='deepdish', topping='mushrooms')

orderPizza('small', topping='mushrooms') # style defaults to regular
```

第 1 个调用和第 2 个调用是相同的，topping 变量的值设置为 None（❷）。在第 3 个和第 4 个调用中，topping 的值设置为'mushrooms'（❸）。因为'mushrooms'不是 None，所以在这两个调用中代码会为比萨上的配料收取额外的费用（❶）。

通过使用 None 作为关键字形参的默认值，我们可以知道调用者是否在调用中提供了一个值。这可能是关键字形参的一种比较隐匿的用法，但在接下来的讨论中这是一种很有用的用法。

7.1.4　选择关键字和默认值

使用默认值让调用函数和方法变得更加简单，但有一个缺点。为关键字形参选择的每个关键字非常重要。当程序员开始在调用中覆盖默认值以后，修改关键字形参的名称就变得很困难，因为一旦修改关键字形参的名称，就必须在调用该函数或方法的所有地方修改名称。否则，本来能够运行的代码将无法运行。对于广泛应用的代码，这可能给使用你的代码的程序员造成很大的麻烦。这里的关键是，除非绝对有必要，否则不要修改关键字形参的名称。因此，应该明智地选择关键字的名称。

另外，让默认值符合大部分用户的需要很重要（就我个人而言，我很讨厌芥末酱。每次去汉堡王，我都必须记得告诉店员不要加芥末酱，不然他们就会给我一个我吃不下去的汉堡。我认为他们的默认选项不太好）。

7.1.5 GUI 小部件中的默认值

下一节将展示一些类，使用它们能够很方便地在 pygame 中创建 GUI 元素，如按钮和文本字段。每个类都可以用一些位置实参初始化，但它们也包含各种可选的关键字形参，这些关键字形参都具有合理的默认值，使程序员能够只指定一些位置实参，就创建出 GUI 小部件。通过指定值覆盖关键字形参的默认值，实现更加精细的控制。

作为一个更加深入的示例，我们将介绍如何创建一个小部件，在应用程序窗口内显示文本。可以用不同的字体、字体大小、颜色和背景色等显示文本。我们将创建一个 DisplayText 类，它对这些特性提供了默认值，但也让客户端代码能够指定不同的值。

7.2 pygwidgets 包

本章剩余部分将关注 pygwidgets（读作"pig wijits"）包，它的开发目标有两个。
（1）演示多种不同的面向对象编程技术。
（2）允许程序员在 pygame 程序中轻松创建和使用 GUI 小部件。
pygwidgets 包包含下面的类。
- **TextButton**：使用标准样式效果的按钮，包含文本字符串。
- **CustomButton**：使用自定义样式效果的按钮。
- **TextCheckBox**：使用标准样式效果的复选框，从文本字符串创建。
- **CustomCheckBox**：使用自定义样式效果的复选框。
- **TextRadioButton**：使用标准样式效果的单选按钮，从文本字符串创建。
- **CustomRadioButton**：使用自定义样式效果的单选按钮。
- **DisplayText**：用于显示输出文本的字段。
- **InputText**：允许用户输入文本的字段。
- **Dragger**：允许用户拖动图片。
- **Image**：在某个位置显示一张图片。
- **ImageCollection**：在某个位置显示图片集合中的一张图片。
- **Animation**：显示一系列图片。
- **SpriteSheetAnimation**：显示一张大图片中的一系列图片。

7.2.1 设置

要安装 pygwidgets，打开命令行，输入下面的命令。

```
python3 -m pip install -U pip --user
python3 -m pip install -U pygwidgets --user
```

这些命令从 Python Package Index（PyPI）下载并安装最新版本的 pygwidgets。它将安装到你的所有 Python 程序都可以访问的一个文件夹中，该文件夹的名称是 site-packages。安装后，我们就可以在程序的开始位置包含下面的语句，然后就可以使用 pygwidgets。

```
import pygwidgets
```

这条语句导入整个包。之后，我们就可以实例化其中的类的对象，并调用这些对象的方法。

从 pygwidgets 网站我们可以访问 pygwidgets 的最新文档。如果我们想查看这个包的源代码，可以访问我的 GitHub 仓库（在 GitHub 网站搜索"IrvKalb/pygwidgets/"）。

7.2.2 总体设计方法

如第 5 章所示，在每个 pygame 程序中，首先要做的工作之一是定义应用程序的窗口。下面的代码创建了一个应用程序窗口，并把对该窗口的引用保存到了变量 window 中。

```
window = pygame.display.set_mode((WINDOW_WIDTH, WINDOW_HEIGHT))
```

很快会看到，每当我们实例化任何小部件时，都需要传入 window 变量，使小部件能够在应用程序的窗口内绘制自身。

pygwidgets 中的大部分小部件以类似的方式工作，通常涉及以下 3 个步骤。

（1）在主 while 循环开始前，创建小部件的一个实例，并传入所有初始化实参。

（2）在主循环中，每当发生任何事件时，调用小部件的 handleEvent()方法（需要传入事件对象）。

（3）在主循环的末尾，调用小部件的 draw()方法。

要使用任何小部件，第 1 步是像下面这样实例化该小部件。

```
oWidget = pygwidgets.<SomeWidgetClass>(window, loc, <other arguments as needed>)
```

第 1 个实参始终应用程序的窗口。第 2 个实参始终小部件在窗口内的显示位置，采用(x, y)元组的形式指定。

第 2 步是在事件循环中调用对象的 handleEvent()方法，处理任何可能影响小部件的事件。如果发生任何事件（如鼠标单击或按下按钮），并且小部件处理该事件，则此调用将返回 True。主 while 循环的开始部分的代码一般如下所示。

```
while True:
    for event in pygame.event.get():
        if event.type == pygame.QUIT:
            pygame.quit()
            sys.exit()

        if oWidget.handleEvent(event):
            # The user has done something to oWidget that we should respond to
            # Add code here
```

第 3 步是在 while 循环的末尾添加如下一行代码来调用小部件的 draw()方法，使其能够显示在窗口内。

```
oWidget.draw()
```

因为我们在第一步指定了要绘制小部件的窗口、绘制位置以及影响小部件外观的任何细节，所以在调用 draw() 时不需要传入任何东西。

7.2.3 添加图片

这里的第 1 个示例演示最简单的小部件：我们将使用 Image 类，在窗口中显示一张图片。实例化 Image 对象时，必要的实参包括窗口、在窗口内绘制图片的位置以及图片文件的路径。在主循环开始前，像下面这样创建 Image 对象。

```
oImage = pygwidgets.Image(window, (100, 200), 'images/SomeImage.png')
```

这里使用的路径假定包含主程序的项目文件夹也包含一个名为 images 的文件夹，其中包含 SomeImage.png 文件。之后，在主循环中，只需要调用该对象的 draw() 方法。

```
oImage.draw()
```

Image 类的 draw() 方法包含 blit() 调用，用于真正绘制图片，所以你不需要直接调用 blit()。要移动图片，可以调用它的 setLoc() 方法，并使用一个元组来指定新的 x 坐标和 y 坐标。

```
oImage.setLoc((newX, newY))
```

下一次绘制图片时，将在新的坐标位置显示该图片。文档中还列出了其他许多方法，可以用来翻转图片、旋转图片、缩放图片、获得图片的位置和矩形等。

> **精灵模块**
>
> pygame 有一个内置的模块，它可以在窗口中显示图片，称为精灵模块。这种图片称为精灵。精灵模块提供了一个 Sprite 类来处理单独的精灵，提供了一个 Group 类来处理多个 Sprite 对象。它们结合起来，提供了出色的功能，如果你想做严肃的 pygame 编程，则可能值得花时间来了解它们。但是，为了解释基本的 OOP 概念，我们选择不使用那些类。相反，我们选择介绍通用的 GUI 元素，以便你能够在任何环境和语言中使用它们。如果你想详细了解精灵模块，可以参考 Pygame 网站上的 SpriteIntro.html。

7.2.4 添加按钮、复选框和单选按钮

在 pygwidgets 中实例化按钮、复选框或单选按钮小部件时，有两个选项：实例化一个文本版本，它绘制自己的样式效果，并基于你传入的字符串添加一个文本标签；实例化一个自定义版本，由你应用样式效果。表 7-1 显示了可用的不同按钮类。

表 7-1　pygwidgets 中的文本和自定义按钮类

按钮类型	文本版本（使用标准样式效果）	自定义版本（使用自己的样式效果）
按钮	TextButton	CustomButton
复选框	TextCheckBox	CustomCheckBox
单选按钮	TextRadioButton	CustomRadioButton

这些类的文本版本和自定义版本的区别只在实例化时才重要。从一个文本或自定义按钮类创建对象后，这两个类的其余方法是相同的。为了更清晰地说明这一点，查看 TextButton 和 CustomButton 类。

1. TextButton

在 pygwidgets 中，TextButton 类的 __init__()方法的实际定义如下所示。

```
def __init__(self, window, loc, text,
             width=None,
             height=40,
             textColor=PYGWIDGETS_BLACK,
             upColor=PYGWIDGETS_NORMAL_GRAY,
             overColor=PYGWIDGETS_OVER_GRAY,
             downColor=PYGWIDGETS_DOWN_GRAY,
             fontName=DEFAULT_FONT_NAME,
             fontSize=DEFAULT_FONT_SIZE,
             soundOnClick=None,
             enterToActivate=False,
             callback=None,
             nickname=None):
```

但是，程序员一般不会阅读类的代码，而会参考类的文档。如前所述，我们从网上可以找到关于 pygwidgets 的完整文档。

通过在 Python shell 中像下面这样调用内置的 help()函数，我们也可以查看类的文档。

```
>>> help(pygwidgets.TextButton)
```

当创建 TextButton 的一个实例时，只需要传入窗口、窗口中的位置以及按钮上显示的文本。如果只指定这些位置形参，按钮将为宽度和高度、按钮 4 个状态的背景色（不同的灰度）、字体和字体大小使用合理的默认值。默认情况下，当用户单击按钮的时候，不会播放音效。

使用全部默认值创建 TextButton 的代码如下所示。

```
oButton = pygwidgets.TextButton(window, (50, 50), 'Text Button')
```

TextButton 的 __init__()方法的代码使用 pygame 的绘制方法，为按钮的 4 个状态（未按下、按下、鼠标滑过和禁用）创建自己的样式效果。上面的代码创建了一个未按下状态的按钮，如图 7-2 所示。

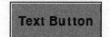

图 7-2　使用默认值的 TextButton

我们可以像下面这样使用关键字值来覆盖任何或全部默认参数。

```
oButton = pygwidgets.TextButton(window, (50, 50), 'Text Button',
                                width=200,
```

```
                height=30,
                textColor=(255, 255, 128),
                upColor=(128, 0, 0),
                fontName='Courier',
                fontSize=14,
                soundOnClick='sounds/blip.wav',
                enterToActivate=True)
```

使用这些初始化值将创建图 7-3 所示的按钮。

图 7-3　为字体、大小、颜色等使用关键字实参的 TextButton

这两个按钮的图片切换行为将采用完全相同的方式工作，区别仅在于图片的外观。

2. CustomButton

CustomButton 类允许为按钮使用自己的样式效果。要实例化 CustomButton，只需要传入窗口、位置和按钮未按下状态的图片的路径。下面是一个示例。

```
restartButton = pygwidgets.CustomButton(window, (100, 430),
                            'images/RestartButtonUp.png')
```

down、over 和 disabled 状态是可选的关键字实参，如果没有为它们传入值，CustomButton 将使用 up 图片的一个副本。典型的做法（也是强烈建议的做法）是传入可选图片的路径，如下所示。

```
restartButton = pygwidgets.CustomButton(window, (100, 430),
                            'images/RestartButtonUp.png',
                            down='images/RestartButtonDown.png',
                            over='images/RestartButtonOver.png',
                            disabled='images/RestartButtonDisabled.png',
                            soundOnClick='sounds/blip.wav',
                            nickname='restart')
```

这里还指定了当用户单击按钮时播放的音效，并提供了一个可以在后面使用的内部别名。

3. 使用按钮

实例化之后，下面给出了使用一个按钮对象（这里是 oButton）的典型代码，这种代码与该按钮是 TextButton 还是 CustomButton 没有关系。

```
while True:
    for event in pygame.event.get():
        if event.type == pygame.QUIT:
            pygame.quit()
            sys.exit()

        if oButton.handleEvent(event):
            # User has clicked this button
            <Any code you want to run here when the button is clicked>
--- snip ---
oButton.draw() # at the bottom of the while loop, tell it to draw
```

每当我们检测到一个事件时,就需要调用按钮的 handleEvent()方法来响应用户的动作。这个调用通常返回 False,但当用户完成单击按钮的动作时会返回 True。在主 while 循环的底部,需要调用按钮的 draw()方法来让它绘制自身。

7.2.5 文本输出和输入

在 pygame 中处理文本输入和输出有点棘手,但这里将针对文本显示字段和文本输入字段介绍新的类。这些类的必要(位置)形参都很少,并且对于其他特性(字体、字体大小、颜色等),它们有合理且容易覆盖的默认值。

1. 文本输出

pygwidgets 包包含一个用于显示文本的 DisplayText 类,它比第 6 章介绍的 SimpleText 具有更加完善的功能。当实例化 DisplayText 时,只有窗口和位置是必须传递的实参。第 1 个关键字形参是 value,可以为它指定一个字符串,作为文本显示字段中一开始显示的文本。它通常用作默认值,或者用于从不会改变的文本,如标签或者指令。因为 value 是第 1 个关键字形参,所以我们可以使用位置实参或关键字实参来为它指定值。例如,下面的代码用于在窗口中显示文本"Hello World"。

```
oTextField = pygwidgets.DisplayText(window, (10, 400), 'Hello World')
```

下面的代码用于在窗口中显示文本"Hello World"。

```
oTextField = pygwidgets.DisplayText(window, (10, 400), value='Hello World')
```

通过指定任何或全部可选的关键字形参,我们也可以自定义输出文本的外观。示例如下。

```
oTextField = pygwidgets.DisplayText(window, (10, 400),
                                    value='Some title text',
                                    fontName='Courier',
                                    fontSize=40,
                                    width=150,
                                    justified='center',
                                    textColor=(255, 255, 0))
```

DisplayText 类有其他许多方法,其中最重要的是 setValue(),我们可以调用该方法来修改文本显示字段中绘制的文本。

```
oTextField.setValue('Any new text you want to see')
```

在主 while 循环的底部,要调用对象的 draw()方法。

```
oTextField.draw()
```

当然,你可以创建任意多个 DisplayText 对象,让每个对象显示不同的文本,且具有自己的字体、字号、颜色等。

2. 文本输入

在基于文本的典型 Python 程序中，要从用户那里获得输入，我们需要调用 input()函数，该函数会停止程序，直到用户在 shell 窗口中输入了文本。但在事件驱动的 GUI 程序中，主循环从不停止。因此，我们必须使用一种不同的方法。

对于用户的文本输入，GUI 程序通常提供一个允许用户输入字符的字段。输入字段必须处理所有键盘按键，其中一些能够显示为字符，另一些用于在字段内进行编辑或者移动光标。它还必须允许用户按住一个键来重复输入。pygwidgets 的 InputText 类提供了全部这些功能。

要实例化 InputText 对象，我们必须提供的实参包括窗口和位置。

```
oInputField = pygwidgets.InputText(window, (10, 100))
```

但是，通过指定可选的关键字实参，自定义 InputText 对象的文本特性。

```
oInputField = pygwidgets.InputText(window, (10, 400),
                                   value='Starting Text',
                                   fontName='Helvetica',
                                   fontSize=40,
                                   width=150,
                                   textColor=(255, 255, 0))
```

实例化一个 InputText 字段后，主循环中的典型代码如下所示。

```
while True:
    for event in pygame.event.get():
        if event.type == pygame.QUIT:
            pygame.quit()
            sys.exit()

        if oInputField.handleEvent(event):
            # User has pressed Enter or Return
            userText = oInputField.getValue() # get the text the user entered
            <Any code you want to run using the user's input>
--- snip ---
    oInputField.draw() # at the bottom of the main while loop
```

对于每个事件，我们需要调用 InputText 字段的 handleEvent()方法来响应按键和鼠标单击动作。这个调用通常返回 False，但当用户按下 Enter 或 Return 键时，将返回 True。此时，我们可以调用该对象的 getValue()方法来获得用户输入的文本。

在主 while 循环的底部，我们需要调用 draw()方法来让字段绘制自身。

如果窗口中包含多个输入字段，按键将由当前拥有键盘焦点的字段处理，当用户单击另外一个字段时，焦点将发生变化。如果你想让一个字段拥有初始的键盘焦点，则可以在创建相应的 InputText 对象时，将 initialFocus 关键字形参设置为 True。另外，如果窗口中有多个 InputText 字段，典型的用户界面设计方法是包含一个 OK 或 Submit 按钮。当用户单击这个按钮时，就可以调用每个字段的 getValue()方法。

> **注意：** 在撰写本书时，InputText 类没有处理通过拖动鼠标选择多个字符的操作。如果后续版本中添加了此功能，并不需要修改使用 InputText 的程序，因为新增的代码将完全包含在 InputText 类的内部。所有 InputText 对象将自动支持新的行为。

7.2.6 其他 pygwidgets 类

在本节开始时提到，pygwidgets 还包含其他许多类。

ImageCollection 类允许显示一个图片集合中的任何一张图片。例如，假设你有一个图片集合，其中包含一个字符的正面、背面、面向左侧和面向右侧的图片。要表示所有可能使用的图片，创建如下所示的一个字典。

```
imageDict = {'front':'images/front.png', 'left':'images/left.png',
             'back':'images/back.png', 'right':'images/right.png'}
```

然后，创建一个 ImageCollection 对象，指定这个字典和你想要使用的图片的键。要改为另外一张图片，调用 replace() 方法，传入一个不同的键。在循环的底部调用 draw() 方法始终会显示当前图片。

Dragger 类显示一张图片，但允许用户将该图片拖动到窗口内的任何位置。在事件循环中必须调用它的 handleEvent() 方法。当用户完成拖动后，handleEvent() 返回 True，你可以调用 Dragger 对象的 getMouseUpLoc() 方法来获取用户释放鼠标按键时的位置。

Animation 类与 SpriteSheetAnimation 类创建并显示动画。这两个类都迭代一个图片集合。Animation 类从单独的文件获取图片，而 SpriteSheetAnimation 类则只需要一张由均匀分布的内部图片组成的大图片。第 14 章将更加详细地讨论这些类。

7.2.7 pygwidgets 示例程序

图 7-4 显示了一个示例程序的截图，该程序演示了从 pygwidgets 中的许多类实例化的对象，这些类包括 Image、DisplayText、InputText、TextButton、CustomButton、TextRadioButton、CustomRadioButton、TextCheckBox、CustomCheckBox、ImageCollection 和 Dragger。

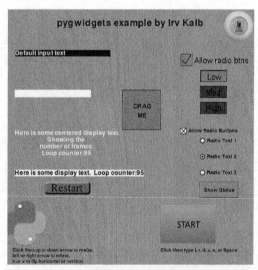

图 7-4 示例程序的窗口，演示了从多个 pygwidgets 类实例化的对象

这个示例程序的源代码参见我的 GitHub 仓库（在 GitHub 网站搜索 "IrvKalb/pygwidgets/"）的 pygwidgets_test 文件夹。

7.3 一致的 API 的重要性

关于为一组类构建 API，最后要知道的是，让不同但相似的类中的方法具有一致的参数是一个好主意，应该尽量实现这种一致性。作为一个很好的示例，pygwidgets 中每个类的 __init__() 方法的前两个形参都是 window 和 loc，并采用这个顺序。如果它们在一些调用中有不同的顺序，使用这个包就更困难了。

另外，如果不同的类实现了相同的功能，那么使用相同的方法名是一个好主意。例如，pygwidgets 中的许多类有一个 setValue() 和一个 getValue() 方法。接下来的两章将解释为什么这种一致性非常重要。

7.4 小结

本章介绍了面向对象的 pygwidgets 包，它可以用于创建图形用户界面的小部件。本章首先讨论了方法形参的默认值。当调用中没有为关键字形参指定匹配的实参值时，将使用默认值。

然后，本章不仅介绍了 pygwidgets 模块（它包含许多预先创建的 GUI 小部件类），还讲述了如何使用其中的一些类。

最后，本章展示了一个示例程序，提供了大部分小部件的示例。

像 pygwidgets 中的类那样编写类有两个重要优势。首先，类可以在方法中隐藏复杂性。当类能够正确工作后，就不再需要关心其内部细节。其次，你可以重用代码，创建任意多的类实例。类可以包含关键字形参，并为它们提供精心选择的默认值，从而提供基本的功能。不过，默认值很容易覆盖，从而允许自定义。

你可以发布自己的类的接口，供其他程序员（和你自己）在不同的项目中使用。好的文档和一致性有助于大幅提高这些类的可用性。

Part 3

第三部分

封装、多态性和继承

面向对象编程有 3 个特性——封装、多态性和继承。接下来的 3 章将分别解释这 3 个特性，描述基础概念，并通过示例说明 Python 如何实现它们。程序语言要想成为一种 OOP 语言，必须支持这 3 种核心的必要条件。如果面试中有人问你，面向对象语言的必要条件是什么，那么有一种简单的记忆方法——PIE（字面意思是"馅饼"，但这里是 Polymorphism（多态性）、Inheritance（继承）和 Encapsulation（封装）的首字母的缩写）。

第 8 章将介绍封装，即隐藏细节，把所有东西放在一个位置。

第 9 章将讨论多态性，即多个类可以有同名的方法。

第 10 章将介绍继承，即在现有代码的基础上构建新的代码。

第 11 章将详细介绍一些在逻辑上不适合放到前面 3 章中但对于 OOP 很有用、很重要的主题（主要与内存管理有关）。

第 8 章 封装

面向对象编程的 3 个主要特性中的第 1 个特性是封装。这个词可能让你想到太空舱、细胞壁或者胶囊片，有用的东西都包含在内部，不受外部环境的破坏。在编程中，封装有相似但更加详细的含义：将状态和行为的内部细节向外部代码隐藏，将所有代码放到一个位置。

本章将介绍封装如何用于函数和对象方法。本章还将讨论解读封装的不同方式：使用直接访问，还是使用 getter 和 setter。另外，本章还将说明在 Python 中如何将实例变量标记为私有变量，不让类外部的代码访问它们，还将简单介绍 Python 的属性装饰器。最后，本章将讨论在设计类的时候如何进行抽象。

8.1 函数的封装

函数是封装的完美示例，因为当调用函数时，一般不关心函数内部如何工作。一个写得好的函数包含一系列步骤，这些步骤组成较大的一个任务，而这个任务才是我们关心的。函数的名称应该描述它的代码代表的操作。考虑 Python 标准库中内置的 len() 函数，它用于找出字符串中的字符数或者列表中的元素数。你只需要传入一个字符串或列表，它就会返回字符数或元素数。当你编写代码来调用这个函数时，并不会关心 len() 如何实现它的功能。你不会思考这个函数包含两行还是两千行代码，它使用一个局部变量还是 100 个局部变量。你只需要知道应该传入什么实参，以及如何使用返回的结果。

对于你编写的函数，例如，下面这个计算并返回一个数字列表的平均值的函数，这一点也成立。

```
def calculateAverage(numbersList):
    total = 0.0
    for number in numbersList:
        total = total + number
    nElements = len(numbersList)
    average = total / nElements
    return average
```

测试这样一个函数并确认它能够工作后，就不再需要关心它的实现细节。你只需要知道应该向这个函数传入什么实参，以及它返回什么值。

但是，如果将来你发现有更简单或更快的算法来计算平均值，则可以采用新的方式来重写该函数。只要接口（输入和输出）没有改变，就不需要修改调用该函数的地方。这种模块化使得代码更容易维护。

8.2 对象的封装

与普通函数中使用的变量不同，对象中的实例变量在不同方法调用中都存在。为了保持后面的讨论清晰，这里将引入一个新的术语——客户端（我不想在这里使用"用户"这个术语，因为它通常指的是最终程序的人类用户）。

客户端： 从类创建对象并调用该对象的方法的任何软件。

我们还必须考虑对象或类的内部与外部的概念。在类的内部（编写类的方法的代码时），需要关心该类的不同方法如何共享实例变量，需要考虑算法的效率，还需要考虑接口应该是什么样子，包括应该提供什么方法、每个方法有什么参数以及使用什么默认值。简言之，你会关心方法的设计和实现。

在类的外部，作为客户端程序员，你需要知道类的接口。你关心类的方法做什么，应该给它们传递什么实参，以及每个方法会返回什么数据。

因此，类通过以下方式提供封装：
- 在方法和实例变量中隐藏所有实现细节；
- 通过接口（类中定义的方法）提供客户端需要对象具有的所有功能。

对象拥有自己的数据

在面向对象编程中，我们称对象"拥有"它的数据。OOP 程序员一致认为，作为一种良好的设计原则，客户端代码只应该关心类的接口，不应该关心方法的实现。考虑代码清单 8-1 中简单的 Person 类。

代码清单 8-1：Person 类拥有的数据

```
class Person():
    def __init__(self, name, salary):
        self.name = name
        self.salary = salary
```

每当我们实例化新的 Person 对象的时候，就会设置实例变量 self.name 和 self.salary 的值，如下所示。

```
oPerson1 = Person('Joe Schmoe', 90000)
oPerson2 = Person('Jane Smith', 99000)
```

每个 Person 对象拥有一组（两个）实例变量。

8.3 封装的含义

对于封装，存在一点争议。不同的程序员对于实例变量的可访问性有不同的观点。Python

允许使用简单的点语法直接访问实例变量,所以允许对封装进行宽松的解释。通过使用 <object>.<instanceVariableName>这种语法,客户端代码可以通过使用名称合法访问一个对象的实例变量。

但是,如果对封装进行严格的解释,则客户端软件不应该直接获取或修改实例变量的值。相反,要获取或者修改对象中保存的值,客户端应该采用的唯一方式是使用类为这种目的提供的方法。

下面讨论这两种方式。

8.3.1 直接访问方式以及为什么应该避免使用这种方式

如前所述,Python 允许直接访问实例变量。像前一节那样,代码清单 8-2 为代码清单 8-1 中的 Person 类实例化两个对象,但这里直接访问它们的 self.salary 实例变量。

代码清单 8-2:直接访问实例变量的示例主代码(文件:PersonGettersSettersAndDirectAccess/Main_PersonDirectAccess.py)

```
# Person example main program using direct access

from Person import *

oPerson1 = Person('Joe Schmoe', 90000)
oPerson2 = Person('Jane Smith', 99000)

# Get the values of the salary variable directly
❶ print(oPerson1.salary)
  print(oPerson2.salary)

# Change the salary variable directly
❷ oPerson1.salary = 100000
  oPerson2.salary = 111111

# Get the updated salaries and print again
  print(oPerson1.salary)
  print(oPerson2.salary)
```

Python 允许编写这样的代码,通过使用标准的点语法,直接获取(❶)和设置(❷)对象中的任何实例变量。大部分 Python 程序员认为这种技术完全可以接受。事实上,Guido van Rossum(Python 的创建者)在提到这个问题时说过一句著名的话:"我们都是成年人了。"意思是,当程序员试图直接访问实例变量时,应该知道自己在做什么,以及相关的风险。

但是,直接访问对象的实例变量是一种极危险的做法,因为这么做违法了封装的核心思想。为了说明为什么,我们看看直接访问实例变量可能造成问题的几个场景。

1. 修改实例变量的名称

直接访问的第 1 个问题是,修改实例变量的名称会破坏直接使用原来的名称的任何客户端代码。当类的开发者认为他们最初为变量选择的名称不是最合适的名称时,就可能发生这种情况。之所以认为名称不合适,可能的原因如下。

❑ 名称没有足够清晰地描述它代表的数据。

- 变量是布尔值，他们希望通过重命名变量，翻转 True 和 False 代表的含义（例如，从 closed 改为 open，从 allowed 改为 disallowed，从 active 改为 disabled）。
- 原名称存在拼写或大小写错误。
- 变量一开始是布尔值，但他们后来意识到，需要让该变量代表两个以上的值。

在这些情况中，如果开发人员将类的实例变量的名称从 self.<originalName> 改为 self.<newname>，则直接使用原名称的任何客户端软件将无法工作。

2. 将实例变量改为计算

当需要修改类的代码来满足新的需求时，直接访问实例变量也会造成问题。假设当你编写类的时候，使用一个实例变量来代表一条数据，但后来功能发生了变化，你需要使用一个算法来计算这个值。以第 4 章的 Account 类为例，为了使银行账户更符合现实情况，我们可能想添加一个利率。你可能认为，这很简单，只需要为利率添加一个名为 self.interestRate 的实例变量。因此，当使用直接访问方法时，客户端软件可以使用下面的代码访问 Account 对象的这个值。

```
oAccount.interestRate
```

在一段时间内，这种代码能够运行。但是后来，银行决定采用一种新的政策，如利率取决于账户中的钱数。可能像下面这样计算利率。

```python
def calculateInterestRate(self):
    # Assuming self.balance has been set in another method
    if self.balance < 1000:
        self.interestRate = 1.0
    elif self.balance < 5000:
        self.interestRate = 1.5
    else:
        self.interestRate = 2.0
```

calculateInterestRate()方法没有依赖 self.interestRate 中存储的一个利率值，而由账户余额决定利率。

根据上次调用 calculateInterestRate()的时间，直接访问 oAccount.interestRate 并使用该实例变量的值的任何客户端软件可能会得到一个过期的值。设置新的 interestRate 的客户端软件可能会发现，当其他代码调用 calculateInterestRate()的时候，或者当账户所有人存取款的时候，新的 interestRate 值突然改变了。

但是，如果将计算利率的方法命名为 getInterestRate()，并让客户端软件调用该方法，则始终会即时计算利率，从而不会发生潜在的错误。

3. 验证数据

避免在设置值时直接访问实例变量的第 3 个原因是，客户端代码很容易将实例变量设置为无效的值。更好的做法是调用类中用来设置值的方法。开发人员可以在这种方法中包含验证代码，确保被设置的值是合适的值。考虑代码清单 8-3 中的代码，它的目的是管理俱乐部成员。

代码清单 8-3：Club 类的示例（文件: ValidatingData_ClubExample/Club.py）

```python
# Club class

class Club():

    def __init__(self, clubName, maxMembers):
        self.clubName = clubName        ❶
        self.maxMembers = maxMembers
        self.membersList = []

    def addMember(self, name):          ❷
        # Make sure that there is enough room left
        if len(self.membersList) < self.maxMembers:
            self.membersList.append(name)
            print('OK.', name, 'has been added to the', self.clubName, 'club')
        else:
            print('Sorry, but we cannot add', name, 'to the', self.clubName, 'club.')
            print('This club already has the maximum of', self.maxMembers, 'members.')

    def report(self):                   ❸
        print()
        print('Here are the', len(self.membersList), 'members of the', self.clubName,
              'club:')
        for name in self.membersList:
            print('   ' + name)
        print()
```

Club 类的代码在实例变量（❶）中跟踪俱乐部名称、最大成员数以及成员列表。实例化后，调用方法向俱乐部添加成员（❷）并报告俱乐部的成员（❸）。添加更多方法来删除成员、修改俱乐部名称等也很简单，但这两个方法已经足以表达我们的意图。

下面是使用 Club 类的测试代码。

文件: ValidatingData_ClubExample/Main_Club.py

```python
# Club example main program

from Club import *

# Create a club with at most 5 members
oProgrammingClub = Club('Programming', 5)

oProgrammingClub.addMember('Joe Schmoe')
oProgrammingClub.addMember('Cindy Lou Hoo')
oProgrammingClub.addMember('Dino Richmond')
oProgrammingClub.addMember('Susie Sweetness')
oProgrammingClub.addMember('Fred Farkle')
oProgrammingClub.report()
```

我们创建一个 Programming 俱乐部，它允许的最大成员数是 5，而我们在这个俱乐部中添加了 5 名成员。代码能够正常运行，并报告添加到俱乐部中的成员。

```
OK. Joe Schmoe has been added to the Programming club
OK. Cindy Lou Hoo has been added to the Programming club
OK. Dino Richmond has been added to the Programming club
OK. Susie Sweetness has been added to the Programming club
OK. Fred Farkle has been added to the Programming club
```

现在试着添加第 6 名成员。

```
# Attempt to add additional member
oProgrammingClub.addMember('Iwanna Join')
```

这次添加被拒绝，我们将看到合适的错误消息。

```
Sorry, but we cannot add Iwanna Join to the Programming club.
This club already has the maximum of 5 members.
```

addMember()的代码执行了必要的验证，确保调用它时能够正确添加新成员，或者生成一条错误消息。但是，如果使用直接访问，客户端可以修改 Club 类的性质。例如，客户端可以恶意或者无意间修改最大成员数。

```
oProgrammingClub.maxMembers = 300
```

另外，假设你知道 Club 类用列表来代表成员，也知道代表成员的实例变量的名称。此时，你就可以编写客户端代码，直接在成员列表中添加成员，而不需要调用方法，如下所示。

```
oProgrammingClub.memberList.append('Iwanna Join')
```

这行代码会使成员数超过期望的最大值，因为它绕过了确保添加成员的请求是有效请求的代码。

使用直接访问的客户端代码甚至可能在 Club 对象内导致错误。例如，实例变量 self.maxMembers 应该是一个整数。当使用直接访问时，客户端代码可以将它的值改为一个字符串。之后调用 addMember()就会在第一行代码崩溃，因为这行代码试图将成员列表的长度与最大成员数进行比较，但 Python 不能将整数与字符串进行比较。

允许从对象外部直接访问实例变量是危险的做法，这会绕过为保护对象的数据而设计的安全措施。

8.3.2 严格解释 getter 和 setter

对封装采用严格解释时，客户端代码从不会直接访问实例变量。如果一个类想让客户端软件访问其对象中保存的信息，则标准做法是在类中包含一个 getter 和一个 setter。

getter：	一个方法，用于从对象获取数据，对象是从类实例化的。

setter：	一个方法，用于把数据赋给从类实例化的对象。

设计 getter 与 setter 方法是为了让客户端软件的作者能够获取和设置对象的数据，并不需要他们明确知道类的实现，具体来说，就是不需要他们知道或者使用任何实例变量的名称。代码清单 8-1 中的 Person 类包含一个实例变量 self.salary。在代码清单 8-4 中，为 Person 类添加一个 getter 和一个 setter，使调用者能够获取和设置工资，但不允许直接访问 Person 的 self.salary 实例变量。

代码清单 8-4：包含 getter 和 setter 的 Person 类示例（文件: PersonGettersSettersAnd-DirectAccess/Person.py）

```
class Person():
    def __init__(self, name, salary):
        self.name = name
        self.salary = salary

    # Allow the caller to retrieve the salary
❶   def getSalary(self):
        return self.salary

    # Allow the caller to set a new salary
❷   def setSalary(self, salary):
        self.salary = salary
```

不必在方法的名称中包含 get（❶）和 set（❷）部分，但约定做法是包含它们。通常在这两个单词后面包含对被访问的数据的描述，在本例中使用 Salary。使用访问的实例变量的名称是典型做法，但并不必这么做。

代码清单 8-5 显示了一些测试代码，首先实例化两个 Person 对象，然后使用 getter 和 setter 方法获取与设置他们的工资。

代码清单 8-5：使用 getter 和 setter 方法的示例主代码（文件: PersonGettersSettersAnd-DirectAccess/Main_PersonGetterSetter.py）

```
# Person example main program using getters and setters

from Person import *

❶ oPerson1 = Person('Joe Schmoe', 90000)
  oPerson2 = Person('Jane Smith', 99000)

  # Get the salaries using getter and print
❷ print(oPerson1.getSalary())
  print(oPerson2.getSalary())

  # Change the salaries using setter
❸ oPerson1.setSalary(100000)
  oPerson2.setSalary(111111)

  # Get the salaries and print again
  print(oPerson1.getSalary())
  print(oPerson2.getSalary())
```

首先，从 Person 类创建两个 Person 对象（❶）。然后，使用 getter 与 setter 方法来获取（❷）和修改（❸）Person 对象的工资。

getter 与 setter 为获取和设置对象中的值提供了一种正式的方法。它们添加了一个保护层，只有当类作者想要允许访问实例变量时，才能够访问实例变量。

> 注意　一些 Python 文献使用术语 "访问器"（accessor）表示 getter 方法，使用 "更改器"（mutator）表示 setter 方法。这只不过是相同东西的不同名称而已。这里使用更加通用的术语 getter 和 setter。

8.3.3 安全的直接访问

在某些场景中——当实例变量的含义完全清晰时，当不需要对数据进行验证或只需要进行极少验证时，以及当名称不可能发生变化时，直接访问实例变量看起来是合理的做法。pygame 包中的 Rect（矩形）类是一个好示例。pygame 中的矩形使用 4 个值（x 坐标、y 坐标、宽度和高度）定义，如下所示。

```
oRectangle = pygame.Rect(10, 20, 300, 300)
```

创建了这个矩形对象后，使用 oRectangle.x、oRectangle.y、oRectangle.width 和 oRectangle.height 直接访问实例变量看起来是可以接受的。

8.4 使实例变量更加私密

在 Python 中，所有实例变量都是公有的（即，可被类外部的代码访问）。但是，如果你只想让外部代码访问类的一些实例变量，但不能访问全部实例变量，应该怎么办？一些 OOP 语言允许显式地将特定实例变量标记为 public 或 private，但 Python 没有这类关键字。但是，在 Python 中，开发类的程序员可以通过两种方式指出实例变量和方法应该是私有的。

8.4.1 隐式私有

要将实例变量标记为从不应被外部代码访问，按照约定，我们可以使用一条下画线作为前缀，指定实例变量的名称。

```
self._name
self._socialSecurityNumber
self._dontTouchThis
```

使用这种名称的实例变量是用来代表私有数据的，客户端软件不应该试图直接访问它们。如果访问实例变量，可能代码仍然能够运行，但并不能保证一定能够运行。

对于方法名，存在相同的约定。

```
def _internalMethod(self):

def _dontCallMeFromClientSoftware(self):
```

同样，这只是一种约定，并不会强制执行。如果客户端软件调用名称以下画线开头的方法，Python 将允许这种调用，但这种调用很可能导致意外的错误。

8.4.2 更加显式地私有

Python 确实允许以更加显式的方式指定私有实例变量或方法。为了禁止客户端软件直接访问数据，创建以两条下画线开头的实例变量名。

假设我们创建一个名为 PrivatePerson 的类，它包含一个实例变量 self.__privateData，在对象外部从不应该直接访问该实例变量。

```
# PrivatePerson class

class PrivatePerson():
    def __init__(self, name, privateData):
        self.name = name
      ❶ self.__privateData = privateData

    def getName(self):
        return self.name

    def setName(self, name):
        self.name = name
```

然后，创建一个 PrivatePerson 对象，并传入一些我们想要保持私有的数据（❶）。试图在客户端软件中直接访问__privateData 实例变量，就像下面这样。

```
usersPrivateData = oPrivatePerson.__privateData
```

这会生成一个错误。

```
AttributeError: 'PrivatePerson' object has no attribute '__privateData'
```

类似地，如果创建一个方法，使其名称以两条下画线开头，则客户端软件调用该方法时，将产生错误。

Python 通过执行"名称改写"（name mangling）来提供这种功能。在后台，Python 会修改以两条下画线开头的名称，在其前面加上一条下画线以及类的名称，所以__<name>将变成_<className>__<name>。例如，在 PrivatePerson 类中，Python 将把 self.__privateData 改为 self._PrivatePerson__privateData。因此，如果客户端试图使用名称 oPrivatePerson.__privateData，这会是一个无法识别的名称。

这是一种不易察觉的修改，用来防止直接访问实例变量或方法，但应该知道的是，这并不能绝对保证私有。如果客户端程序员知道这种修改，则仍然可以使用<object>._<className>__<name>（在本例中就是 oPrivatePerson._PrivatePerson__privateData）来访问实例变量。

8.5 装饰器和@属性

在高层面上，装饰器是一个方法，它以另外一个方法作为实参，修改这个方法的工作方式。（装饰器也可以是装饰函数或方法的函数，但这里将重点讨论装饰器方法。）装饰器是一个高级主题，本来不在本书的讨论范围内。但是，有一组内置装饰器在直接访问实例变量和在类中使用 getter 及 setter 之间取得了一种折中。

装饰器是以@符号开头、后跟装饰器名称的一行，放在方法的 def 语句的正上方。这将把装饰器应用到该方法，从而改变后者的行为。

```
@<decorator>
def <someMethod>(self, <parameters>)
```

我们将把两个内置装饰器应用到类中的两个方法，从而实现一个属性。

属性： 类的一个特性，客户端认为它是一个实例变量，但在访问它时，实际上会调用方法。

属性允许类的开发人员利用间接性，就像魔术师使用"障眼法"那样——观众认为他们看到了一个东西，但实际上在后台另外一个东西发挥了作用。当编写类来使用属性装饰器时，开发人员会编写一个 getter 和一个 setter 方法，并为每个方法添加一个独特的装饰器。第 1 个方法是一个 getter，其前面添加了内置的@property 属性装饰器。该方法的名称定义了客户端代码使用的属性的名称。第 2 个方法是一个 setter，其前面添加了@<属性名称>.setter 装饰器。下面是一个简单的示例类。

```
class Example():
    def __init__(self, startingValue):
        self._x = startingValue

    @property
    def x(self):  # this is the decorated getter method
        return self._x

    @x.setter
    def x(self, value):  # this is the decorated setter method
        self._x = value
```

在 Example 类中，x 是属性的名称。在标准的__init__()方法后面，有两个具有相同名称的方法，这个名称就是属性的名称。第 1 个方法是一个 getter，而第 2 个方法是一个 setter。setter 方法是可选的，如果不存在，该属性将是只读属性。

下面给出了使用 Example 类的示例客户端代码。

```
oExample = Example(10)
print(oExample.x)
oExample.x = 20
```

在这段代码中，创建 Example 类的一个实例，调用 print()方法，然后执行一个简单的赋值。从客户端的角度看，这段代码的可读性很高。当我们写 oExample.x 的时候，好像在直接访问实例变量，但当客户端代码访问对象属性的值（属性出现在赋值语句的右侧，或者作为函数或方法调用的实参）时，Python 会调用该对象的 getter 方法。当对象.属性出现在赋值语句的左侧时，Python 会调用 setter 方法。getter 和 setter 方法会影响真正的实例变量 self._x。

下面是一个更加符合现实情况的示例，它有助于更清晰地认识这种行为。代码清单 8-6 显示了一个 Student 类，它包含一个 grade 属性，恰当装饰的 getter 和 setter 方法，以及私有实例变量__grade。

代码清单 8-6：包含属性装饰器的 Student 类（文件: PropertyDecorator/Student.py）

```
# Using a property to (indirectly) access data in an object

class Student():

    def __init__(self, name, startingGrade=0):
        self.__name = name
```

```
        self.grade = startingGrade  ❶

    @property  ❷
    def grade(self):  ❸
        return self.__grade

    @grade.setter  ❹
    def grade(self, newGrade):  ❺
        try:
            newGrade = int(newGrade)
        except (TypeError, ValueError) as e:
            raise type(e)('New grade: ' + str(newGrade) + ', is an invalid type.')
        if (newGrade < 0) or (newGrade > 100):
            raise ValueError('New grade: ' + str(newGrade) + ', must be between 0 and 100.')
        self.__grade = newGrade
```

__init__()方法涉及一点特殊的地方，所以我们先介绍其他方法。注意，有两个方法的名称都是 grade()。在第 1 个 grade()方法的定义的前面，我们添加了@property 装饰器（❷）。这将 grade 这个名称定义为从这个类实例化的任何对象的一个属性。第 1 个方法（❸）是一个 getter，它只返回当前的成绩（保存在私有实例变量 self.__grade 中），但也可以包含其他代码来计算并返回值。

第 2 个 grade()方法的前面有一个@grade.setter 装饰器（❹）。第 2 个方法（❺）以一个新值作为参数，执行一些检查来确保这个值是有效值，然后把新值赋给 self.__grade。

__init__()方法首先将学生的姓名存储到一个实例变量中。下一行（❶）看起来很直观，但其实有点不同寻常。前面看到，我们通常把参数的值保存到实例变量中，所以我们可能会想把这行代码写作以下形式。

```
self.__grade = startingGrade
```

但是，我们没有这么做，而把 startingGrade 直接保存到 grade 属性中。因为 grade 是一个属性，所以 Python 会把这条赋值语句翻译为调用 setter 方法（❺），这么做的优势在于，在把输入值存储到实例变量 self.__grade 之前，能够对输入进行验证。

代码清单 8-7 提供了一些使用 Student 类的测试代码。

代码清单 8-7：创建 Student 对象并访问一个属性的主代码（文件：PropertyDecorator/Main_Property.py）

```
# Main Student property example
❶ oStudent1= Student('Joe Schmoe')
   oStudent2= Student ('Jane Smith')

   # Get the students' grades using the 'grade' property and print
❷ print(oStudent1.grade)
   print(oStudent2.grade)
   print()

   # Set new values using the 'grade' property
❸ oStudent1.grade = 85
   oStudent2.grade = 92

❹ print(oStudent1.grade)
   print(oStudent2.grade)
```

在测试代码中，首先创建了两个 Student 对象（❶），并输出每个对象的 grade（❷）。看起来我们在直接访问每个对象的实例变量，但实际上，因为 grade 是一个属性，Python 会将这些代码转换为对 getter 方法的调用，返回每个对象的私有实例变量 self.__grade 的值。

然后，我们为每个 Student 对象设置新的 grade 值（❸）。看起来我们在直接设置每个对象的实例变量，但实际上，因为 grade 是一个属性，所以 Python 会把这些代码转换为对 setter 方法的调用。该方法先执行验证，然后再赋值。测试代码最后输出 grade 的新值（❹）。

当运行测试代码时，将得到如下输出，这正符合我们的期望。

```
0
0
85
92
```

使用@property 和@<property_name>.setter 装饰器时，能够同时获得直接访问的优点以及 getter 和 setter 方法的优点。客户端软件看起来在直接访问实例变量，但作为编写类的程序员，你使用装饰器装饰的方法能够获取和设置对象拥有的实际实例变量,甚至能够对输入进行验证。这种方法支持封装，因为客户端代码不会直接访问实例变量。

虽然许多专业 Python 开发人员使用这种技术，但这种技术不够清晰，因为当我阅读其他开发人员使用这种技术编写的代码时，不能一眼看出代码是在直接访问实例变量，还是使用了属性，让 Python 来调用被装饰的方法。建议使用标准的 getter 和 setter 方法，并将在本书剩余部分使用它们。

8.6　pygwidgets 类中的封装

本章一开始给出的封装的定义关注两个方面，即隐藏内部细节，以及将所有相关代码放在一个位置。pygwidgets 中的所有类在设计时都考虑了这两点。作为示例，你可以考虑 TextButton 类和 CustomButton 类。

这两个类的方法封装了 GUI 按钮的所有功能。虽然可以访问这些类的源代码，但客户端程序员不需要查看源代码，就能够有效地使用它们。客户端代码也不需要访问这些类的实例变量，因为通过调用它们的方法，就能够获得全部按钮功能。这符合对封装的严格解释：客户端软件只能通过一种方式访问对象的数据，即调用该对象的方法。客户端程序员可以把这些类视为黑盒，因为他们不需要查看类如何完成自己的工作。

注意:	围绕向测试程序员提供要测试的类，但不允许他们查看类的代码这种思想，出现了一个黑盒测试行业。测试程序员只能获得接口的文档，并根据文档编写代码，在多种不同的情况下测试所有接口，确保所有方法的工作方式符合文档的描述。这组测试不仅确保代码和文档一致，而且当类中添加或者修改了代码的时候，还能够用来确保代码修改没有破坏任何东西。

8.7　一个真实的故事

多年前，我曾参与设计并开发一个大型教育项目，这个项目使用了面向对象的 Lingo 语言，在 Macromedia（后来的 Adobe）的 Director 环境内开发。通过使用 XTRA，你可以扩展 Director，为其增添功能，就像你可以为浏览器添加插件一样。许多第三方供应商开发并销售 XTRA。在设计项目时，我们计划将导航信息和其他与课程相关的信息存储到一个数据库中。我调查了不同的数据库 XTRA，并购买了其中一个 XTRA，这里称它为 XTRA1。

每个 XTRA 都提供了其 API 的文档，解释如何使用结构化查询语言（Structured Query Language，SQL）查询数据库。我决定创建一个 Database 类，在其中包含使用 XTRA1 的 API 访问数据库的全部功能。于是，与 XTRA 直接通信的所有代码都包含在 Database 类中。图 8-1 显示了整体架构。

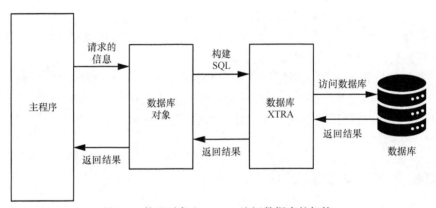

图 8-1　使用对象和 XTRA 访问数据库的架构

当程序启动时，会创建 Database 类的一个实例。主代码是 Database 对象的客户端。每当主代码想要获取数据库中的信息时，不会自己创建 SQL 查询，而会调用 Database 对象的一个方法，为其提供自己想要获得的信息的细节。Database 对象中的方法将每个请求转换为对 XTRA1 的 SQL 查询，以便从数据库中获取数据。于是，只有 Database 对象中的代码知道如何使用 XTRA 的 API 访问 XTRA。

我们的程序能够很好地工作，客户很喜欢使用这个产品。但是，时不时地，从数据库取回的数据会存在错误。我联系了 XTRA1 的开发商，为他们提供了许多很容易重现的问题示例。遗憾的是，他们从来没有解决这些问题。

由于收不到回应，因此我们最终决定购买另外一个数据库 XTRA 来达到相同的目的，这里称其为 XTRA2。XTRA2 的工作方式类似，但在如何初始化方面存在一些细微的区别，并且需要我们对构建 SQL 查询的方式做一点小修改。

因为 Database 类封装了与 XTRA 通信的全部细节，所以只修改 Database，我们就能够使用 XTRA2。我们没有修改主程序（客户端代码）中的任何一行代码。

在这里，我既是 Database 类的开发者，又是客户端软件的开发者。如果客户端代码使用了类的实例变量的名称，则我需要在程序中找到每一行相关的代码进行修改。通过使用类进行封装，避免了花费大量时间修改和测试代码。

这个故事还没有结束。尽管 XTRA2 能够很好地工作，但开发 XTRA2 的公司后来停业了，所以我又一次重复了相同的过程。同样，由于封装，我只需要修改 Database 类的代码，就能够使用 XTRA3。

8.8 抽象

抽象是另外一个与封装密切相关的 OOP 概念，许多开发人员认为它是 OOP 的第 4 个特性。

封装与实现有关，即隐藏组成类的代码和数据的细节，但抽象则指的是客户端如何看待类，也就是类的外部对类的感知。

> 抽象： 通过隐藏不必要的细节处理复杂性。

本质上，抽象是一种提醒，告诉我们应该确保在用户眼中系统尽可能简单。

在消费品中，到处可以看到抽象。许多人每天会使用电视机、计算机、微波炉、汽车等。我们经常使用这些产品提供的用户接口。控制器就是它们提供的功能的抽象。在汽车中，踩下油门，汽车就会前进。对于微波炉，设置一个时间，然后按"启动"键来加热食物。但是，消费者很少有人真的知道这些产品的内部工作方式。

下面是计算机科学界使用的抽象的一个示例。在编程中，"栈"是一种以后进先出（Last In, First Out，LIFO）顺序记忆数据的机制。可以想象一叠盘子，把干净的盘子放到最上面，每当用户需要盘子的时候，就从最上面取一个盘子。栈有两个标准操作，入栈（push）在栈顶添加项，出栈（pop）从栈顶移除项。

当程序需要进行导航的时候，栈特别有用，因为它可以用来留下一个面包屑路径，从而能够原路返回去。编程语言就通过这种方式跟踪代码中的函数和方法调用：调用一个函数或方法时，将把返回点压入栈中，当该函数或方法返回时，就通过从栈顶弹出最新的信息确定要返回的位置。通过这种方式，代码可以进行任意多层调用，并始终能够正确地返回。

作为一个抽象的示例，假设客户端程序需要使用栈的功能，这个栈应该很容易创建，并且提供了压入和弹出信息的能力。如果把栈写成一个类，则客户端将像下面这样创建一个栈。

```
oStack = Stack()
```

客户端通过像下面这样调用 push() 方法添加信息。

```
oStack.push(<someData>)
```

并通过像下面这样调用 pop() 方法获取最新数据。

```
<someVariable> = oStack.pop()
```

客户端不需要知道也不关心这些方法是如何实现的，或者数据是如何存储的。Stack 的实现将完全由 Stack 的方法处理。

客户端代码可以把 Stack 类视为一个黑盒，不过在 Python 中编写这样一个类其实相当简单。代码清单 8-8 显示了如何实现一个 Stack 类。

代码清单 8-8：将栈实现为一个 Python 类（文件: Stack/Stack.py）

```
# Stack class

class Stack():
    ''' Stack class implements a last in first out LIFO algorithm'''
    def __init__(self, startingStackAsList=None):
        if startingStackAsList is None:
❶           self.dataList = [ ]
        else:
            self.dataList = startingStackAsList[:] # make a copy

❷   def push(self, item):
        self.dataList.append(item)

❸   def pop(self):
        if len(self.dataList) == 0:
            raise IndexError
        element = self.dataList.pop()
        return element

❹   def peek(self):
        # Retrieve the top item, without removing it
        item = self.dataList[-1]
        return item

❺   def getSize(self):
        nElements = len(self.dataList)
        return nElements

❻   def show(self):
        # Show the stack in a vertical orientation
        print('Stack is:')
        for value in reversed(self.dataList):
            print('   ', value)
```

Stack 类使用一个列表实例变量 self.dataList 来跟踪所有数据（❶）。客户端并不需要知道以下细节，不过 push()（❷）会使用 Python 的 append()操作把数据添加到内部列表中，而 pop()（❸）则从内部列表中弹出最后一个元素。因为实现起来很简单，所以这里的 Stack 类还实现了另外 3 个方法。

- peek()（❹）：允许调用者获取栈顶的数据，但不会从栈中移除该数据。
- getSize()（❺）：返回栈中的数据项的个数。
- show()（❻）：以客户端看待栈的方式输出栈的内容——数据垂直显示，顶部是最新的数据。在调试多次调用 push()和 pop()的客户端代码时，这个方法可能很有用。

这是一个很简单的示例，但是随着你写类的经验越来越丰富，你的类通常也会变得更加复杂。在这个过程中，你可能会发现一些方法有更整洁、更高效的写法，并且可能会重写它们。因为对象提供了封装和抽象能力，所以作为类的作者，你可以自由修改类的代码和数据，只要对外发布的接口没有改变就没有问题。对方法实现做的修改应该对客户端软件没有负面影响，你应该能够改进方法的实现，而不影响客户端代码。事实上，如果你发现能够让代码更加高效，并发布一个新的版本，那么客户端代码并没有修改，但看起来运行速度更快了。

属性是抽象的绝佳示例。前面看到，当使用属性时，客户端程序员能够采用一种清晰表达他们的意图（获取和设置对象中的值）的语法。真正调用的方法的实现方式可能十分复杂，但客户端看不到这一点。

8.9 小结

封装是面向对象编程的第 1 个重要特性，允许类对客户端代码隐藏自己的实现和数据，并确保类在一个位置提供客户端需要的全部功能。

OOP 的一个关键概念是对象拥有自己的数据。由于这个原因，如果你想让客户端访问某个实例变量中保存的数据，建议你提供 getter 和 setter 方法。Python 确实允许使用点语法直接访问实例变量，但强烈建议你不要使用这种语法，原因在本章中已经解释过。

关于将实例变量和方法标记为私有，存在一些约定：根据你需要的私有化程度，可以使用一个或两个下画线作为前缀。经过权衡，Python 还允许使用@property 装饰器。使用该装饰器时，看起来客户端代码在直接访问实例变量，但在后台 Python 将这种引用转换为对类中装饰的 getter 和 setter 方法的调用。

pygwidgets 包提供了许多封装的好示例。作为客户端程序员，你看不到类的内部实现，而只能使用该类提供的接口。作为类的设计者，抽象——通过隐藏细节处理复杂性——使你能够从客户端的角度考虑类的接口，从而设计出好的接口。不过，在 Python 中，很多时候是能够获得源代码的，所以如果愿意，你可以查看类的实现。

第 9 章 多态性

本章介绍 OOP 的第 2 个特性——多态性（polymorphism）。这个词的英文组成部分来自希腊语：前缀 poly 代表"许多"，morphism 代表"形状""形式"或"结构"。

因此，polymorphism（多态性）的意思实际上就是 many forms（许多形式）。不要联想到《星际迷航》中的那种能够变形的外星人。事实上，OOP 中的多态性恰恰相反，不是一个东西具有许多形状，而是多个类具有名称完全相同的方法。这最终为我们提供了一种高度直观的方式来操作对象集合，这与每个对象来自哪个类没有关系。

当提到客户端代码调用一个对象的方法时，OOP 程序员常常使用"发送一条消息"这种表达。对象收到消息后应该做什么，取决于该对象。利用多态性，我们可以把相同的消息发送给多个对象，每个对象将根据自己的设计目的和可用的数据做出不同的反应。

本章将讨论如何使用多态性构建易于扩展的、可预测的类包。我们还将为运算符使用多态性，使相同的运算符能够根据其操作的数据类型执行不同的操作。最后，本章将展示如何使用 print() 函数，从对象那里获得有价值的调试信息。

9.1 向现实世界的对象发送消息

我们看看现实世界的多态性，以汽车为例。所有汽车都有油门。当驾驶员踩下油门时，就在向汽车发送一个"加速"消息。他们驾驶的汽车可能有内燃机或者电动机，或者采用混合动力。对于在收到加速消息时应该发生什么，每种类型的汽车有自己的实现，从而有不同的行为。

多态性使得采用新技术变得更加容易。即使有人开发出核动力汽车，汽车的用户接口仍然会是相同的，驾驶人仍然会踩下油门来发送相同的消息，只不过会有一种不同的机制让核动力汽车行驶得更快。

作为另外一个现实世界的示例，假设你走进一个房间，其中有一排灯光开关，控制着许多不同的灯光。其中一些灯泡是老式的白炽灯，一些是荧光灯，一些是新式的 LED。打开所有开关时，会向所有灯泡发送一个"打开"消息。让白炽灯、荧光灯和 LED 发光的底层机制有很大区别，但它们都实现了用户的目标。

9.2 编程中应用多态性的经典示例

在 OOP 中，多态性的目的是让客户端代码能够调用不同对象中名称完全相同的方法，每个对象会执行必要的操作来实现该方法在这个对象中的含义。

多态性的经典示例是用代码来代表不同类型的宠物。假设你有狗、猫和鸟的集合，每个对象都理解一些基本的命令。如果你让这些宠物说话（即向它们发送"speak"消息），狗将会说"bark"（汪汪叫），猫将会说"meow"（喵喵叫），鸟将会说"tweet"（叽叽喳喳）。代码清单 9-1 显示了如何在代码中实现这种行为。

代码清单 9-1：向从不同类实例化的对象发送"speak"消息（文件：PetsPolymorphism.py）

```
# Pets polymorphism
# Three classes, all with a different "speak" method

class Dog():
    def __init__(self, name):
        self.name = name

❶   def speak(self):
        print(self.name, 'says bark, bark, bark!')

class Cat():
    def __init__(self, name):
        self.name = name

❷   def speak(self):
        print(self.name, 'says meeeooooow')

class Bird():
    def __init__(self, name):
        self.name = name

❸   def speak(self):
        print(self.name, 'says tweet')

oDog1 = Dog('Rover')
oDog2 = Dog('Fido')
oCat1 = Cat('Fluffy')
oCat2 = Cat('Spike')
oBird = Bird('Big Bird')

❹ petsList = [oDog1, oDog2, oCat1, oCat2, oBird]

# Send the same message (call the same method) of all pets
for oPet in petsList:
❺   oPet.speak()
```

每个类有一个 speak() 方法，但每个方法的内容是不同的（❶❷❸）。每个类在自己的方法中执行自己需要的操作；方法具有相同的名称和不同的实现。

为了方便处理，我们将所有宠物对象添加到一个列表中（❹）。为了使这些对象说话，我们遍历全部对象，通过调用每个对象中名称完全相同的方法（❺），向这些对象发送相同的消息，并不关心对象的类型是什么。

9.3 使用 pygame 形状的示例

接下来，我们使用 pygame 来演示多态性。第 5 章中，我们使用 pygame 来绘制基本形状，如矩形、圆形、多边形、椭圆形和线条。这里将构建一个演示程序，在窗口中随机创建和绘制不同的形状。之后，用户可以单击任意形状，程序将报告该形状的类型和面积。因为形状是随机创建的，所以每一次运行程序时，形状的大小、位置和格式都会不同。图 9-1 显示了演示程序的示例输出。

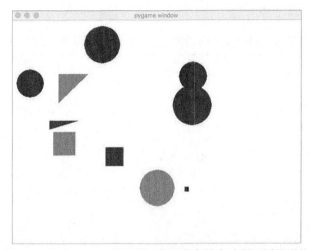

图 9-1　基于 pygame 的示例，使用多态性来绘制不同的形状

我们将实现这个程序，为 3 种不同的形状分别创建类 Square、Circle 和 Triangle。这里要重点注意的是，这 3 个形状类包含执行相同任务并且名称相同的方法——__init__()、draw()、getType()、getArea() 和 clickedInside()。但是，每个方法的实现是不同的，因为它们处理的是不同的形状。

9.3.1 Square 类

首先，查看最简单的形状。代码清单 9-2 显示了 Square 类的代码。

代码清单 9-2：Square 类（文件：Shapes/Square.py）

```
# Square class

import pygame
import random

# Set up the colors
RED = (255, 0, 0)
GREEN = (0, 255, 0)
BLUE = (0, 0, 255)

class Square():
```

```
❶ def __init__(self, window, maxWidth, maxHeight):
      self.window = window
      self.widthAndHeight = random.randrange(10, 100)
      self.color = random.choice((RED, GREEN, BLUE))
      self.x = random.randrange(1, maxWidth - 100)
      self.y = random.randrange(25, maxHeight - 100)
      self.rect = pygame.Rect(self.x, self.y, self.widthAndHeight,
                              self.widthAndHeight)
      self.shapeType = 'Square'

❷ def clickedInside(self, mousePoint):
      clicked = self.rect.collidepoint(mousePoint)
      return clicked

❸ def getType(self):
      return self.shapeType

❹ def getArea(self):
      theArea = self.widthAndHeight * self.widthAndHeight
      return theArea

❺ def draw(self):
      pygame.draw.rect(self.window, self.color,
                       (self.x, self.y, self.widthAndHeight,
                        self.widthAndHeight))
```

在 __init__() 方法（❶）中，我们设置了一些实例变量，以便在类的方法中能够使用它们。这能够让方法的代码非常简单。因为 __init__() 方法保存 Square 的矩形，所以 clickedInside() 方法（❷）只检查鼠标单击位置是否在该矩形内，并根据检查结果返回 True 或 False。

getType() 方法（❸）只返回信息，说明单击的形状是正方形。getArea() 方法（❹）将宽度乘以高度，然后返回得到的面积。draw() 方法（❺）使用 pygame 的 draw.rect() 以随机选择的颜色绘制形状。

9.3.2 Circle 类和 Triangle 类

接下来，查看 Circle 类和 Triangle 类的代码。重点要注意的是，这些类具有 Square 类同名的方法，但方法中的代码（特别是 clickedInside() 和 getArea()）有很大区别。代码清单 9-3 显示了 Circle 类。代码清单 9-4 显示了 Triangle 类，它创建随机大小的直角三角形，它的直角在左上角，两条直角边分别与 x 轴和 y 轴平行。

代码清单 9-3：Circle 类（文件: Shapes/Circle.py）

```
# Circle class

import pygame
import random
import math

# Set up the colors
RED = (255, 0, 0)
GREEN = (0, 255, 0)
BLUE = (0, 0, 255)

class Circle():
```

```
    def __init__(self, window, maxWidth, maxHeight):
        self.window = window

        self.color = random.choice((RED, GREEN, BLUE))
        self.x = random.randrange(1, maxWidth - 100)
        self.y = random.randrange(25, maxHeight - 100)
        self.radius = random.randrange(10, 50)
        self.centerX = self.x + self.radius
        self.centerY = self.y + self.radius
        self.rect = pygame.Rect(self.x, self.y,
                                self.radius * 2, self.radius * 2)
        self.shapeType = 'Circle'

❶   def clickedInside(self, mousePoint):
        distance = math.sqrt(((mousePoint[0] - self.centerX) ** 2) +
                             ((mousePoint[1] - self.centerY) ** 2))
        if distance <= self.radius:
            return True
        else:
            return False

❷ def getArea(self):
        theArea = math.pi * (self.radius ** 2) squared
        return theArea

    def getType(self):
        return self.shapeType

❸ def draw(self):
        pygame.draw.circle(self.window, self.color,
                           (self.centerX, self.centerY),
                           self.radius, 0)
```

代码清单9-4：Triangle 类（文件: Shapes/Triangle.py）

```
# Triangle class

import pygame
import random

# Set up the colors
RED = (255, 0, 0)
GREEN = (0, 255, 0)
BLUE = (0, 0, 255)

class Triangle():

    def __init__(self, window, maxWidth, maxHeight):
        self.window = window
        self.width = random.randrange(10, 100)
        self.height = random.randrange(10, 100)
        self.triangleSlope = -1 * (self.height / self.width)

        self.color = random.choice((RED, GREEN, BLUE))
        self.x = random.randrange(1, maxWidth - 100)
        self.y = random.randrange(25, maxHeight - 100)
        self.rect = pygame.Rect(self.x, self.y,
                                self.width, self.height)
        self.shapeType = 'Triangle'
```

```
❹   def clickedInside(self, mousePoint):
        inRect = self.rect.collidepoint(mousePoint)
        if not inRect:
            return False

        # Do some math to see if the point is inside the triangle
        xOffset = mousePoint[0] - self.x
        yOffset = mousePoint[1] - self.y
        if xOffset == 0:
            return True

        # Calculate the slope (rise over run)
        pointSlopeFromYIntercept = (yOffset - self.height) / xOffset
        if pointSlopeFromYIntercept < self.triangleSlope:
            return True
        else:
            return False

    def getType(self):
        return self.shapeType

❺   def getArea(self):
        theArea = .5 * self.width * self.height
        return theArea
❻   def draw(self):
        pygame.draw.polygon(self.window, self.color,
                            ((self.x, self.y + self.height),
                             (self.x, self.y),
                             (self.x + self.width, self.y)))
```

为了理解多态性在这里如何起作用，我们看看每个形状的 clickedInside()方法的代码。Square 类的 clickedInside()方法十分简单：检查鼠标单击是否发生在 Square 的矩形内。Circle 类和 Triangle 类的 clickedInside()方法的计算细节并不是特别重要，不过它们明显执行不同的计算。只有当用户单击了形状内的彩色像素点时，Circle 类的 clickedInside()方法（❶）才报告一次单击。也就是说，它检测圆形的边界矩形内的单击，但单击位置也必须在圆形的半径内，这样才能报告出来。Triangle 类的 clickedInside()方法（❹）必须判断用户是否单击了矩形的彩色三角内的像素。3 个类中的 clickedInside()方法都以鼠标单击作为参数，并返回 True 或 False 作为结果。

这些类的 getArea()方法（❷❺）和 draw()方法（❸❻）与 Square 类中的方法同名，但在内部执行不同的工作。它们使用不同的计算公式来计算面积，并绘制不同的形状。

9.3.3　创建形状的主程序

代码清单 9-5 显示了主程序的源代码，它创建一个随机选择的形状对象的列表。

代码清单 9-5：使用 3 个类创建随机形状的主程序（文件：Shapes/Main_ShapesExample.py）

```
import pygame
import sys
from pygame.locals import *
from Square import *
from Circle import *
from Triangle import *
import pygwidgets
```

```
# Set up the constants
WHITE = (255, 255, 255)
WINDOW_WIDTH = 640
WINDOW_HEIGHT = 480
FRAMES_PER_SECOND = 30
N_SHAPES = 10

# Set up the window
pygame.init()
window = pygame.display.set_mode((WINDOW_WIDTH, WINDOW_HEIGHT), 0, 32)
clock = pygame.time.Clock()

shapesList = []
shapeClassesTuple = (Square, Circle, Triangle)
 for i in range(0, N_SHAPES):  ❶
    randomlyChosenClass = random.choice(shapeClassesTuple)
    oShape = randomlyChosenClass(window, WINDOW_WIDTH, WINDOW_HEIGHT)
    shapesList.append(oShape)

oStatusLine = pygwidgets.DisplayText(window, (4,4),
                                    'Click on shapes', fontSize=28)

# Main loop
while True:
    for event in pygame.event.get():
        if event.type == QUIT:
            pygame.quit()
            sys.exit()

        if event.type == MOUSEBUTTONDOWN:  ❷
            # Reverse order to check last drawn shape first
            for oShape in reversed(shapesList):  ❸
                if oShape.clickedInside(event.pos):  ❹
                    area = oShape.getArea()  ❺
                    area = str(area)
                    theType = oShape.getType()
                    newText = 'Clicked on a ' + theType + ' whose area is' + area
                    oStatusLine.setValue(newText)
                    break  # only deal with topmost shape

    # Tell each shape to draw itself
    window.fill(WHITE)
    for oShape in shapesList:
        oShape.draw()
    oStatusLine.draw()

    pygame.display.update()
    clock.tick(FRAMES_PER_SECOND)
```

如第 4 章所示，每当我们需要管理大量对象的时候，通常采用的方法是创建一个对象列表。因此，在主循环开始前，程序首先构建一个形状列表（❶），从圆形、正方形和三角形中随机选择形状，创建该形状的一个对象，然后把对象添加到列表中。通过使用这种方法，我们可以迭代列表，对列表中的每个对象调用同名的方法。

在主循环内，程序检查当用户单击鼠标时发生的鼠标按下事件（❷）。每当检测到该事件时，代码就会遍历 shapesList（❸），并调用每个形状的 clickedInside()（❹）方法。多态性决定了从哪个类实例化该对象并不重要。同样，这里的关键是，对于不同的类，clickedInside()方法的实现可以不同。

当任意 clickedInside()方法返回 True（❺）的时候，我们调用该对象的 getArea()方法，然后调用 getType()方法，并不关心单击的是什么类型的对象。

下面是在单击几个不同的形状后得到的输出。

```
Clicked on a Circle whose area is 5026.544
Clicked on a Square whose area is 1600
Clicked on a Triangle whose area is 1982.5
Clicked on a Square whose area is 1600
Clicked on a Square whose area is 100
Clicked on a Triangle whose area is 576.0
Clicked on a Circle whose area is 3019.06799
```

9.3.4　扩展模式

在创建类的时候，使用公共的名称作为方法的名称，就创建了一种一致的模式，使我们能够轻松地扩展程序。例如，要在程序中包含椭圆形，我们可以创建一个 Ellipse 类，使其实现 getArea()、clickedInside()、draw()和 getType()方法（对于椭圆形来说，clickedInside()方法内执行数学计算的代码可能更加复杂）。

编写了 Ellipse 类的代码后，只需要修改设置代码，将 Ellipse 添加到待选择的形状类的元组中。主循环中检查单击、计算形状面积等的代码完全不需要修改。

这个示例演示了多态性的两个重要特性。
- 多态性将前面讨论的抽象的概念扩展到了类的集合。如果多个类为它们的方法提供了相同的接口，则客户端程序员可以忽略这些方法在不同类中的实现。
- 多态性能够让客户端编程更加简单。如果客户端程序员已经熟悉了一个或多个类提供的接口，调用另外一个多态类的方法就很简单，只需要遵循相同的模式即可。

9.4　pygwidgets 表现出多态性

pygwidgets 中的所有的类都使用多态性，它们都实现了两个公共的方法。第 1 个是第 6 章第一次使用的 handleEvent()方法，它以一个事件对象作为参数。每个类必须在这个方法中包含自己的代码，以处理 pygame 可能生成的任何事件。在主循环每次迭代时，客户端程序需要为从 pygwidgets 实例化的每个对象的每个实例调用 handleEvent()方法。

第 2 个是 draw()方法，它在窗口中绘制图片。下面显示了一个使用 pygwidgets 的程序中典型的绘制部分。

```
inputTextA.draw()
inputTextB.draw()
displayTextA.draw()
displayTextB.draw()
restartButton.draw()
checkBoxA.draw()
checkBoxB.draw()
radioCustom1.draw()
radioCustom2.draw()
```

```
radioCustom3.draw()
checkBoxC.draw()
radioDefault1.draw()
radioDefault2.draw()
radioDefault3.draw()
statusButton.draw()
```

从客户端的角度看，每行代码只调用了 draw()方法，并没有传入任何东西。从内部的角度看，实现每个 draw()方法的代码有很大的区别。例如，TextButton 类的 draw()方法与 InputText 类的 draw()方法完全不同。

另外，所有管理值的小部件都包含一个 setValue()方法，可能还包含一个 getValue()方法。例如，为了获取用户输入到 InputText 小部件中的文本，你可以调用 getValue() getter 方法。单选按钮和复选框小部件也有一个 getValue()方法，该方法可以获取它们的当前值。要将新文本添加到 DisplayText 小部件中，你可以调用 setValue() setter 方法，向其传入新的文本。调用单选按钮和复选框小部件的 setValue()方法可以设置它们的值。

多态性使客户端程序员能够更加轻松地处理类的集合。当客户端发现一个模式时，例如，使用名为 handleEvent()和 draw()的方法，就很容易预测如何使用相同集合中的新类。

在撰写本书时，pygwidgets 包还没有提供一个横向或者纵向的 Slider 小部件，用来允许用户轻松地选择一个范围内的数字。如果让我添加这种小部件，会让它包含 4 个方法：handleEvent()方法，用来处理所有用户交互；getValue()和 setValue()方法，用于获取和设置 Slider 的当前值；draw()方法，用于绘图。

9.5 运算符的多态性

Python 的运算符也具有多态性。考虑下面使用+运算符的示例。

```
value1 = 4
value2 = 5
result = value1 + value2
print(result)
```

这会输出以下结果。

```
9
```

这里+运算符的意思显然是数学意义上的"相加"，因为两个变量都包含整数值。但是，考虑下面这个示例。

```
value1 = 'Joe'
value2 = 'Schmoe'
result = value1 + value2
print(result)
```

它的输出结果如下。

```
JoeSchmoe
```

result = value1 + value2 这行代码与第 1 个示例完全相同，但在这里执行了完全不同的操作。

对于字符串值，+运算符执行字符串连接操作。虽然使用了相同的运算符，但执行了不同的操作。

这种让一个运算符具有多个含义的技术常称为"运算符重载"。对于一些类，重载运算符的能力添加了很有用的特性，大大提高了客户端代码的可读性。

9.5.1 魔术方法

一些方法名采用了前后有两条下画线并且中间有名称的特殊形式，Python 将这种形式的方法名称保留下来，用于特殊目的。

__<someName>__()

这些方法的官方名称是"特殊方法"，但 Python 程序员常常把它们称为"魔术方法"。Python 中已经定义了许多这样的方法，例如，当从类实例化一个对象时调用的__init__()方法，但这种形式的其他所有名称均可用于将来的扩展。它们称为"魔术"方法，是因为在检测到运算符、特殊函数调用或其他某种特殊场景的时候，Python 会在后台调用它们。它们不应被客户端代码直接调用。

> **注意：** 魔术方法的名称很难发音，例如，__init__()读作 "underscore underscore init underscore underscore"，所以 Python 程序员常常将这些方法读作 dunder 方法（dunder 是 double underscore 的缩写）。因此，__init__()被读作 "dunder init"。

继续前面的示例，我们看看+运算符。内置数据类型（整型、浮点型、字符串、布尔值等）在 Python 中实际上被实现为类。通过使用内置的 isinstance()函数进行测试可以确认这一点，该函数以一个对象和一个类作为参数。如果对象是从该类实例化的，就返回 True；否则，返回 False。下面这两行代码都将返回 True。

```
print(isinstance(123, int))
print(isinstance('some string', str))
```

内置数据类型的类包含一组魔术方法，包括用于基本数学运算的方法。当 Python 发现+运算符用于整数时，会调用内置的整数类中名为__add__()的魔术方法来执行整数加法。当 Python 发现+运算符用于字符串时，会调用字符串类的__add__()方法来执行字符串连接。

这种机制得到了拓展，当 Python 发现+用于从你的类实例化的对象时，如果你的类中定义了__add__()方法，Python 就会调用该方法。因此，作为类的开发人员，你可以编写代码来为这个运算符赋予新的意义。

每个运算符映射到一个魔术方法名称。魔术方法有许多类型，我们先介绍与比较运算符相关的魔术方法。

9.5.2 比较运算符的魔术方法

考虑代码清单 9-2 中的 Square 类。你想让客户端软件能够比较两个 Square 对象是否相等。在比较对象时如何判断两个对象是否相等？这由你决定。例如，你可能将相等性定义为两个对象有相同的颜色，位于在相同的位置，具有相同的大小。作为一个简单的示例，如果两个 Square

对象的边长相等，我们就认为它们相等。通过比较两个对象的 self.heightAndWidth 实例变量并返回一个布尔值，很容易实现这种比较。你可以编写自己的 equals() 方法，客户端软件会像下面这样调用它。

```
if oSquare1.equals(oSquare2):
```

这种代码能够运行。但是，让客户端软件使用标准的==比较运算符是更加自然的做法。

```
if oSquare1 == oSquare2:
```

对于这种代码，Python 将把==运算符翻译为调用第 1 个对象的魔术方法。在这里，Python 将试图调用 Square 类中名为 __eq__() 的魔术方法。表 9-1 显示了所有比较运算符的符号、意义和魔术方法。

表 9-1　比较运算符的符号、意义和魔术方法

符号	意义	魔术方法
==	等于	__eq__()
!=	不等于	__ne__()
<	小于	__lt__()
>	大于	__gt__()
<=	小于或等于	__le__()
>=	大于或等于	__ge__()

为了使==比较运算符能够判断两个 Square 对象的相等性，在 Square 类中编写如下方法。

```
def __eq__(self, oOtherSquare):
    if not isinstance(oOtherSquare, Square):
        raise TypeError('Second object was not a Square')
    if self.heightAndWidth == oOtherSquare.heightAndWidth:
        return True # match
    else:
        return False # not a match
```

当 Python 检测到==比较并且第 1 个对象是 Square 的时候，会调用 Square 类中定义的这个方法。因为 Python 是一种宽松类型的语言（它不要求定义变量类型），所以第 2 个参数可以是任何数据类型。但是，为了能够正确进行比较，第 2 个参数也必须是一个 Square 对象。我们使用 isinstance() 函数执行比较，它不仅能够用于内置的类，还能够用于程序员定义的类。如果第 2 个对象不是 Square，就引发异常。

然后，我们将当前对象（self）的 heightAndWidth 与第 2 个对象（oOtherSquare）的 heightAndWidth 进行比较。在这种情况下，直接访问两个对象的实例变量是完全可以接受的，因为两个对象是相同的类型，所以一定包含相同的实例变量。

9.5.3　包含魔术方法的 Rectangle 类

为了进行拓展，我们将创建一个程序，让它使用 Rectangle 类来绘制许多矩形。用户能够单

击任意两个矩形，程序将报告这两个矩形的面积的比较结果（它们具有相同的面积，第 1 个矩形的面积比第 2 个矩形的大或者比第 2 个矩形的小）。我们将使用==、<和>运算符进行比较，每次比较的结果将是布尔值 True 或 False。代码清单 9-6 包含 Rectangle 类的代码，它为这些运算符实现了魔术方法。

代码清单 9-6：Rectangle 类（文件: MagicMethods/Rectangle/Rectangle.py）

```python
# Rectangle class

import pygame
import random

# Set up the colors
RED = (255, 0, 0)
GREEN = (0, 255, 0)
BLUE = (0, 0, 255)

class Rectangle():

    def __init__(self, window):
        self.window = window
        self.width = random.choice((20, 30, 40))
        self.height = random.choice((20, 30, 40))
        self.color = random.choice((RED, GREEN, BLUE))
        self.x = random.randrange(0, 400)
        self.y = random.randrange(0, 400)
        self.rect = pygame.Rect(self.x, self.y, self.width, self.height)
        self.area = self.width * self.height

    def clickedInside(self, mousePoint):
        clicked = self.rect.collidepoint(mousePoint)
        return clicked

    # Magic method called when you compare
    # two Rectangle objects with the == operator
    def __eq__ (self, oOtherRectangle):  ❶
        if not isinstance(oOtherRectangle, Rectangle):
            raise TypeError('Second object was not a Rectangle')
        if self.area == oOtherRectangle.area:
            return True
        else:
            return False

    # Magic method called when you compare
    # two Rectangle objects with the < operator
    def __lt__(self, oOtherRectangle):  ❷
        if not isinstance(oOtherRectangle, Rectangle):
            raise TypeError('Second object was not a Rectangle')
        if self.area < oOtherRectangle.area:
            return True
        else:
            return False

    # Magic method called when you compare
    # two Rectangle objects with the > operator
    def __gt__(self, oOtherRectangle):  ❸
        if not isinstance(oOtherRectangle, Rectangle):
            raise TypeError('Second object was not a Rectangle')
        if self.area > oOtherRectangle.area:
```

```
            return True
        else:
            return False

    def getArea(self):
        return self.area

    def draw(self):
        pygame.draw.rect(self.window, self.color, (self.x, self.y, self.width, self.height))
```

方法__eq__()（❶）、__lt__()（❷）和__gt__()（❸）允许客户端代码在 Rectangle 对象之间使用标准的比较运算符。为了比较两个矩形的相等性，编写如下代码。

```
if oRectangle1 == oRectangle2:
```

当运行这行代码时，将调用第 1 个对象的__eq__()方法，传入第 2 个对象作为该方法的第 2 个参数。该方法将根据比较结果返回 True 或 False。类似地，要进行小于比较，你可以编写如下代码。

```
if oRectangle1 < oRectangle2:
```

__lt__()方法检查第 1 个矩形的面积是否比第 2 个矩形的小。如果客户端代码使用>运算符来比较两个矩形，则将调用__gt__()方法。

9.5.4 使用魔术方法的主程序

代码清单 9-7 显示了测试魔术方法的主程序的代码。

代码清单 9-7：绘制 Rectangle 对象并比较它们的主程序（文件：MagicMethods/Rectangle/Main_RectangleExample.py）

```
import pygame
import sys
from pygame.locals import *
from Rectangle import *

# Set up the constants
WHITE = (255, 255, 255)
WINDOW_WIDTH = 640
WINDOW_HEIGHT = 480
FRAMES_PER_SECOND = 30
N_RECTANGLES = 10
FIRST_RECTANGLE = 'first'
SECOND_RECTANGLE = 'second'

# Set up the window
pygame.init()
window = pygame.display.set_mode((WINDOW_WIDTH, WINDOW_HEIGHT), 0, 32)
clock = pygame.time.Clock()

rectanglesList = []
for i in range(0, N_RECTANGLES):
    oRectangle = Rectangle(window)
    rectanglesList.append(oRectangle)

whichRectangle = FIRST_RECTANGLE
```

```
# Main loop
while True:
    for event in pygame.event.get():
        if event.type == QUIT:
            pygame.quit()
            sys.exit()

        if event.type == MOUSEBUTTONDOWN:
            for oRectangle in rectanglesList:
                if oRectangle.clickedInside(event.pos):
                    print('Clicked on', whichRectangle, 'rectangle.')

                    if whichRectangle == FIRST_RECTANGLE:
                        oFirstRectangle = oRectangle  ❶
                        whichRectangle = SECOND_RECTANGLE

                    elif whichRectangle == SECOND_RECTANGLE:
                        oSecondRectangle2 = oRectangle  ❷
                        # User has chosen 2 rectangles, let's compare
                        if oFirstRectangle == oSecondRectangle:  ❸
                            print('Rectangles are the same size.')
                        elif oFirstRectangle < oSecondRectangle:  ❹
                            print('First rectangle is smaller than second rectangle.')
                        else:  # must be larger  ❺
                            print('First rectangle is larger than second rectangle.')
                        whichRectangle = FIRST_RECTANGLE

    # Clear the window and draw all rectangles
    window.fill(WHITE)
    for oRectangle in rectanglesList:  ❻
        oRectangle.draw()

    pygame.display.update()

    clock.tick(FRAMES_PER_SECOND)
```

程序的用户单击一对矩形来比较它们的大小。我们把选择的矩形保存到两个变量中（❶❷）。

我们使用==运算符来比较相等性（❸），这会解析为调用 Rectangle 类的 __eq__()方法。如果矩形的大小相同，就输出合适的消息。否则，就使用<运算符（❹），检查第 1 个矩形是否比第 2 个矩形小，这会调用__lt__()方法。如果这次比较的结果也不是 True，就输出第 1 个矩形比第 2 个矩形大的消息（❺）。这个程序中不需要使用>运算符。然而，因为其他客户端代码可能以不同的方式实现大小比较，所以为了完整起见，这里还包含了__gt__()方法。

最后，绘制列表中的全部矩形（❻）。

因为我们在 Rectangle 类中包含魔术方法__eq__()、__lt__()和__gt__()，所以能够以高度直观和可读性很强的方式使用标准的比较运算符。

下面显示了单击许多不同的矩形后得到的输出。

```
Clicked on first rectangle.
Clicked on second rectangle.
Rectangles are the same size.
Clicked on first rectangle.
Clicked on second rectangle.
First rectangle is smaller than second rectangle.
Clicked on first rectangle.
```

```
Clicked on second rectangle.
First rectangle is larger than second rectangle.
```

9.5.5 数学运算符的魔术方法

我们可以编写额外的魔术方法，定义当客户端代码在从你的类实例化的对象之间使用其他算术运算符时会发生什么。

表 9-2 显示了为基本算术运算符调用的魔术方法。

表 9-2　为基本运算符调用的魔术方法

符号	意义	魔术方法
+	加法	__add__()
-	减法	__sub__()
*	乘法	__mul__()
/	除法（浮点结果）	__truediv__()
//	整除	__floordiv__()
%	取余	__mod__()
Abs	绝对值	__abs__()

例如，要处理+运算符，需要在类中实现如下方法。

```
def __add__(self, oOther):
    # Your code here to determine what happens when code
    # attempts to add two of these objects.
```

Python 官方文档 datamodel.html 提供了全部魔术方法（dunder 方法）的完整列表。

9.5.6 向量示例

在数学中，向量是一对有序的 x 和 y 值，在图中常常表示为有向线段。在本节中，我们将创建一个类，使用数学运算符魔术方法来操作向量。向量可以执行许多数学运算。图 9-2 显示了将两个向量相加的一个示例。

将两个向量相加将得到一个新的向量，其 x 值是这两个向量的 x 值的和，其 y 值是这两个向量的 y 值的和。在图 9-2 中，我们将向量(3, 2)和向量(1, 3)相加，得到向量(4, 5)。

如果两个向量的 x 值相同，y 值也相同，则认为这两个向量相等。向量的大小等于一个直角三角形的斜边长，该直角三角形的一条直角边的长度是 x，另一条直角边的长度是 y。我们可以使用勾股定理来计算向量的长度，并使用长度来比较两个向量的大小。

代码清单 9-8 中的 Vector 类演示了在两个 Vector 对象之间执行数学运算和比较的魔术方法。这些方法都包含额外的代码，通过调用 isinstance()来确保第 2 个对象是一个 Vector 对象。可下载的文件中包含这些检查，但这里为了节省篇幅，省略了它们。

9.5 运算符的多态性   159

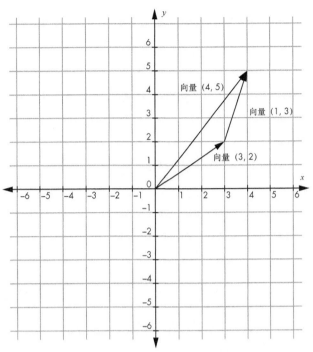

图 9-2　笛卡儿坐标系中的向量加法

代码清单 9-8：实现许多魔术方法的 Vector 类（文件: MagicMethods/Vectors/Vector.py）

```
# Vector class

import math

class Vector():
    '''The Vector class represents two values as a vector,
       allows for many math calculations'''
    def __init__(self, x, y):
        self.x = x
        self.y = y

❶   def __add__(self, oOther): # called for + operator
        return Vector(self.x + oOther.x, self.y + oOther.y)

    def __sub__(self, oOther): # called for - operator
        return Vector(self.x - oOther.x, self.y - oOther.y)

❷   def __mul__(self, oOther): # called for * operator
        # Special code to allow for multiplying by a vector or a scalar
        if isInstance(oOther, Vector): # multiply two vectors
            return Vector((self.x * oOther.x), (self.y * oOther.y))
        elif isinstance(oOther, (int, float)): # multiply by a scalar
            return Vector((self.x * oOther), (self.y * oOther))
        else:
            raise TypeError('Second value must be a vector or scalar')

    def __abs__(self):
        return math.sqrt((self.x ** 2) + (self.y ** 2))
```

```
    def __eq__(self, oOther): # called for == operator
        return (self.x == oOther.x) and (self.y == oOther.y)

    def __ne__(self, oOther): # called for != operator
        return not (self == oOther) # calls __eq__ method

    def __lt__(self, oOther): # called for < operator
        if abs(self) < abs(oOther): # calls __abs__ method
            return True
        else:
            return False

    def __gt__(self, oOther): # called for > operator
        if abs(self) > abs(oOther): # calls __abs__ method
            return True
        else:
            return False
```

这个类将算术运算符和比较运算符实现为魔术方法。对于两个 Vector 对象之间的数学运算和比较操作，客户端代码则使用标准符号。例如，图 9-2 中的向量加法可以像下面这样进行处理。

```
oVector1 = Vector(3, 2)
oVector2 = Vector(1, 3)
oNewVector = oVector1 + oVector2 # use the + operator to add vectors
```

第 3 行代码运行时，将调用__add__()方法（❶）将两个 Vector 对象相加，并创建一个新的 Vector 对象。__mul__()方法（❷）中有一个特殊的检查，能够根据第 2 个值的类型，让*运算符将两个 Vector 相乘，或者将一个 Vector 与一个标量值相乘。

9.6　创建对象中值的字符串表示

一种标准的调试方法是在程序中的某些位置添加 print()，写出变量在该位置的值。

```
print('My variable is', myVariable)
```

但是，如果你试着使用 print()来帮助调试对象的内容，会发现得到的结果并不很有用。例如，下面创建了一个 Vector 对象并输出它。

```
oVector = Vector(3, 4)
print('My vector is', oVector)
```

输出结果如下所示。

```
<Vector object at 0x10361b518>
```

这告诉我们，对象是从 Vector 类实例化的，并且还显示了这个对象的地址。但是，在大多数情况下，我们真正想知道的是在这个时刻对象中实例变量的值。好消息是，使用魔术方法可以实现这个目的。

在从对象获取（字符串）信息时，有两个魔术方法很有用。

- ❏ __str__()方法用于创建对象的字符串表示,方便人们阅读。如果客户端代码调用 str()内置函数,并传入一个对象,则如果该类中定义了__str__()魔术方法,Python 将调用该方法。
- ❏ __repr__()方法用于创建对象的一个清晰的、机器可以读取的字符串表示。如果客户端代码调用 repr()内置函数,并传入一个对象,则如果该类中定义__repr__()魔术方法,Python 将调用该方法。

下面将讨论__str__()方法,因为在简单的调试中更常使用这个方法。当调用 print()函数时,将调用内置的 str()函数,将每个参数转换为一个字符串。对于没有定义__str__()方法的参数,这个函数会生成一个字符串,其中包含对象的类型、单词 "object at" 以及内存地址,然后返回该字符串。这就是为什么前面的输出包含内存地址。

不过,你可以编写自己的__str__(),让它生成你想看到的字符串,从而帮助调试类的代码。一般采用的方法是让生成的字符串包含想要查看的实例变量的值,并返回该字符串供输出使用。例如,我们可以把下面的方法添加到代码清单 9-8 中的 Vector 类,获取关于任何 Vector 对象的信息。

```
class Vector():
    --- snipped all previous methods ---
    def __str__(self):
        return 'This vector has the value (' + str(self.x) + ', ' + str(self.y) + ')'
```

如果实例化一个 Vector,你就可以调用 print()函数,并传入一个 Vector 对象。

```
oVector = Vector(10, 7)
print(oVector)
```

现在不会输出 Vector 对象的内存地址,而用一个恰当格式化的字符串报告对象中包含的两个实例变量的值。

```
This vector has the value (10, 7)
```

代码清单 9-9 中的主代码创建了一些 Vector 对象,执行了一些向量运算,并输出向量运算的结果。

代码清单 9-9:示例主代码创建并比较向量,执行数学运算,然后输出向量(文件:Vectors/Main_Vectors.py)

```
# Vector test code

from Vector import *

v1 = Vector(3, 4)
v2 = Vector(2, 2)
v3 = Vector(3, 4)

# These lines print Boolean or numeric values
print(v1 == v2)
print(v1 == v3)
print(v1 < v2)
print(v1 > v2)
print(abs(v1))
```

```
print(abs(v2))
print()

# These lines print Vectors (calls the __str__() method)
print('Vector 1:', v1)
print('Vector 2:', v2)
print('Vector 1 + Vector 2:', v1 + v2)
print('Vector 1 - Vector 2:', v1 - v2)
print('Vector 1 times Vector 2:', v1 * v2)
print('Vector 2 times 5:', v1 * 5)
```

这会生成如下输出。

```
False
True
False
True
5.0
2.8284271247461903

Vector 1: This vector has the value (3, 4)
Vector 2: This vector has the value (2, 2)
Vector 1 + Vector 2: This vector has the value (5, 6)
Vector 1 - Vector 2: This vector has the value (1, 2)
Vector 1 times Vector 2: This vector has the value (6, 8)
Vector 2 times 5: This vector has the value (15, 20)
```

第一组 print()调用输出布尔值和数字值，这是调用数学和比较运算符的魔术方法的结果。在第二组调用中，首先输出两个 Vector 对象，然后计算并输出一些新的 Vector。在内部，print()函数首先为每个要输出的对象调用 Python 的 str()函数，这会导致调用 Vector 的 __str__()魔术方法，生成一个包含相关信息的格式化后的字符串。

9.7 包含魔术方法的 Fraction 类

我们把这些魔术方法结合起来，创建一个更加复杂的示例。代码清单 9-10 显示了 Fraction 类的代码。每个 Fraction 对象包含一个分子（上面的部分）和一个分母（下面的部分）。这个类通过在实例变量中保存分子和分母，以及分数的近似小数值，记录一个分数。类中的方法允许调用者获取分数的约分值，输出分数及其浮点值，比较两个分数是否相等，并将两个 Fraction 对象相加。

代码清单 9-10：实现了一些魔术方法的 Fraction 类（文件：MagicMethods/Fraction.py）

```
# Fraction class

import math

class Fraction():
    def __init__(self, numerator, denominator):  ❶
        if not isinstance(numerator, int):
            raise TypeError('Numerator', numerator, 'must be an integer')
        if not isinstance(denominator, int):
            raise TypeError('Denominator', denominator, 'must be an integer')
        self.numerator = numerator
        self.denominator = denominator
```

```python
        # Use the math package to find the greatest common divisor
        greatestCommonDivisor = math.gcd(self.numerator, self.denominator)
        if greatestCommonDivisor > 1:
            self.numerator = self.numerator // greatestCommonDivisor
            self.denominator = self.denominator // greatestCommonDivisor
        self.value = self.numerator / self.denominator

        # Normalize the sign of the numerator and denominator
        self.numerator = int(math.copysign(1.0, self.value)) * abs(self.numerator)
        self.denominator = abs(self.denominator)

    def getValue(self):  ❷
        return self.value

    def __str__(self):  ❸
        '''Create a string representation of the fraction'''
        output = ' Fraction: ' + str(self.numerator) + '/' + \
                 str(self.denominator) + '\n' + \
                 ' Value: ' + str(self.value) + '\n'
        return output

    def __add__(self, oOtherFraction):  ❹
        ''' Add two Fraction objects'''
        if not isinstance(oOtherFraction, Fraction):
            raise TypeError('Second value in attempt to add is not a Fraction')
        # Use the math package to find the least common multiple
        newDenominator = math.lcm(self.denominator, oOtherFraction.denominator)

        multiplicationFactor = newDenominator // self.denominator
        equivalentNumerator = self.numerator * multiplicationFactor

        otherMultiplicationFactor = newDenominator // oOtherFraction.denominator
        oOtherFractionEquivalentNumerator = \
                oOtherFraction.numerator * otherMultiplicationFactor
        newNumerator = equivalentNumerator + oOtherFractionEquivalentNumerator

        oAddedFraction = Fraction(newNumerator, newDenominator)
        return oAddedFraction

    def __eq__(self, oOtherFraction):  ❺
        '''Test for equality '''
        if not isinstance(oOtherFraction, Fraction):
            return False # not comparing to a fraction
        if (self.numerator == oOtherFraction.numerator) and \
           (self.denominator == oOtherFraction.denominator):
            return True
        else:
            return False
```

当创建 Fraction 对象时，需要传入分子和分母（❶），__init__()方法将立即计算出约分形式及浮点值。客户端代码可以在任何时候调用 getValue()方法，获取该值（❷）。客户端代码还可以调用 print()来输出对象，Python 将调用__str__()方法来格式化要输出的字符串（❸）。

客户端可以使用+运算符，将两个不同的 Fraction 对象相加。此时将调用__add__()方法（❹）。该方法使用 math.lcd()（最小公分母）方法，确保得到的 Fraction 对象具有最小公分母。

最后，客户端代码可以使用==运算符，检查两个 Fraction 对象是否相等。使用这个运算符时，将调用__eq__()方法（❺），它会检查两个 Fraction 对象的值，并根据比较结果返回 True 或 False。

下面的代码实例化了 Fraction 对象,并测试各个魔术方法。

```
# Test code

oFraction1 = Fraction(1, 3) # create a Fraction object
oFraction2 = Fraction(2, 5)
print('Fraction1\n', oFraction1) # print the object ... calls __str__
print('Fraction2\n', oFraction2)

oSumFraction = oFraction1 + oFraction2 # calls __add__
print('Sum is\n', oSumFraction)

print('Are fractions 1 and 2 equal?', (oFraction1 == oFraction2)) # expect False
print()

oFraction3 = Fraction(-20, 80)
oFraction4 = Fraction(4, -16)
print('Fraction3\n', oFraction3)
print('Fraction4\n', oFraction4)
print('Are fractions 3 and 4 equal?', (oFraction3 == oFraction4)) # expect True
print()

oFraction5 = Fraction(5, 2)
oFraction6 = Fraction(500, 200)
print('Sum of 5/2 and 500/2\n', oFraction5 + oFraction6)
```

当运行这段代码时,输出结果如下所示。

```
Fraction1
   Fraction: 1/3
   Value: 0.3333333333333333

Fraction2
   Fraction: 2/5
   Value: 0.4

Sum is
   Fraction: 11/15
   Value: 0.7333333333333333

Are fractions 1 and 2 equal? False

Fraction3
   Fraction: -1/4
   Value: -0.25

Fraction4
   Fraction: -1/4
   Value: -0.25

Are fractions 3 and 4 equal? True

Sum of 5/2 and 500/2
   Fraction: 5/1
   Value: 5.0
```

9.8 小结

本章讨论了多态性这个关键的 OOP 概念。简单来说，多态性是指多个类能够实现同名的方法。每个类包含自己的代码，用于执行从该类实例化的对象需要的操作。本章的示例程序演示了如何创建多个不同的形状类，让每个类都有一个 __init__()、getArea()、clickedInside()和 draw()方法。每个方法的代码都是特定于形状的类型的。

我们看到，使用多态性有两个关键优点。首先，它将抽象的概念扩展到类的集合，让客户端程序员能够忽略实现。其次，它允许系统中的类以相似的方式工作，从而让客户端程序员更容易预测系统的行为。

本章还讨论了运算符的多态性，解释了相同的运算符为什么能够对不同类型的数据执行不同的操作。本章解释了 Python 的魔术方法如何实现这种行为，以及如何创建自己的方法，在自己的类中实现这些运算符。为了演示算术和比较运算符的魔术方法，我们创建了一个 Vector 类和一个 Fraction 类。本章还展示了如何使用__str__()方法帮助调试对象的内容。

第 10 章 继承

OOP 的第 3 个特性是继承，这是一种从现有类派生新类的机制。继承使程序员不必从头开始创建类，可能还需要在类中重复现有的代码，而可以在创建新类的代码时，使新类扩展现有类，或者使新类将现有类作为基础，但与现有类有一定区别。

我们首先用一个现实世界的示例来说明什么是继承。假设你在学习烹饪。有一个课程详尽演示了如何做汉堡。你学习了肉的不同切法，做肉馅的方法，最好的面包类型，最好的生菜、西红柿和调料，几乎是你能想到的一切。你还学习了烹饪汉堡的最佳方式，烹饪时间，什么时候以及多久需要翻一次等。

下一个课程介绍如何做芝士汉堡。老师可以从头开讲，再次介绍汉堡需要用到的所有食材。但是，他们会假定你已经从上一门课程学到了这些知识，所以知道怎么做一个很棒的汉堡。因此，这个课程将关注使用什么类型的芝士、什么时候添加芝士、使用多少芝士等。

这个故事要表达的是，没有必要"重复造轮子"，而可以在已有知识的基础上延伸扩展。

10.1 面向对象编程中的继承

OOP 中的继承指的是让新创建的类扩展现有的类。当创建大型程序时，常常会使用提供了非常有用的通用功能的类。有时候，你会想构建一个与现有类相似的新类，但让新类的行为稍有不同。继承能够实现这种目的，让新创建的类包含现有类的所有方法和实例变量，同时添加新的、不同的功能。

继承是一个功能很强大的概念。当正确创建类的时候，使用继承看起来很简单。但是，设计出能够以清晰的方式使用的类，是一种很难掌握的技能。作为实现者，你需要不断练习才能恰当地、高效地使用继承。

继承指的是两个类之间的关系，通常把这两个类称为基类和子类。

基类：	被继承的类。它是子类的起点。
子类：	继承基类的类。它增强了基类。

这是 Python 中描述这两种类的常用术语，但你也可能会遇到其他术语，示例如下：

❑ 超类和子类；

- 基类和派生类；
- 父类和子类。

图 10-1 显示了描述这种关系的标准图形。

子类继承了基类中定义的全部方法和实例变量。

图 10-2 显示了在思考两个类之间的关系时另一种可能更加精确的方式。

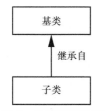

图 10-1 从子类派生基类　　　　图 10-2 基类包含在子类中

作为实现者，你可以认为基类包含到子类中。换句话说，基类实际上成为更大的子类的一部分。子类的客户端可以将子类视为一个单元，根本不需要知道基类的存在。

当讨论继承时，我们常常说子类和基类之间存在"是一个"的关系。例如，学生是一个人，橘子是一种水果，汽车是一种车辆等。子类是基类的特殊化版本，继承了基类的所有属性和行为，但也提供了其他细节和功能。

最重要的是，子类通过以下一种或两种方式扩展基类（后面将解释这两种方式）。

- 子类可以重新定义基类中定义的方法。即，子类可以提供与基类中的方法同名的方法，但让它具有不同的功能。这称为"重写"方法。当客户端代码调用重写的方法时，将调用子类中的方法（但是，子类中的方法的代码仍然可以调用基类中同名的方法）。
- 子类可以添加基类中没有定义的新的方法和实例变量。

"差异编码"这种表达说明了理解子类的一种方式。因为子类继承了基类的所有实例变量和方法，所以不需要重复所有这些代码。子类中只需要包含将其与基类区分开的代码。因此，子类中的代码只包含新的实例变量（及其初始化代码）、重写的方法以及基类中没有定义的新方法。

10.2 实现继承

Python 的继承语法很简单、很优雅。基类不需要知道自己被用作基类。只有子类需要指出，自己要继承一个基类。一般语法如下所示。

```
class <BaseClassName>():
    # BaseClass methods

class <SubClassName>(<BaseClassName>):
    # SubClass methods
```

在子类的 class 语句中，需要在括号内指定要继承的基类的名称。在这里，我们想让基类 <SubClassName> 继承基类 <BaseClassName>。下面是使用真实类名的一个示例。

```
class Widget():
```

```
    # Widget's methods
class WidgetWithFrills(Widget):
    # WidgetWithFrills's methods
```

Widget 类提供通用功能。WidgetWithFrills 类将包含 Widget 类的所有实例变量和方法，并定义自己的特定能力需要用到的任何额外的方法和实例变量。

10.3　Employee 和 Manager 示例

本节将首先通过一个极简的示例清晰地解释关键概念，然后解释一些更加实际的示例。

10.3.1　基类 Employee

代码清单 10-1 定义了一个名为 Employee 的基类。

代码清单 10-1：用作基类的 Employee 类（文件：EmployeeManagerInheritance/EmployeeManagerInheritance.py）

```
# Employee Manager inheritance
#
# Define the Employee class, which we will use as a base class

class Employee():
    def __init__(self, name, title, ratePerHour=None):
        self.name = name
        self.title = title
        if ratePerHour is not None:
            ratePerHour = float(ratePerHour)
        self.ratePerHour = ratePerHour

    def getName(self):
        return self.name

    def getTitle(self):
        return self.title

    def payPerYear(self):
        # 52 weeks * 5 days a week * 8 hours per day
        pay = 52 * 5 * 8 * self.ratePerHour
        return pay
```

Employee 类不仅包含__init__()、getName()、getTitle()和 payPerYear()方法，还包含 3 个实例变量 self.name、self.title 和 self.ratePerHour，并在__init__()方法中设置它们。我们使用 getter 方法获取姓名和职务。这些员工按小时计算工资，所以 self.payPerYear()执行一个计算，根据小时费率计算出年工资。你应该已经熟悉这个类中的所有东西，这里并没有新内容。你可以实例化一个 Employee 对象，它能够正常工作。

10.3.2　子类 Manager

对于 Manager 类，我们考虑经理和员工之间的区别：经理是定期收到工资的员工，有一些直接汇报人。如果经理的工作出色，当年会得到 10%的奖金。Manager 类可以扩展 Employee

10.3　Employee 和 Manager 示例

类，因为经理也是一名员工，只不过具有额外的能力和责任。

代码清单 10-2 显示了 Manager 类的代码。它只需要包含与 Employee 类不同的代码，所以可以看到，它不包含 getName()或 getTitle()方法。当对 Manager 对象调用这些方法时，将调用 Employee 类中的对应方法。

代码清单 10-2：Manager 类被实现为 Employee 类的子类（文件: EmployeeManager Inheritance/EmployeeManagerInheritance.py）

```
# Define a Manager subclass that inherits from Employee
❶ class Manager(Employee):
    def __init__(self, name, title, salary, reportsList=None):
      ❷ self.salary = float(salary)
        if reportsList is None:
            reportsList = []
        self.reportsList = reportsList
      ❸ super().__init__(name, title)

  ❹ def getReports(self):
        return self.reportsList

  ❺ def payPerYear(self, giveBonus=False):
        pay = self.salary
        if giveBonus:
            pay = pay + (.10 * self.salary) # add a bonus of 10%
          ❻ print(self.name, 'gets a bonus for good work')
        return pay
```

在 class 语句（❶）中，可以看到这个类继承了 Employee 类，因为 Manager 名称后面的圆括号内包含 Employee。

Employee 类的__init__()方法以一个姓名、一个职位和一个可选的小时费率作为参数。经理是定期收到工资的员工，并且管理着许多员工，所以 Manager 类的__init__()方法需要以姓名、职位、工资和员工列表作为参数。按照"差异编码"的原则，这个__init__()方法首先初始化 Employee 类的__init__()方法没有初始化的东西。因此，我们把 salary 和 reportsList 保存到名称类似的实例变量中（❷）。

接下来，我们想调用 Employee 基类的__init__()方法（❸）。这里调用内置的 super()函数，它要求 Python 确定哪个类是基类（常称为超类），并调用该类的__init__()方法。它还会调整实参，以 self 作为调用中的第 1 个实参。因此，你可以认为这行代码被翻译为以下形式。

```
Employee.__init__(self, name, title)
```

事实上，这样编写代码也完全没问题。这样调用 super()更加整洁，不需要指定基类的名称。

这么做的效果是，新的 Manager 类的__init__()方法初始化 Employee 类中不包含的两个实例变量（self.salary 和 self.reportsList），Employee 类的__init__()方法初始化 self.name 和 self.title 实例变量，这些是创建出的任何 Employee 或 Manager 对象都具有的实例变量。对于有固定工资的 Manager，将 self.ratePerHour 设置为 None。

> **注意：** 老版本的 Python 要求用另外一种方式编写这种代码，所以在较早的程序和文档中，可能看到如下所示的代码。
>
> ```
> super(Employee, self).__init__(name, salary)
> ```
>
> 这行代码完成的工作是一样的。但是，简单调用 super()的新语法更容易记忆。当你有可能修改基类的名称时，使用 super()也更不容易出错。

Manager 类还添加了一个 getter 方法 getReports()（❹），它允许客户端代码获取向该 Manager 汇报的 Employee 的列表。payPerYear()方法（❺）计算并返回 Manager 的工资。

注意，Employee 类和 Manager 类都有一个 payPerYear()方法。如果使用 Employee 的实例调用 payPerYear()方法，则 Employee 类的方法将运行，并根据小时费率计算工资。如果使用 Manager 的实例调用 payPerYear()方法，则 Manager 类的方法将运行，执行一种不同的计算。Manager 类中的 payPerYear()方法重写了基类中的同名方法。在子类中重写方法使子类与基类不同。重写方法必须与它重写的方法具有完全相同的名称，不过可以有不同的参数列表。在重写方法中，我们可以做到以下两点。

- ❏ 完全替换基类中重写的方法。Manager 类中的 payPerYear()方法属于这种情况。
- ❏ 执行自己的一些工作，然后调用从基类中继承的或者重写的同名方法。Manager 类中的 __init__()方法属于这种情况。

重写方法的实际内容取决于具体情况。如果客户端调用子类中不存在的方法，则将把方法调用发送给基类。例如，注意，Manager 类中没有名为 getName()的方法，但 Employee 基类中有。如果客户端对 Manager 的实例调用 getName()，该调用将由基类 Employee 处理。

Manager 类的 payPerYear()方法包含下面的代码。

```
    if giveBonus:
        pay = pay + (.10 * self.salary)  # add a bonus of 10%
❻       print(self.name, 'gets a bonus for good work')
```

实例变量 self.name 是在 Employee 类中定义的，但 Manager 类之前没有提到它。这说明，子类的方法可以使用基类中定义的实例变量。这里的 payPerYear()计算的是经理的工资，它能够正常工作，因为它能够访问自己的类中定义的实例变量（self.salary）和基类中定义的实例变量（使用 self.name（❻）进行输出）。

10.3.3 测试代码

测试 Employee 和 Manager 对象，并调用它们的方法。

文件：EmployeeManagerInheritance/EmployeeManagerInheritance.py

```
# Create objects
oEmployee1 = Employee('Joe Schmoe', 'Pizza Maker', 16)
oEmployee2 = Employee('Chris Smith', 'Cashier', 14)
oManager = Manager('Sue Jones', 'Pizza Restaurant Manager',
                   55000, [oEmployee1, oEmployee2])

# Call methods of the Employee objects
print('Employee name:', oEmployee1.getName())
print('Employee salary:', '{:,.2f}'.format(oEmployee1.payPerYear()))
```

```
print('Employee name:', oEmployee2.getName())
print('Employee salary:', '{:,.2f}'.format(oEmployee2.payPerYear()))
print()

# Call methods of the Manager object
managerName = oManager.getName()
print('Manager name:', managerName)

# Give the manager a bonus
print('Manager salary:', '{:,.2f}'.format(oManager.payPerYear(True)))
print(managerName, '(' + oManager.getTitle() + ')', 'direct reports:')
reportsList = oManager.getReports()
for oEmployee in reportsList:
    print('   ', oEmployee.getName(),
          '(' + oEmployee.getTitle() + ')')
```

当运行这段代码时，可以看到如下输出，这正符合我们的预期。

```
Employee name: Joe Schmoe
Employee salary: 33,280.00
Employee name: Chris Smith
Employee salary: 29,120.00

Manager name: Sue Jones
Sue Jones gets a bonus for good work
Manager salary: 60,500.00
Sue Jones (Pizza Restaurant Manager) direct reports:
    Joe Schmoe (Pizza Maker)
    Chris Smith (Cashier)
```

10.4 客户端眼中的子类

到目前为止的讨论都集中在实现的细节。但是，如果你是类的开发人员，或者你正在编写使用类的代码，在这两种情况下：类看起来可能是不一样的。我们现在改变关注点，从客户端的视角查看继承。就客户端代码而言，子类具有基类的所有功能，加上子类自己定义的功能。将最后得到的方法集合想象成为墙壁上刷的一层层涂料。当客户端看到 Employee 类时，看到的是该类中定义的所有方法（见图 10-3）。

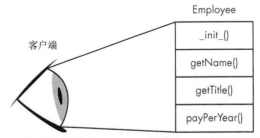

图 10-3　客户端在看到 Employee 类的接口时能够看到的东西

当我们创建 Manager 类来继承 Employee 类的时候，就好像在想要添加或修改方法的地方抹上一层涂料。对于我们不想修改的方法，就保留上一层涂料（见图 10-4）。

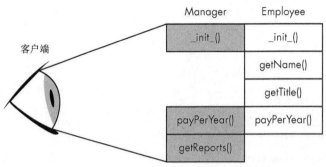

图 10-4 客户端在看到 Manager 类的接口时能够看到的东西

作为开发人员,我们知道 Manager 类继承了 Employee 类,并重写了一些方法。作为客户端,我们只看到了 5 个方法。客户端不需要知道一些方法是在 Manager 类中实现的,一些是从 Employee 中继承的。

10.5 现实世界的继承示例

我们看看现实世界中两个继承的示例。首先,我们将展示如何创建一个输入字段,使其只允许输入数字。然后,创建一个输出字段,使其格式化货币值。

10.5.1 InputNumber

在第 1 个示例中,我们将创建一个输入字段,只允许用户输入数值数据。一般来说,在设计用户界面时,最好限制输入,只允许用户输入正确格式的数据,而不允许用户输入任何数据,到后面再检查数据的正确性。对于这个输入字段,不允许用户输入字母或其他符号,也不允许他们输入多个小数点或多个负号。

pygwidgets 包包含一个 InputText 类,它允许用户输入任何字符。在本节中,我们将编写一个 InputNumber 类,它只允许以有效的数字作为输入。新的 InputNumber 类将从 InputText 中继承许多代码。我们只需要重写 InputText 的 3 个方法,它们分别是__init__()、handleEvent()和 getValue()。代码清单 10-3 显示了重写了这些方法的 InputNumber 类。

代码清单 10-3:InputNumber 只允许用户输入数值数据(文件:MoneyExamples/InputNumber.py)

```
# InputNumber class - allows the user to enter only numbers
#
# Demo of inheritance

import pygame
from pygame.locals import *
import pygwidgets

BLACK = (0, 0, 0)
WHITE = (255, 255, 255)
# Tuple of legal editing keys
```

10.5 现实世界的继承示例

```python
LEGAL_KEYS_TUPLE = (pygame.K_RIGHT, pygame.K_LEFT, pygame.K_HOME,
                    pygame.K_END, pygame.K_DELETE, pygame.K_BACKSPACE,
                    pygame.K_RETURN, pygame.K_KP_ENTER)
# Legal keys to be typed
LEGAL_UNICODE_CHARS = ('0123456789.-')

#
# InputNumber inherits from InputText
#
class InputNumber(pygwidgets.InputText):

    def __init__(self, window, loc, value='', fontName=None,  ❶
                 fontSize=24, width=200, textColor=BLACK,
                 backgroundColor=WHITE, focusColor=BLACK,
                 initialFocus=False, nickName=None, callback=None,
                 mask=None, keepFocusOnSubmit=False,
                 allowFloatingNumber=True, allowNegativeNumber=True):
        self.allowFloatingNumber = allowFloatingNumber
        self.allowNegativeNumber = allowNegativeNumber

        # Call the __init__ method of our base class
        super().__init__(window, loc, value, fontName, fontSize,  ❷
                         width, textColor, backgroundColor,
                         focusColor, initialFocus, nickName, callback,
                         mask, keepFocusOnSubmit)

    # Override handleEvent so we can filter for proper keys
    def handleEvent(self, event):  ❸
        if (event.type == pygame.KEYDOWN):
            # If it's not an editing or numeric key, ignore it
            # Unicode value is only present on key down
            allowableKey = (event.key in LEGAL_KEYS_TUPLE) or \
                           (event.unicode in LEGAL_UNICODE_CHARS)
            if not allowableKey:
                return False

            if event.unicode == '-':  # user typed a minus sign
                if not self.allowNegativeNumber:
                    # If no negatives, don't pass it through
                    return False
                if self.cursorPosition > 0:
                    return False  # can't put minus sign after 1st char
                if '-' in self.text:
                    return False  # can't enter a second minus sign

            if event.unicode == '.':
                if not self.allowFloatingNumber:
                    # If no floats, don't pass the period through
                    return False
                if '.' in self.text:
                    return False  # can't enter a second period

        # Allow the key to go through to the base class
        result = super().handleEvent(event)
        return result

    def getValue(self):  ❹
        userString = super().getValue()
        try:
            if self.allowFloatingNumber:
                returnValue = float(userString)
            else:
```

```
            returnValue = int(userString)
    except ValueError:
        raise ValueError('Entry is not a number, needs to have at least one digit.')

    return returnValue
```

　　__init__()方法的参数除包含 InputText 基类的参数，还有另外几个参数（❶）。它添加了两个布尔参数：allowFloatingNumber，用于决定是否允许用户输入浮点数；allowNegativeNumber，用于决定是否允许用户输入以负号开头的数字。这两个参数的默认值均是 True，所以在默认情况下用户可以输入浮点数，可以输入正数和负数。如果将这两个参数都设置为 False，则可以限制用户只能输入正整数。__init__()方法将这两个额外的参数的值保存到实例变量中，然后通过调用 super()（❷），调用基类的__init__()方法。

　　主要代码在 handleEvent()方法（❷）中，它将允许的按键限制为全部按键的一个小子集，其中包括数字 0～9、负号、点号（小数点）、Enter 键，以及一些编辑键。当用户按下一个按键时，将调用这个方法，并传入 KEYDOWN 或 KEYUP 事件。代码首先确保按下的按键在允许的集合中。如果用户按下的按键不在该集合中（如按下任何字母键），则返回 False，说明这个小部件中没有发生重要的事件，所以将忽略该按键。

　　然后，handleEvent()方法又执行了另外几个检查，确保输入的数字是合法的（例如，数字不包含两个点号，只有一个负号等）。每当检测到一个合法的按键时，代码将调用 InputText 基类的 handleEvent()方法，执行必要的处理（显示或编辑字段）。

　　当用户按下 Return 或 Enter 键时，客户端代码将调用 getValue()方法（❹）来获取用户输入。这个类中的 getValue()方法通过调用 InputText 类中的 getValue()方法获取输入字段中的字符串，然后试着将该字符串转换为一个数字。如果转换失败，就引发异常。

　　通过重写方法，我们创建了一个非常强大的、可重用的新类，它扩展了 InputText 类的功能，但没有改变基类中的任何代码。InputText 仍然能够作为独立的类继续工作，它的功能并没有发生任何改变。

10.5.2　DisplayMoney

　　在第 2 个示例中，我们将创建一个字段来显示金额。为了让这个字段能够通用，我们将使用选择的货币符号显示金额，并根据情况将货币符号显示在文本的左侧或右侧。在格式化数字时，我们将在每 3 个数字之间添加一个逗号进行分隔，在数字后面添加一个小数点，小数点后保留两位小数。例如，我们希望能够把 1234.56 美元显示为$1,234.56。

　　pygwidgets 包已经有一个 DisplayText 类。我们可以使用下面的接口，从该类实例化一个对象。

```
def __init__(self, window, loc=(0, 0), value='',
             fontName=None, fontSize=18, width=None, height=None,
             textColor=PYGWIDGETS_BLACK, backgroundColor=None,
             justified='left', nickname=None):
```

　　假设我们有一些代码使用合适的实参，创建一个名为 oSomeDisplayText 的 DisplayText

对象。每当我们想更新 DisplayText 对象中的文本时，就必须调用它的 setValue()方法，如下所示。

```
oSomeDisplayText.setValue('1234.56')
```

DisplayText 对象已经有显示数字（作为字符串）的功能。我们想创建一个名为 DisplayMoney 的新类，让它类似于 DisplayText，但添加另外一些功能，所以我们让它继承 DisplayText。

DisplayMoney 类将包含一个增强后的 setValue()方法，它重写了基类的 setValue()方法。DisplayMoney 的版本会添加期望的格式，即添加一个货币符号，添加逗号，还会根据情况将小数位截断为两位等。最终，该方法将调用 DisplayText 基类的 setValue()方法，并传入格式化的文本的字符串版本，以便将其显示在窗口中。

我们还将在__init__()方法中添加一些额外的设置参数，以允许客户端代码完成如下操作：

- 选择货币符号（默认为$）；
- 将货币符号放在左侧或右侧（默认是左侧）；
- 显示或隐藏两个小数位（默认显示）。

代码清单 10-4 显示了新的 DisplayMoney 类的代码。

代码清单 10-4：DisplayMoney 显示一个格式化为货币值的数字（文件: MoneyExamples/DisplayMoney.py）

```
# DisplayMoney class - displays a number as an amount of money
#
# Demo of inheritance

import pygwidgets

BLACK = (0, 0, 0)

#
# DisplayMoney class inherits from DisplayText class
#
❶ class DisplayMoney(pygwidgets.DisplayText):

    ❷ def __init__(self, window, loc, value=None,
                 fontName=None, fontSize=24, width=150, height=None,
                 textColor=BLACK, backgroundColor=None,
                 justified='left', value=None, currencySymbol='$',
                 currencySymbolOnLeft=True, showCents=True):

        ❸ self.currencySymbol = currencySymbol
        self.currencySymbolOnLeft = currencySymbolOnLeft
        self.showCents = showCents
        if value is None:
            value = 0.00

        # Call the __init__ method of our base class
        ❹ super().__init__(window, loc, value,
                        fontName, fontSize, width, height,
                        textColor, backgroundColor, justified)

    ❺ def setValue(self, money):
        if money == '':
            money = 0.00
```

```
        money = float(money)

        if self.showCents:
            money = '{:,.2f}'.format(money)
        else:
            money = '{:,.0f}'.format(money)

        if self.currencySymbolOnLeft:
            theText = self.currencySymbol + money
        else:
            theText = money + self.currencySymbol

        # Call the setValue method of our base class
❻       super().setValue(theText)
```

在类的定义中，我们显式继承了 pygwidgets.DisplayText（❶）。DisplayMoney 类只包含两个方法__init__()和 setValue()。这两个方法重写了基类中同名的方法。

客户端像下面这样实例化 DisplayMoney 对象。

```
oDisplayMoney = DisplayMoney(widow, (100, 100), 1234.56)
```

在这行代码中，DisplayMoney 中的__init__()方法（❷）将运行，并覆盖基类中的__init__()方法。这个方法完成一些初始化，包括保存客户端首选的货币符号，指定在哪边显示货币符号，以及是否显示美分，这些值都保存在实例变量中（❸）。在__init__()方法中，最后调用基类 DisplayText 的__init__()方法（❹，它通过调用 super()找到该方法），并传入该方法需要的数据。

后面，客户端执行类似下面的调用来显示值。

```
oDisplayMoney.setValue(12233.44)
```

DisplayMoney 类的 setValue()方法（❺）运行，将传入的金额格式化为货币值。该方法最后会调用从 DisplayText 类中继承的 setValue()方法（❻），以便设置要显示的文本。

当对 DisplayMoney 的实例调用其他任何方法时，将运行 DisplayText 中的版本。最重要的是，每次循环迭代时，客户端代码应该调用 oDisplayMoney.draw()，在窗口中绘制文本字段。因为 DisplayMoney 没有 draw()方法，所以该调用将由 DisplayText 类处理，它有一个 draw()方法。

10.5.3 示例用法

图 10-5 显示了一个示例程序的输出，该程序用到了 InputNumber 类和 DisplayMoney 类。用户在 InputNumber 字段中输入一个数字。当用户按 OK 或 ENTER 时，输入的值将显示在两个 DisplayMoney 字段中。第 1 个字段显示带小数的数字，第 2 个字段使用不同的初始设置，将该数字四舍五入到最接近的美元数。

代码清单 10-5 包含主程序的完整代码。注意，代码创建了一个 InputNumber 对象和两个 DisplayMoney 对象。

10.5 现实世界的继承示例   177

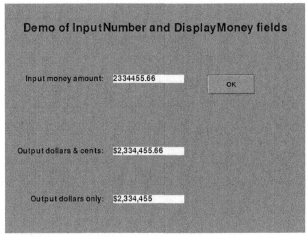

图 10-5 在客户端程序中，用户在 InputNumber 字段中输入数字，这个数字会显示
在两个 DisplayMoney 字段中

代码清单 10-5：演示 InputNumber 和 DisplayMoney 类的主程序（文件：MoneyExamples/ Main_MoneyExample.py）

```
# Money example
#
# Demonstrates overriding inherited DisplayText and InputText methods

# 1 - Import packages
import pygame
from pygame.locals import *
import sys
import pygwidgets
from DisplayMoney import *
from InputNumber import *

# 2 - Define constants
BLACK = (0, 0, 0)
BLACKISH = (10, 10, 10)
GRAY = (128, 128, 128)
WHITE = (255, 255, 255)
BACKGROUND_COLOR = (0, 180, 180)
WINDOW_WIDTH = 640
WINDOW_HEIGHT = 480
FRAMES_PER_SECOND = 30

# 3 - Initialize the world
pygame.init()
window = pygame.display.set_mode([WINDOW_WIDTH, WINDOW_HEIGHT])
clock = pygame.time.Clock()

# 4 - Load assets: image(s), sound(s), etc.

# 5 - Initialize variables
title = pygwidgets.DisplayText(window, (0, 40),
                    'Demo of InputNumber and DisplayMoney fields',
                    fontSize=36, width=WINDOW_WIDTH, justified='center')
```

```
inputCaption = pygwidgets.DisplayText(window, (20, 150),
                                      'Input money amount:', fontSize=24,
                                      width=190, justified='right')
inputField = InputNumber(window, (230, 150), '', width=150)
okButton = pygwidgets.TextButton(window, (430, 150), 'OK')

outputCaption1 = pygwidgets.DisplayText(window, (20, 300),
                                        'Output dollars & cents: ', fontSize=24,
                                        width=190, justified='right')
moneyField1 = DisplayMoney(window, (230, 300), '', textColor=BLACK,
                           backgroundColor=WHITE, width=150)

outputCaption2 = pygwidgets.DisplayText(window, (20, 400),
                                        'Output dollars only: ', fontSize=24,
                                        width=190, justified='right')
moneyField2 = DisplayMoney(window, (230, 400), '', textColor=BLACK,
                           backgroundColor=WHITE, width=150,
                           showCents=False)

# 6 - Loop forever
while True:

    # 7 - Check for and handle events
    for event in pygame.event.get():
        # If the event was a click on the close box, quit pygame and the program
        if event.type == pygame.QUIT:
            pygame.quit()
            sys.exit()

        # Pressing Return/Enter or clicking OK triggers action
        if inputField.handleEvent(event) or okButton.handleEvent(event):  ❶
            try:
                theValue = inputField.getValue()
            except ValueError: # any remaining error
                inputField.setValue('(not a number)')
            else: # input was OK
                theText = str(theValue)
                moneyField1.setValue(theText)
                moneyField2.setValue(theText)

    # 8 Do any "per frame" actions

    # 9 - Clear the window
    window.fill(BACKGROUND_COLOR)

    # 10 - Draw all window elements
    title.draw()
    inputCaption.draw()
    inputField.draw()
    okButton.draw()
    outputCaption1.draw()
    moneyField1.draw()
    outputCaption2.draw()
    moneyField2.draw()

    # 11 - Update the window
    pygame.display.update()

    # 12 - Slow things down a bit
    clock.tick(FRAMES_PER_SECOND) # make pygame wait
```

用户在 InputNumber 字段中输入数字。在用户输入时，handleEvent()方法会过滤掉不合适的字符。当用户单击 OK 按钮（❶）时，代码会读取输入，将其传递给两个 DisplayMoney 字段。第 1 个 DisplayMoney 字段同时显示美元值和美分值（即有两位小数），而第 2 个 DisplayMoney 字段只显示美元值。这两个字段都添加了$作为货币符号，并且每隔 3 个数字添加一个逗号。

10.6 从同一个基类继承多个类

不同的类可以继承同一个基类。你首先可以创建一个非常通用的基类，然后从它继承出任意多个子类。图 10-6 显示了这种关系。

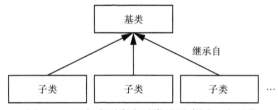

图 10-6　3 个或更多个子类继承自同一个基类

每个子类都可以是这个通用的基类的一个变体（或更加具体的版本）。每个子类可以独立于其他任何子类，根据自己的需要重写基类中的任何方法。

我们使用第 9 章的 Shapes 程序演示一个示例，该程序创建并绘制圆形、正方形和三角形。该程序还允许用户在窗口中单击任何形状，查看该形状的面积。

我们使用 3 个不同的形状类——Circle、Square 和 Triangle 来实现该程序。如果回过头看看这 3 个类，会发现每个类都包含下面这个方法。

```
def getType(self):
    return self.shapeType
```

当查看这 3 个类的 __init__()方法时，你还可以看到，它们包含相同的代码来记忆窗口、选择随机颜色以及选择随机位置。

```
self.window = window
self.color = random.choice((RED, GREEN, BLUE))
self.x = random.randrange(1, maxWidth - 100)
self.y = random.randrange(1, maxHeight - 100)
```

最后，每个类将实例变量 self.shapeType 设置为合适的字符串。

每当我们发现多个类实现了完全相同的方法时，或者在名称相同的方法中使用了相同的代码时，就应该意识到，这是利用继承的一个好机会。

我们首先从 3 个类中提取出公共代码，然后创建一个名为 Shape 的公共基类，如代码清单 10-6 所示。

代码清单 10-6：作为基类的 Shape 类（文件: InheritedShapes/ShapeBasic.py）

```
# Shape class - basic

import random
```

```
# Set up the colors
RED = (255, 0, 0)
GREEN = (0, 255, 0)
BLUE = (0, 0, 255)

class Shape():
❶   def __init__(self, window, shapeType, maxWidth, maxHeight):
        self.window = window
        self.shapeType = shapeType
        self.color = random.choice((RED, GREEN, BLUE))
        self.x = random.randrange(1, maxWidth - 100)
        self.y = random.randrange(25, maxHeight - 100)

❷   def getType(self):
        return self.shapeType
```

这个类只包含方法__init__()和getType()。__init__()方法（❶）首先在实例变量中记忆传入的值，然后随机选择颜色和开始位置（self.x 和 self.y）。getType()方法（❷）只返回在初始化时指定的形状。

现在，我们可以编写任何数量的子类来继承 Shape。我们将创建 3 个子类，它们将调用 Shape 类的__init__()方法，不仅传入一个字符串来标识其类型，还会传入窗口的大小。getType()方法只包含在 Shape 类中，所以客户端调用 getType()时，将调用 Shape 类中的 getType()方法。Square 类的代码如代码清单 10-7 所示。

代码清单 10-7：继承自 Shape 类的 Square 类（文件：InheritedShapes/Square.py）

```
# Square class

import pygame
from Shape import *

class Square(Shape):   ❶

    def __init__(self, window, maxWidth, maxHeight):
        super().__init__(window, 'Square', maxWidth, maxHeight)   ❷
        self.widthAndHeight = random.randrange(10, 100)
        self.rect = pygame.Rect(self.x, self.y,
                                self.widthAndHeight, self.widthAndHeight)

    def clickedInside(self, mousePoint):   ❸
        clicked = self.rect.collidepoint(mousePoint)
        return clicked

    def getArea(self):   ❹
        theArea = self.widthAndHeight * self.widthAndHeight
        return theArea

    def draw(self):   ❺
        pygame.draw.rect(self.window, self.color,
                         (self.x, self.y, self.widthAndHeight, self.widthAndHeight))
```

Square 类继承自 Shape 类（❶）。其__init__()方法调用基类（或超类）的__init__()方法（❷），指定形状为正方形，并随机选择其大小。

然后，定义 3 个方法，它们的实现只适用于正方形。clickedInside()方法只需要调用

rect.collidepoint(),判断单击是否发生在它的矩形内（❸）。getArea()方法只将 widthAndHeight 与 widthAndHeight 相乘（❹）。最后，draw()方法使用 widthAndHeight 的值绘制一个矩形（❺）。

代码清单 10-8 显示了 Circle 类，我们也修改了这个类，让它继承 Shape 类。

代码清单 10-8：继承自 Shape 类的 Circle 类（文件: InheritedShapes/Circle.py）

```
# Circle class

import pygame
from Shape import *
import math
class Circle(Shape):

    def __init__(self, window, maxWidth, maxHeight):
        super().__init__(window, 'Circle', maxWidth, maxHeight)
        self.radius = random.randrange(10, 50)
        self.centerX = self.x + self.radius
        self.centerY = self.y + self.radius
        self.rect = pygame.Rect(self.x, self.y, self.radius * 2, self.radius * 2)

    def clickedInside(self, mousePoint):
        theDistance = math.sqrt(((mousePoint[0] - self.centerX) ** 2) +
                                ((mousePoint[1] - self.centerY) ** 2))
        if theDistance <= self.radius:
            return True
        else:
            return False

    def getArea(self):
        theArea = math.pi * (self.radius ** 2)
        return theArea

    def draw(self):
        pygame.draw.circle(self.window, self.color, (self.centerX, self.centerY),
                           self.radius, 0)
```

Circle 类也包含 clickedInside()、getArea()和 draw()方法，它们的实现特定于圆形。

最后，代码清单 10-9 显示了 Triangle 类的代码。

代码清单 10-9：继承自 Shape 类的 Triangle 类（文件: InheritedShapes/Triangle.py）

```
# Triangle class

import pygame
from Shape import *

class Triangle(Shape):

    def __init__(self, window, maxWidth, maxHeight):
        super().__init__(window, 'Triangle', maxWidth, maxHeight)
        self.width = random.randrange(10, 100)
        self.height = random.randrange(10, 100)
        self.triangleSlope = -1 * (self.height / self.width)
        self.rect = pygame.Rect(self.x, self.y, self.width, self.height)

    def clickedInside(self, mousePoint):
        inRect = self.rect.collidepoint(mousePoint)
        if not inRect:
            return False
```

```
        # Do some math to see if the point is inside the triangle
        xOffset = mousePoint[0] - self.x
        yOffset = mousePoint[1] - self.y
        if xOffset == 0:
            return True

        pointSlopeFromYIntercept = (yOffset - self.height) / xOffset # rise over run
        if pointSlopeFromYIntercept < 1:
            return True
        else:
            return False

    def getArea(self):
        theArea = .5 * self.width * self.height
        return theArea

    def draw(self):
        pygame.draw.polygon(self.window, self.color, (
                            (self.x, self.y + self.height),
                            (self.x, self.y),
                            (self.x + self.width, self.y)))
```

第 9 章用来进行测试的主代码完全不需要修改。作为这些新类的客户端，它实例化 Square、Circle 和 Triangle 对象，并不需要关心这些类的实现。它不需要知道每个类是公共的 Shape 类的子类。

10.7 抽象类和抽象方法

Shape 基类有一个潜在的 bug。客户端可以实例化一个通用的 Shape 对象，但它太过通用，没有自己的 getArea() 方法。另外，继承 Shape 类的所有类（如 Square、Circle、Triangle 等）都必须实现 clickedInside()、getArea() 和 draw()。为了解决这两个问题，本节将介绍抽象基类和抽象方法的概念。

| 抽象基类： | 不应该直接实例化，而只应该被一个或多个子类继承的类。在一些语言中，抽象基类称为虚类。 |

| 抽象方法： | 必须在每个子类中重写的方法。 |

很多时候，基类不能正确地实现抽象方法，因为它不知道该方法应该操作的数据的细节，或者它无法实现一个通用的算法。因此，所有子类需要为抽象方法实现自己的版本。

在关于形状的示例中，我们想让 Shape 类是一个抽象类，这样客户端代码就无法实例化一个 Shape 对象。另外，Shape 类应该指定，它的所有子类都需要实现 clickedInside()、getArea() 和 draw() 方法。

在 Python 中，没有关键字可以将某个类或者方法指定为抽象的。但是，Python 标准库中包含一个 abc 模块，abc 是抽象基类（abstract base class）的缩写。这个模块用于帮助开发人员创建抽象基类和抽象方法。

我们看看如何创建包含抽象方法的抽象类。首先，从 abc 模块中导入两个类。

10.7 抽象类和抽象方法

```
from abc import ABC, abstractmethod
```

接下来，需要说明我们希望用作抽象基类的类应该继承 ABC 类，这是通过把 ABC 放到类名后面的圆括号内实现的。

```
class <classWeWantToDesignateAsAbstract>(ABC):
```

然后，在所有子类必须重写的任何方法的前面，你必须使用特殊的装饰器@abstractmethod。

```
@abstractmethod
def <someMethodThatMustBeOverwritten>(self, ...):
```

代码清单 10-10 展示了如何把 Shape 类标记为抽象基类，并指出它的抽象方法。

代码清单 10-10：继承自 ABC 类且包含抽象方法的 Shape 类（文件：InheritedShapes/Shape.py）

```
# Shape class
#
# To be used as a base class for other classes

import random
from abc import ABC, abstractmethod

# Set up the colors
RED = (255, 0, 0)
GREEN = (0, 255, 0)
BLUE = (0, 0, 255)
```
❶ `class Shape(ABC):  # identifies this as an abstract base class`

❷   `def __init__(self, window, shapeType, maxWidth, maxHeight):`
        `self.window = window`
        `self.shapeType = shapeType`
        `self.color = random.choice((RED, GREEN, BLUE))`
        `self.x = random.randrange(1, maxWidth - 100)`
        `self.y = random.randrange(25, maxHeight - 100)`

❸   `def getType(self):`
        `return self.shapeType`

❹   `@abstractmethod`
    `def clickedInside(self, mousePoint):`
        `raise NotImplementedError`

❺   `@abstractmethod`
    `def getArea(self):`
        `raise NotImplementedError`

❻   `@abstractmethod`
    `def draw(self):`
        `raise NotImplementedError`

Shape 类继承自 ABC 类（❶），告诉 Python 阻止客户端代码直接实例化 Shape 对象。当这么做时，会得到如下的错误消息。

```
TypeError: Can't instantiate abstract class Shape with abstract methods
clickedInside, draw, getArea
```

__init__()方法（❷）和 getType()方法（❸）包含 Shape 的所有子类共享的代码。

clickedInside()方法（❹）、getArea()方法（❺）和 draw()方法（❻）的前面都带@abstractmethod 装饰器。这些装饰器说明，Shape 类的所有子类必须重写这些方法。因为这个抽象类中的这些方法从不会运行，所以这里的实现只包含 raise NotImplementedError，进一步强调这个方法什么都不做。

扩展形状演示程序，添加一个新的 Rectangle 类，如代码清单 10-11 所示。因为 Rectangle 类继承自抽象的 Shape 类，所以必须实现 clickedInside()、getArea()和 draw()方法。我们在这个子类中故意隐藏了一个错误，以便演示会发生什么情况。

代码清单 10-11：实现 clickedInside()和 getArea()，但是没有实现 draw()的 Rectangle 类（文件：InheritedShapes/Rectangle.py）

```
# Rectangle class

import pygame
from Shape import *

class Rectangle(Shape):

    def __init__(self, window, maxWidth, maxHeight):
        super().__init__(window, 'Rectangle', maxWidth, maxHeight)
        self.width = random.randrange(10, 100)
        self.height = random.randrange(10, 100)
        self.rect = pygame.Rect(self.x, self.y, self.width, self.height)

    def clickedInside(self, mousePoint):
        clicked = self.rect.collidepoint(mousePoint)
        return clicked

    def getArea(self):
        theArea = self.width * self.height
        return theArea
```

为了进行演示，故意让这个类不包含 draw()方法。代码清单 10-12 修改了主代码，创建了 Rectangle 对象。

代码清单 10-12：随机创建 Square、Circle、Triangle 和 Rectangle 的主代码（文件：InheritedShapes/Main_ShapesWithRectangle.py）

```
shapesList = []
shapeClassesTuple = ('Square', 'Circle', 'Triangle', 'Rectangle')
for i in range(0, N_SHAPES):
    randomlyChosenClass = random.choice(shapeClassesTuple)
    oShape = randomlyChosenClass(window, WINDOW_WIDTH, WINDOW_HEIGHT)
    shapesList.append(oShape)
```

当代码试图创建 Rectangle 对象时，Python 会生成如下错误消息。

```
TypeError: Can't instantiate abstract class Rectangle with abstract method draw
```

这条错误消息说明，我们不能实例化 Rectangle 对象，因为在 Rectangle 类中没有实现 draw()方法。将 draw()方法添加到 Rectangle 类中，并包含绘制矩形所需的代码，就可以修复这个错误。

10.8　pygwidgets 如何使用继承

pygwidgets 模块使用继承来共享公共代码。例如，考虑第 7 章讨论的两个按钮类——TextButton 和 CustomButton。TextButton 类要求使用一个字符串作为按钮的标签，而 CustomButton 类要求你提供自己的样式效果。创建这两个类的实例的方式是不同的，需要你指定一组不同的参数。但是，创建完示例后，两种对象中的其他所有方法是完全相同的。这是因为这两个类继承自一个名为 PygWidgetsButton 的公共基类，如图 10-7 所示。

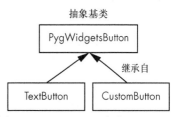

PygWidgetsButton 是一个抽象类。客户端代码不应该创建它的实例，试图这么做会生成一条错误消息。

相反，PygWidgetsButton 由 TextButton 和 CustomButton 类继承。这两个类都提供一个 __init__()方法，用于完成初始化相应类型的按钮所需的工作。它们都把相同的实参传递给基类 PygWidgetsButton 的 __init__()方法。

图 10-7　pygwidgets 中的 TextButton 类和 CustomButton 类都继承自 PygWidgetsButton

TextButton 类用于使用极简样式效果创建基于文本的按钮。当要快速创建能够运行的程序时，这种方法很有用。下面是创建 TextButton 对象的接口。

```
def __init__(self, window, loc, text, width=None, height=40,
             textColor=PYGWIDGETS_BLACK,
             upColor= PYGWIDGETS_NORMAL_GRAY,
             overColor= PYGWIDGETS_OVER_GRAY,
             downColor= PYGWIDGETS_DOWN_GRAY,
             fontName=None, fontSize=20, soundOnClick=None,
             enterToActivate=False, callBack=None, nickname=None)
```

虽然许多参数有合理的默认值，但调用者必须为 text 提供一个值，这是按钮上显示的文本。__init__()方法自身会为按钮创建"表面"（图片），用来显示标准的按钮。创建典型的 TextButton 对象的代码如下所示。

```
oButton = pygwidgets.TextButton(window, (50, 50), 'Text Button')
```

绘制按钮后，用户将看到图 10-8 所示的按钮。

CustomButton 类可使用客户端提供的样式效果创建一个按钮。下面是创建 CustomButton 的接口。

图 10-8　典型的 TextButton 的示例

```
def __init__(self, window, loc, up, down=None, over=None,
             disabled=None, soundOnClick=None,
             nickname=None, enterToActivate=False):
```

关键区别是，这个版本的 __init__()方法需要调用者为 up 参数提供值（记住，按钮有 4 种图片——未按下、按下、禁用和滑过）。你也可以选择提供按下、滑过和禁用状态的图片。如果没有提供那些状态的图片，CustomButton 类将复制按钮未按下状态的图片，并使用该图片。

TextButton 类和 CustomButton 类的 __init__()方法在最后一行调用公共基类 PygWidgetsButton 的 __init__()方法。在两个调用中都传入了按钮的 4 张图片和其他实参。

```
super().__init__(window, loc, surfaceUp, surfaceOver,
                 surfaceDown, surfaceDisabled, buttonRect,
                 soundOnClick, nickname, enterToActivate, callBack)
```

从客户端的角度看，你看到的是两个完全不同的类，它们包含许多方法（大部分是相同的）。但是，从实现者的角度看，继承使我们通过重写基类中的一个方法（__init__()方法），为客户端程序员提供两种相似的但是非常有用的创建按钮的方式。这两个类共享除__init__()方法之外的所有代码。因此，按钮的工作方式和可用的方法调用（handleEvent()、draw()、disable()、enable()等）一定是相同的。

这种继承有许多好处。首先，它为客户端代码和最终用户提供了一致性——TextButton 和 CustomButton 对象的工作方式相同。然后，它让修复 bug 变得更加容易：修复基类中的 bug 等同于修复从该类继承的所有子类中的同一个 bug。最后，如果在基类中添加了功能，所有从该类继承的类也就自动具备了该功能。

10.9 类的层次

任何类都可以用作基类，即使是继承自另外一个基类的类。这种关系称为类层次，如图 10-9 所示。

在这张图中，类 C 继承自类 B，类 B 继承自类 A。因此，类 C 是子类，类 B 是基类，但类 B 也是类 A 的子类。因此，类 B 有两个角色。在这样的情况下，类 C 不仅继承了类 B 的所有方法和实例变量，还继承了类 A 的所有方法和实例变量。当创建越来越具体的类的时候，这种类型的层次很有用。类 A 可以非常通用，类 B 要具体一些，类 C 则更加具体。

图 10-10 提供了一种不同的方式来思考类层次中的关系。

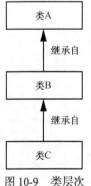

图 10-9　类层次

图 10-10　描绘类层次的另外一种方式

这里，客户端只看到了类 C，但这个类由类 C、B 和 A 中定义的所有方法和实例变量共同组成。

pygwidgets 包为所有小部件使用一个类层次。pygwidgets 中的第 1 个类是抽象类 PygWidget，它为该包中的所有小部件提供了基本功能。它包含的方法用于显示和隐藏任何小部件，启用和禁用它们，获取和设置它们的位置，获取它们的昵称（内部名称）。

pygwidgets 中还有其他用作抽象类的类，包括前面提到的 PygWidgetsButton，它是 TextButton 和 CustomButton 的基类。图 10-11 应该有助于清晰地表达这种关系。

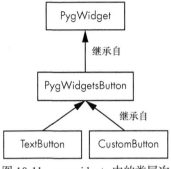

图 10-11　pygwidgets 中的类层次

可以看到，PygWidgetsButton 类既是 PygWidget 类的子类，又是 TextButton 和 CustomButton 类的基类。

10.10　使用继承编程的困难

当利用继承开发程序的时候，可能很难确定将什么代码放到什么位置。你始终会问自己这样的问题：应该把这个实例变量放到基类中吗？子类中有足够的公共代码适合在基类中创建一个方法吗？子类中的方法适合有哪些参数？为了方便子类重写或者从子类中调用，基类中的方法应该有哪些合适的参数和默认值？

理解类层次中的所有变量和方法之间的交互是一个很困难的任务。阅读其他程序员开发的类层次的代码时尤其如此。要完全理解代码，常常需要熟悉类层次中一路向上的基类的代码。

例如，假设在一个类层次中类 D 是类 C 的子类，类 C 是类 B 的子类，类 B 是基类 A 的子类。在类 D 中，代码可能会根据某个实例变量的值形成一个分支，但该变量可能不在类 D 的代码中设置。在这样的情况下，必须在类 C 的代码中寻找该实例变量。如果没有找到，就必须在类 B 的代码中进行查找，以此类推。

当设计类层次时，为了避免这种问题，可能最好的办法是只调用从类层次的上一层继承的方法，只使用从类层次的上一层继承的实例变量。在这里的示例中，类 D 中的代码只应该调用类 C 中的方法，类 C 只应该调用类 B 中的方法，以此类推。这是迪米特法则的一个简化版本。简单来说，你（指的是对象）只应该与最近的朋友（邻近的对象）对话，不应该与陌生人（远对象）对话。对这种法则的详细讨论不在本书的讨论范围内，不过网络上有很多参考资料。

另外一种方法在第 4 章讨论过，即利用组合，让对象实例化一个或多个其他对象。关键区别在于，继承用于建模"是一个"的关系，而组合使用"有一个"的关系。例如，如果我们想使用一个微调框小部件（一种可编辑的数字文本字段，带有向上和向下箭头），就可以创建一个 SpinBox 类，让它实例化一个 DisplayNumber 对象，并为箭头实例化两个 CustomButton 对象。这些对象都已经知道如何处理相应的用户交互。

> **多继承**
>
> 你已经看到一个类如何继承自另一个类。事实上，Python 与其他一些编程语言一样，允许从一个类继承多个类。这称为多继承。Python 中从多个类继承类的语法非常简单。
>
> ```
> class SomeClass(<BaseClass1>, <BaseClass2>, ...):
> ```
>
> 但是，需要重点注意的是，如果被继承的基类中包含名称相同的方法或实例变量，多继承可能导致冲突。Python 有一些规则可以解决这种潜在的问题，它们称为方法解析顺序（Method Resolution Order，MRO）。这是一个高级主题，所以不在这里讨论，但如果你想了解，可以参见 Python 官网。

10.11　小结

本章介绍继承（即"差异编程"）的艺术。继承的基本思想是创建一个类（子类），使其包含另外一个类（基类）的所有方法和实例变量，从而使你能够重用现有代码。新的子类可以选择使用或者重写基类中的方法，也可以定义自己的方法。子类中的方法可以通过调用 super() 找到基类。

我们创建了两个类——InputNumber 和 DisplayMoney，它们提供了高度可重用的功能。这两个类被实现为子类，它们使用 pygwidgets 包中的类作为基类。

使用你的子类的客户端代码看到的接口包含子类和基类中定义的方法。使用同一个基类可以创建任意个子类。抽象类不应该被客户端代码实例化，而是应该被子类继承。基类中的抽象方法必须在每个子类中重写。

我们通过几个示例演示了 pygwidgets 包中的继承，说明了 TextButton 类和 CustomButton 类都继承自一个公共基类 PygWidgetsButton。

本章展示了如何构建类层次，让一个类继承另一个类，后者又继承另外一个类。

继承可能十分复杂，阅读其他人的代码可能让你十分困惑，但是继承是很强大的特性。

第 11 章 管理对象使用的内存

本章将解释 Python 和 OOP 的一些重要的概念，例如，对象的生存期（包括对象的删除）和类变量，这些概念不适合放到本部分前面的章节中介绍。为了能够将这些概念结合起来运用，我们将创建一个小游戏。本章还将介绍 slots，这是一种针对对象的内存管理技术。本章应该能够帮助你更好地理解代码对对象使用内存的方式会产生怎样的影响。

11.1 对象的生存期

第 2 章将对象定义为"数据以及在一段时间内操作这些数据的代码"。前面讨论了数据（实例变量）和操作数据的代码（方法），但还没有解释时间，所以本章将重点介绍时间。

程序可以在任何时候创建对象。程序常常在启动时创建一个或多个对象，然后在其运行过程中使用这些对象。但是，很多时候，程序会在需要某个对象时创建该对象，在使用完该对象之后释放或者删除该对象，以便释放它使用的资源（内存、文件、网络连接等）。下面是几个示例。

- 用户在网购过程中使用的"事务"对象。当完成购买后，将销毁该对象。
- 处理网络通信的对象，在完成通信后将被释放。
- 游戏中的临时对象。程序可以实例化许多坏人、外星人、太空飞船等；每当玩家摧毁一个，程序就删除相应的底层对象。

从对象实例化到对象被销毁的时间段称为对象的生存期。为了理解对象的生存期，首先需要知道一个相关的底层概念——引用计数，它与 Python（和其他一些 OOP 语言）中的对象实现有关。

11.1.1 引用计数

Python 有一些不同的实现。下面针对引用计数的讨论适用于 Python 软件基金会（Python Software Foundation）发布的官方版本，即从 python.org 下载的版本，它常称为 CPython。Python 的其他实现可能使用一种不同的方法。

Python 的设计理念之一是，程序员从不应该关心内存管理的细节。Python 会负责这项工作。

但是，对 Python 管理内存的方式有基本的了解，有助于理解对象如何以及何时释放。

每当程序从类实例化对象时，Python 就会分配内存，用来存储该类中定义的实例变量。每个对象还包含一个额外的内部字段，称为引用计数，它跟踪有多少不同的变量引用这个对象。代码清单 11-1 显示了它的工作方式。

代码清单 11-1：用于演示引用计数的一个简单的 Square 类（文件: ReferenceCount.py）

```python
# Reference count example

❶ class Square():
      def __init__(self, width, color):
          self.width = width
          self.color = color

  # Instantiate an object
❷ oSquare1 = Square(5, 'red')
  print(oSquare1)
  # Reference count of the Square object is 1

  # Now set another variable to the same object
❸ oSquare2 = oSquare1
  print(oSquare2)
  # Reference count of the Square object is 2
```

我们可以使用 Python Tutor 来单步调试代码。首先，创建一个简单的 Square 类（❶），它包含几个实例变量。然后，实例化一个对象，并将其赋给变量 oSquare1（❷）。图 11-1 显示了在实例化第 1 个对象后会看到什么。可以看到，变量 oSquare1 引用 Square 类的一个实例。

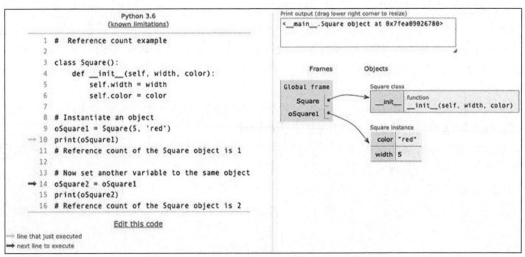

图 11-1　有一个变量（oSquare1）引用一个对象

接下来，我们让另外一个变量引用相同的 Square 对象（❸），并输出新变量的值。注意，语句 oSquare2 = oSquare1 并没有创建 Square 对象的一个新副本。图 11-2 显示了在执行这两行代码后会看到什么。

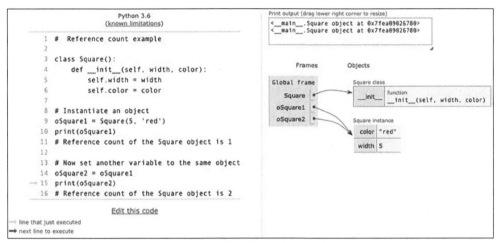

图 11-2　两个变量引用相同的对象

变量 oSquare1 和 oSquare2 引用相同的对象。在上部的框中，还可以看到，对 print()的两次调用显示了相同的内存地址。因此，该对象的引用计数现在是 2。如果我们再为另外一个变量赋值，引用计数将增加到 3（因为这 3 个变量将引用相同的对象），以此类推。

```
oSquare3 = oSquare2 # or oSquare1
```

对象的引用计数很重要，因为当它变为 0 时，Python 会把相关的内存标记为程序不再使用的内存，即将那块内存标记为"垃圾"。Python 的垃圾回收器会回收被标记为垃圾的内存块，本章后面将讨论相关内容。

Python 的标准库包含一个 getrefcount()函数，它返回引用某个对象的变量个数。这里在从 Square 类第一次实例化 Square 对象后，使用该函数来查看引用计数。

```
oSquare1 = Square(5, 'red')
print('Reference count is', sys.getrefcount(oSquare1))
```

输出结果是 2。这可能让你感到意外，你可能期望输出的引用计数是 1。但是，该函数的文档指出："返回的计数一般比你可能期望的计数大 1，因为返回的计数包含作为 getrefcount()的实参的（临时）引用。"

1. 增加引用计数

增加对象的引用计数有以下几种方式。

（1）为另外一个变量赋值，使其引用相同的对象。

```
oSquare2 = oSquare1
```

（2）把一个对象传入一个函数，从而设置一个局部参数变量来引用该对象。

```
def myFunctionOrMethod(oLocalSquareParam):
    # oLocalSquareParam now refers to wherever the argument refers to
    <body of myFunctionOrMethod>
```

```
myFunctionOrMethod(oSquare1) # call the function and pass in the object
```

（3）把对象添加到容器（如列表或字典）中。

```
myList = [oSquare1, someValue, someOtherValue]
```

如果 oSquare1 已经引用一个对象，则在执行这行代码后，列表中将包含对同一个 Square 对象的另外一个引用。

2. 减小引用计数

减小引用计数的方式也有好几种。为了演示这一点，创建一个对象，并增加它的引用计数。

```
oSquare1 = Square(20, BLACK)
oSquare2 = oSquare1
myList = [oSquare1]
myFunctionOrMethod(oSquare1) # call the function and pass in the object
```

当 myFunctionOrMethod()开始执行时，将把对象的引用复制到一个局部参数变量中，以便能够在函数中使用。这个 Square 对象的当前引用计数是 4，它们分别是两个对象变量、列表中的一个副本，以及函数内的一个局部参数变量。这个引用计数可以通过下面的方式减小。

（1）为对引用对象的变量重新赋值，示例如下。

```
oSquare2 = 5
```

（2）引用对象的局部变量超出作用域。当在函数或方法内创建一个变量后，该变量的作用域就局限为该函数或方法。当当前的函数或方法执行结束时，该变量就消失了。在本例中，当 myFunctionOrMethod()结束时，将删除引用对象的局部变量。

（3）从容器（如列表、元组或字典）中删除一个对象，例如，使用下面的代码删除对象。

```
myList.pop()
```

调用列表的 remove()方法也会减小引用计数。

（4）使用 del 语句显式删除引用对象的变量。这会删除该变量，并减小对象的引用计数。

```
del oSquare3 # delete the variable
```

（5）对象容器（这里是 myList）的引用计数变为 0。

```
del myList # where myList has an element that refers to an object
```

如果变量引用一个对象，你想保留该变量，但不想再引用该对象，则可以执行如下语句。

```
oSquare1 = None
```

这将保留变量名称，但减小对象的引用计数。

3. 死亡通知

当一个对象的引用计数变为 0 时，Python 知道可以安全地删除该对象。在删除一个对象之前，Python 会调用该对象的一个名为__del__()的魔术方法，通知该对象它快被删除了。

在任何类中，你都可以编写自己的__del__()方法。在你的版本中，你可以包含任何想让对象在永久删除之前执行的代码。例如，你的对象可能需要关闭文件、关闭网络连接等。

当删除对象时，Python 会检查它的实例变量是否引用其他对象。如果引用，就也减小那些对象的引用计数。如果这导致另外一个对象的引用计数变为 0，则该对象也会被删除。这种链式的或者说级联的删除可能会一层层进行下去。代码清单 11-2 提供了一个示例。

代码清单 11-2：演示__del__()方法的类（文件: DeleteExample_Teacher_Student.py）

```python
# Student class

class Student():
    def __init__(self, name):
        self.name = name
        print('Creating Student object', self.name)

❶   def __del__(self):
        print('In the __del__ method for student:', self.name)

# Teacher class
class Teacher():
    def __init__(self):
        print('Creating the Teacher object')
❷       self.oStudent1 = Student('Joe')
        self.oStudent2 = Student('Sue')
        self.oStudent3 = Student('Chris')

❸   def __del__(self):
        print('In the __del__ method for Teacher')

# Instantiate the Teacher object (that creates Student objects)
❹ oTeacher = Teacher()

# Delete the Teacher object
❺ del oTeacher
```

这里有两个类——Student 和 Teacher。主代码实例化了一个 Teacher 对象（❹），它的__init__()方法创建了 Student 类的 3 个实例（❷），分别对应 Joe、Sue 和 Chris。因此，在创建后，Teacher 对象将有 3 个实例变量，它们都是 Student 对象。第一部分的输出如下所示。

```
Creating the Teacher object
Creating Student object Joe
Creating Student object Sue
Creating Student object Chris
```

接下来，主代码使用 del 语句删除 Teacher 对象（❺）。因为我们在 Teacher 类中写了一个__del__()方法（❸），所以将调用 Teacher 对象中的这个方法，为了进行演示，这里只让它输出一条消息。

当删除 Teacher 对象时，Python 会看到它包含另外 3 个对象（3 个 Student 对象）。因此，Python 会将这些对象的引用计数从 1 减小为 0。

当出现这种情况时，将调用 Student 对象的__del__()方法（❶），每次调用将输出一条消息。全部 3 个 Student 对象使用的内存将被标记为垃圾。程序最后部分生成的输出如下。

```
In the __del__ method for Teacher
In the __del__ method for student: Joe
In the __del__ method for student: Sue
In the __del__ method for student: Chris
```

因为 Python 会跟踪所有对象的引用计数，所以基本上不需要关心 Python 中的内存管理，也很少需要包含自己的__del__()方法。但是，当不再需要使用占用大量内存的对象时，你可能会考虑使用 del 语句来显式地告诉 Python 删除它们。例如，当你不再使用某个从数据库中加载大量记录或者加载许多图片的对象时，可能会想要删除该对象。另外，不保证当程序退出时，Python 一定会调用__del__()方法，所以不应该把对于结束程序非常重要的代码放到这个方法中。

11.1.2 垃圾回收

当删除对象后（要么因为对象的引用计数变为 0，要么因为显式使用 del 语句删除它），作为程序员，你应该认为该对象已经不再可以访问。

但是，垃圾回收器的具体实现是由 Python 决定的。对于程序员来说，决定什么时候运行垃圾回收代码的算法的细节并不重要。这些代码可能在程序实例化一个对象、导致 Python 需要分配内存的时候运行，可能在随机时间运行，也可能按照预定的时间运行。在不同 Python 版本之间，算法可能发生变化。但无论如何，Python 会负责垃圾回收，你不需要关心具体细节。

11.2 类变量

实例变量是在类中定义的，从某个类实例化的每个对象都包含自己的一组实例变量。前缀 self.用于标识每个实例变量。但是，在类级别，你也可以创建类变量。

> **类变量：** 在类中定义并且被类拥有的变量。无论创建该类的多少个实例，每个类变量都只有一个。

使用赋值语句创建类变量，按照约定，这种赋值语句放在 class 语句和第 1 个 def 语句之间，如下所示。

```
class MyDemoClass():
    myClassVariable = 0 # create a class variable and assign 0 to it

    def __init__(self, <otherParameters>):
        # More code here
```

因为这个类变量是类拥有的，所以在该类的方法中使用 MyDemoClass.myClassVariable 来引用它。从一个类实例化的每个对象都能够访问该类中定义的全部类变量。

类变量有两种典型的用途——定义常量，创建计数器。

11.2.1 类变量常量

创建一个类变量，将其用作常量，如下所示。

```
class MyClass():
    DEGREES_IN_CIRCLE = 360 # creating a class variable constant
```

要在该类的方法中访问这个常量,需要使用 MyClass.DEGREES_IN_CIRCLE。

提醒一下,Python 中并不是真的有常量。但是,Python 程序员之间存在这样一个约定:如果变量的名称中只包含大写字符,并且每个单词之间用下画线隔开,那么应该把这种变量视为常量,即,不应该对这种类型的变量重新赋值。

我们还可以使用类变量常量来节省资源(内存和时间)。假设我们在编写一个游戏,在游戏中创建 SpaceShip 类的许多实例。我们创建太空飞船的一张图片,将该文件放到一个名为 images 的文件夹中。在考虑使用类变量之前,SpaceShip 类的 __init__()方法会首先实例化一个 Image 对象,如下所示。

```
class SpaceShip():
    def __init__(self, window, ...):
        self.image = pygwidgets.Image(window, (0, 0),
                                      'images/ship.png')
```

这种方法可行。但是,这样的代码意味着每个从 SpaceShip 类实例化的对象都必须花时间加载图片,而且每个对象都需要占用内存来表示相同图片的一个副本。所以我们不采用这种方法,而让类加载图片一次,然后让每个 SpaceShip 对象使用类中保存的这张图片,如下所示。

```
class SpaceShip():
    SPACE_SHIP_IMAGE = pygame.image.load('images/ship.png')
    def __init__(self, window, ...):
        self.image = pygwidgets.Image(window, (0, 0),
                                      SpaceShip.SPACE_SHIP_IMAGE)
```

Image 对象(pygwidgets 中的对象,就像这里使用的这样)可以使用图片的路径,或者已经加载的图片。允许类只加载图片一次,可以加快启动速度,并减少内存使用量。

11.2.2 将类变量用于计数

使用类变量的另外一种方式是跟踪从一个类实例化了多少个对象。代码清单 11-3 显示了一个示例。

代码清单 11-3:使用类变量统计从这个类实例化的对象个数(文件: ClassVariable.py)

```
# Sample class

class Sample():
  ❶ nObjects = 0 # this is a class variable of the Sample class
    def __init__(self, name):
        self.name = name
      ❷ Sample.nObjects = Sample.nObjects + 1

    def howManyObjects(self):
      ❸ print('There are', Sample.nObjects, 'Sample objects')

    def __del__(self):
      ❹ Sample.nObjects = Sample.nObjects - 1
```

```
# Instantiate 4 objects
oSample1 = Sample('A')
oSample2 = Sample('B')
oSample3 = Sample('C')
oSample4 = Sample('D')

# Delete 1 object
del oSample3

# See how many we have
oSample1.howManyObjects()
```

在 Sample 类中，nObjects 在类作用域内定义，所以是一个类变量，通常会在 class 语句和第 1 个 def 语句之间定义这种变量（❶）。它用于统计存在的 Sample 对象的个数，其初始值为 0。所有方法使用 Sample.nObjects 这个名称来引用该变量。每当实例化一个 Sample 对象时，就递增计数（❷）。每当删除一个 Sample 对象时，就递减计数（❹）。howManyObjects()方法报告当前计数（❸）。

主代码创建了 4 个对象，然后删除了一个对象。运行时，程序的输出如下所示。

```
There are 3 Sample objects
```

11.3　综合运用：气球示例程序

在本节中，我们将综合运用前面介绍过的一些概念，创建一款相对简单的游戏——至少从用户的角度来看，是一个简单的游戏。这个游戏将在窗口中创建一些气球，这些气球具有 3 种不同的大小，并且它们一直向上移动。游戏目标是让用户在气球飞出窗口之前，戳破尽可能多的气球。小气球价值 30 分，中等大小的气球价值 20 分，大气球价值 10 分。

可以扩展这个游戏来包含多个关卡，在每一关中，气球的飞行速度越来越快。但是，现在我们只有一个关卡。每个气球的大小和位置是随机选择的。在每轮游戏开始前，会显示一个 Start 按钮，使用户能够再次玩游戏。图 11-3 是游戏的一张截图。

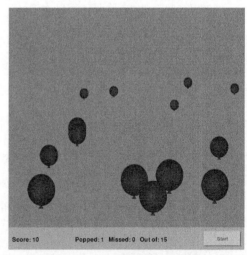

图 11-3　气球游戏的一张截图

图 11-4 显示了游戏的项目文件夹。

这里使用 4 个 Python 源文件来实现这个游戏。

- **Main_BalloonGame.py**：主代码，运行主循环。
- **BallonMgr.py**：包含 BalloonMgr 类，该类处理所有 Balloon 对象。
- **Balloon.py**：包含 Balloon 类以及 BalloonSmall、BalloonMedium 和 BalloonLarge 子类。
- **BalloonConstants.py**：包含多个文件使用的常量。

11.3 综合运用：气球示例程序

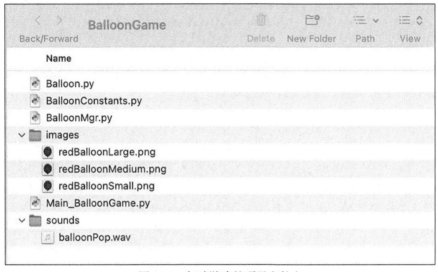

图 11-4　气球游戏的项目文件夹

图 11-5 显示了游戏实现的对象图。

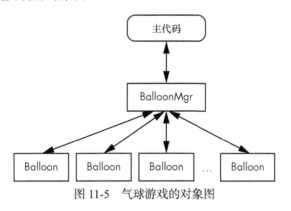

图 11-5　气球游戏的对象图

主代码（包含在 Main_BalloonGame.py 中）从 BalloonMgr 类实例化一个气球管理器。然后，气球管理器实例化一些气球（每个气球是从 BalloonSmall、BalloonMedium 和 BalloonLarge 类中随机选择的），并且在一个实例变量中保存这个对象列表。每个 Balloon 对象设置自己的速度、分值以及距离窗口底部的随机起始位置。

在这种结构中，主代码负责呈现整体用户界面。它只与 oBalloonMgr 通信。oBalloonMgr 与所有 Balloon 对象通信。因此，主代码甚至不知道 Balloon 对象的存在。它依赖气球管理器来处理 Balloon 对象。接下来，介绍程序的不同部分，看各部分如何工作。

11.3.1　常量模块

常量模块组织方式为使用多个 Python 文件引入了一种新的技术，每个文件常称为一个模块。

如果你发现有多个 Python 模块需要访问相同的常量,那么一个不错的解决方案是为常量创建一个模块,然后把该模块导入所有使用这些常量的模块中。代码清单 11-4 显示了 BalloonConstants.py 中定义的一些常量。

代码清单 11-4:一个被其他模块导入的常量模块(文件: BalloonGame/BalloonConstants.py)

```
# Constants used by more than one Python module

N_BALLOONS = 15 # number of balloons in a round of the game
BALLOON_MISSED = 'Missed' # balloon went off the top
BALLOON_MOVING = 'Balloon Moving' # balloon is moving
```

这只是一个简单的 Python 文件,包含多个模块共享的常量。主代码需要知道有多少个气球,以便能够显示这个数字。气球管理器需要知道这个数字,以便能实例化正确数量的 Balloon 对象。当使用这种方法时,很容易修改 Balloon 对象的个数。如果我们添加包含不同个数的气球的关卡,则可以在这个文件中创建一个列表或字典,其他所有文件将能够访问这些信息。

另外两个常量用在每个 Balloon 对象中,作为气球在窗口中向上移动时的状态指示器。在后面你将会看到,气球管理器(oBalloonMgr)会询问每个 Balloon 对象的状态,每个 Balloon 对象将返回这两个常量中的一个作为响应。为了确保程序的不同部分使用一致的值,将共享的常量添加到一个模块中,然后在使用这些常量的模块中导入该常量模块是一种简单有效的技术。这是通过只在一个位置定义值应用"不重复自己"(Don't Repeat Yourself,DRY)原则的一个好示例。

11.3.2 主程序代码

示例程序的主代码如代码清单 11-5 所示,它遵守本书使用的 12 步模板。主程序代码不仅显示用户得分、游戏状态和一个 Start 按钮,还会影响用户单击 Start 按钮的操作。

代码清单 11-5:气球游戏的主代码(文件: BalloonGame/Main_BalloonGame.py)

```
# Balloon game main code

# 1 - Import packages
from pygame.locals import *
import pygwidgets
import sys
import pygame
from BalloonMgr import *

# 2 - Define constants
BLACK = (0, 0, 0)
GRAY = (200, 200, 200)
BACKGROUND_COLOR = (0, 180, 180)
WINDOW_WIDTH = 640
WINDOW_HEIGHT = 640
PANEL_HEIGHT = 60
USABLE_WINDOW_HEIGHT = WINDOW_HEIGHT - PANEL_HEIGHT
FRAMES_PER_SECOND = 30

# 3 - Initialize the world
```

```
pygame.init()
window = pygame.display.set_mode((WINDOW_WIDTH, WINDOW_HEIGHT))
clock = pygame.time.Clock()

# 4 - Load assets: image(s), sound(s), etc.
oScoreDisplay = pygwidgets.DisplayText(window, (10, USABLE_WINDOW_HEIGHT + 25),
                            'Score: 0', textColor=BLACK,
                            backgroundColor=None, width=140, fontSize=24)
oStatusDisplay = pygwidgets.DisplayText(window, (180, USABLE_WINDOW_HEIGHT + 25),
                            '', textColor=BLACK, backgroundColor=None,
                            width=300, fontSize=24)
oStartButton = pygwidgets.TextButton(window,
                            (WINDOW_WIDTH - 110, USABLE_WINDOW_HEIGHT + 10),
                            'Start')

# 5 - Initialize variables
oBalloonMgr = BalloonMgr(window, WINDOW_WIDTH, USABLE_WINDOW_HEIGHT)
playing = False  ❶ # wait until user clicks Start

# 6 - Loop forever
while True:
    # 7 - Check for and handle events
    nPointsEarned = 0
    for event in pygame.event.get():

        if event.type == pygame.QUIT:
            pygame.quit()
            sys.exit()

        if playing:  ❷
            oBalloonMgr.handleEvent(event)
            theScore = oBalloonMgr.getScore()
            oScoreDisplay.setValue('Score: ' + str(theScore))
        elif oStartButton.handleEvent(event):  ❸
            oBalloonMgr.start()
            oScoreDisplay.setValue('Score: 0')
            playing = True
            oStartButton.disable()

    # 8 - Do any "per frame" actions
    if playing:  ❹
        oBalloonMgr.update()
        nPopped = oBalloonMgr.getCountPopped()
        nMissed = oBalloonMgr.getCountMissed()
        oStatusDisplay.setValue('Popped: ' + str(nPopped) +
                                ' Missed: ' + str(nMissed) +
                                ' Out of: ' + str(N_BALLOONS))

        if (nPopped + nMissed) == N_BALLOONS:  ❺
            playing = False
            oStartButton.enable()

    # 9 - Clear the window
    window.fill(BACKGROUND_COLOR)

    # 10 - Draw all window elements
    if playing:  ❻
        oBalloonMgr.draw()

    pygame.draw.rect(window, GRAY, pygame.Rect(0,
                    USABLE_WINDOW_HEIGHT, WINDOW_WIDTH, PANEL_HEIGHT))
    oScoreDisplay.draw()
```

```
       oStatusDisplay.draw()
       oStartButton.draw()

       # 11 - Update the window
       pygame.display.update()

       # 12 - Slow things down a bit
       clock.tick(FRAMES_PER_SECOND) # make pygame wait
```

代码基于一个布尔变量 playing，它默认情况下设置为 False，以允许用户通过单击 Start 按钮开始游戏（❶）。

当 playing 为 True 时，主代码调用气球管理器 oBalloonMgr 的 handleEvent() 方法（❷）来处理所有事件。我们调用气球管理器的 getScore() 方法来获取分数，并更新分数字段的文本。

当游戏结束时，程序等待用户单击 Start 按钮（❸）。单击该按钮后，气球管理器将启动游戏，更新用户界面。

在每一帧中，如果游戏正在运行，就向气球管理器发送 update() 消息（❹），它将把 update() 消息发送给所有气球。然后，我们询问气球管理器剩余的气球数和戳破的气球数。我们使用这些信息来更新用户界面。

当用户戳破所有气球或者最后一个气球飞出窗口顶部时，就将 playing 变量设置为 False，并启用 Start 按钮（❺）。

绘制代码十分简单（❻）。我们告诉气球管理器进行绘制，这将导致所有气球绘制自身。然后，我们绘制底部的状态栏和状态数据，以及 Start 按钮。

11.3.3 气球管理器

气球管理器负责跟踪所有气球，包括创建 Balloon 对象，告诉每个 Balloon 对象绘制自身，告诉每个 Balloon 对象移动，以及跟踪戳破的气球数和错过的气球数。代码清单 11-6 包含 BalloonMgr 类的代码。

代码清单 11-6：BalloonMgr 类（文件: BalloonGame/BalloonMgr.py）

```
# BalloonMgr class

import pygame
import random
from pygame.locals import *
import pygwidgets
from BalloonConstants import *
from Balloon import *

# BalloonMgr manages a list of Balloon objects
class BalloonMgr():
❶ def __init__(self, window, maxWidth, maxHeight):
        self.window = window
        self.maxWidth = maxWidth
        self.maxHeight = maxHeight

❷ def start(self):
        self.balloonList = []
        self.nPopped = 0
        self.nMissed = 0
```

11.3 综合运用：气球示例程序

```
❸   for balloonNum in range(0, N_BALLOONS):
        randomBalloonClass = random.choice((BalloonSmall,
                                            BalloonMedium,
                                            BalloonLarge))
        oBalloon = randomBalloonClass(self.window, self.maxWidth,
                                      self.maxHeight, balloonNum)
        self.balloonList.append(oBalloon)

    def handleEvent(self, event):
❹      if event.type == MOUSEBUTTONDOWN:
            # Go 'reversed' so topmost balloon gets popped
            for oBalloon in reversed(self.balloonList):
                wasHit, nPoints = oBalloon.clickedInside(event.pos)
                if wasHit:
                    if nPoints > 0:  # remove this balloon
                        self.balloonList.remove(oBalloon)
                        self.nPopped = self.nPopped + 1
                        self.score = self.score + nPoints
                    return  # no need to check others

❺   def update(self):
        for oBalloon in self.balloonList:
            status = oBalloon.update()
            if status == BALLOON_MISSED:
                # Balloon went off the top, remove it
                self.balloonList.remove(oBalloon)
                self.nMissed = self.nMissed + 1

❻   def getScore(self):
        return self.score

❼   def getCountPopped(self):
        return self.nPopped

❽   def getCountMissed(self):
        return self.nMissed

❾   def draw(self):
        for oBalloon in self.balloonList:
            oBalloon.draw()
```

当实例化气球管理器时，将把窗口的宽度和高度告诉它（❶），它将把这些信息保存到实例变量中。

start()方法（❷）背后的概念很重要。它的目的是为一局游戏初始化必要的实例变量，所以每当用户启动一局游戏的时候就会调用该方法。在这个游戏中，start()重置戳破的气球数和错过的气球数。然后，它在循环中创建所有Balloon对象（使用3个不同的类，从3种不同的大小中随机选择），并把它们存储到一个列表中（❸）。每当该方法创建一个Balloon对象时，就传入窗口以及窗口的宽度和高度（为了方便将来扩展程序，为每个Balloon对象分配了唯一的编号）。

每次迭代主循环时，主代码会调用气球管理器的handleEvent()方法（❹）。在该方法中，我们检查用户是否单击了任何Balloon。如果检测到MOUSEDOWNEVENT事件，则代码将迭代全部Balloon对象，询问它们单击是否发生在它们身上。每个Balloon返回一个布尔值，指出它是否被单击，如果被单击，还会返回用户戳破这个气球应该得到的分数（这样写代码是为了方便将来扩展)。然后,气球管理器使用 remove()方法从列表中删除该 Balloon,增加被戳破的气球个数,并更新分数。

在主循环的每次迭代中,主代码还会调用气球管理器的 update()方法(❺),它会把这个调用传递给所有气球,告诉它们更新自身。每个气球根据自己的速度设置在窗口中向上移动,并返回自己的状态:它仍然在移动(BALLOON_MOVING),或者它已经移出窗口的顶部(BALLOON_MISSED)。如果错过一个气球,气球管理器将从列表中删除该气球,并增加错过的气球个数。

气球管理器提供了 3 个 getter 方法,允许主代码获取分数(❻)、戳破的气球数(❼)以及错过的气球数(❽)。

每次迭代主循环时,主代码会调用气球管理器的 draw()方法(❾)。气球管理器自己没有要绘制的东西,但它会遍历所有 Balloon 对象,并调用每个 Balloon 对象的 draw()方法(注意,这里利用了多态性。气球管理器有一个 draw()方法,每个 Balloon 对象也有一个 draw()方法)。

> **注意:** 作为一个挑战,试着扩展这个游戏,在其中包含一个新的 Balloon 类型(Balloon 的子类)——MegaBalloon。区别在于,需要单击 3 次,才能够戳破一个 MegaBallon。这款游戏的配套资源包含 MegaBalloon 的样式效果。

11.3.4　Balloon 类和对象

为了强化第 10 章介绍的继承的概念,Balloon.py 模块不仅包含一个名为 Balloon 的抽象基类,还包含它的 3 个子类——BalloonSmall、BalloonMedium 和 BalloonLarge。气球管理器使用这些子类实例化 Balloon 对象。每个子类只包含一个 __init__()方法,它重写并调用 Balloon 类的 __init__()抽象方法。每个气球图片以窗口底部下方的一个随机位置作为初始位置,每一帧中向上移动几像素。代码清单 11-7 显示了 Balloon 及其子类的代码。

代码清单 11-7:Balloon 类(文件: BalloonGame/Balloon.py)

```
# Balloon base class and 3 subclasses

import pygame
import random
from pygame.locals import *
import pygwidgets
from BalloonConstants import *
from abc import ABC, abstractmethod
❶ class Balloon(ABC):

    popSoundLoaded = False
    popSound = None # load when first balloon is created

    @abstractmethod
❷   def __init__(self, window, maxWidth, maxHeight, ID,
                 oImage, size, nPoints, speedY):
        self.window = window
        self.ID = ID
        self.balloonImage = oImage
        self.size = size
        self.nPoints = nPoints
```

```
            self.speedY = speedY
            if not Balloon.popSoundLoaded:  # load first time only
                Balloon.popSoundLoaded = True
                Balloon.popSound = pygame.mixer.Sound('sounds/balloonPop.wav')

            balloonRect = self.balloonImage.getRect()
            self.width = balloonRect.width
            self.height = balloonRect.height
            # Position so balloon is within the width of the window,
            # but below the bottom
            self.x = random.randrange(maxWidth - self.width)
            self.y = maxHeight + random.randrange(75)
            self.balloonImage.setLoc((self.x, self.y))

❸       def clickedInside(self, mousePoint):
            myRect = pygame.Rect(self.x, self.y, self.width, self.height)
            if myRect.collidepoint(mousePoint):
                Balloon.popSound.play()
                return True, self.nPoints  # True here means it was hit
            else:
                return False, 0  # not hit, no points

❹       def update(self):
            self.y = self.y - self.speedY  # update y position by speed
            self.balloonImage.setLoc((self.x, self.y))
            if self.y < -self.height:  # off the top of the window
                return BALLOON_MISSED
            else:
                return BALLOON_MOVING

❺       def draw(self):
            self.balloonImage.draw()

❻       def __del__(self):
            print(self.size, 'Balloon', self.ID, 'is going away')

❼   class BalloonSmall(Balloon):
        balloonImage = pygame.image.load('images/redBalloonSmall.png')
        def __init__(self, window, maxWidth, maxHeight, ID):
            oImage = pygwidgets.Image(window, (0, 0),
                                      BalloonSmall.balloonImage)
            super().__init__(window, maxWidth, maxHeight, ID,
                             oImage, 'Small', 30, 3.1)

❽   class BalloonMedium(Balloon):
        balloonImage = pygame.image.load('images/redBalloonMedium.png')
        def __init__(self, window, maxWidth, maxHeight, ID):
            oImage = pygwidgets.Image(window, (0, 0),
                                      BalloonMedium.balloonImage)
            super().__init__(window, maxWidth, maxHeight, ID,
                             oImage, 'Medium', 20, 2.2)

❾   class BalloonLarge(Balloon):
        balloonImage = pygame.image.load('images/redBalloonLarge.png')
        def __init__(self, window, maxWidth, maxHeight, ID):
            oImage = pygwidgets.Image(window, (0, 0),
                                      BalloonLarge.balloonImage)
            super().__init__(window, maxWidth, maxHeight, ID,
                             oImage, 'Large', 10, 1.5)
```

Balloon 类是一个抽象类（❶），所以 BalloonMgr 从 BalloonSmall（❼）、BalloonMedium（❽）

和 BalloonLarge（❾）类随机实例化对象。这些类都会创建一个 pygwidgets Image 对象，然后调用 Balloon 基类中的__init__()方法。我们通过代表图片、大小、分数和速度的参数区分不同的气球。

Ballon 类的__init__()方法（❷）在实例变量中存储每个气球的信息。我们获取气球图片的矩形，并记忆其宽度和高度。我们设置随机的水平位置，确保气球图片能够完全显示在窗口内。

每次发生 MOUSEDOWNEVENT 事件时，气球管理器将遍历 Balloon 对象，并调用每个 Balloon 对象的 clickedInside()方法（❸）。这里的代码检查检测到的 MOUSEDOWNEVENT 事件是否发生在当前气球内。如果发生在当前气球内，Balloon 就播放破裂的声音，并返回一个布尔值，指出自己被点中了，还会返回自己的分数。如果没有被点中，它就返回 False 和 0。

在每一帧中，气球管理器会调用每个 Balloon 的 update()方法（❹），这会将 Balloon 的 y 坐标减去它在一秒内移动的距离，从而使气球在窗口中向上移动。改变位置后，update()方法将返回 BALLOON_MISSED（气球已经完全从窗口的顶部移出）或 BALLOON_MOVING（表示气球仍然在窗口内）。

draw()方法只在合适的(x, y)位置绘制气球图片（❺）。虽然 y 是一个浮点值，但是 pygame 会自动把它转换为一个整数，以便能够将图片放到窗口中的合适像素位置。

最后一个方法是__del__()（❻），它用于调试和将来的开发。每当气球管理器删除一个气球时，就会调用该 Balloon 对象的__del__()方法。为了进行演示，现在只让它输出一条消息，显示气球的大小和 ID 编号。

运行程序，当用户开始单击气球时，我们可以在 shell 或者控制台窗口中看到如下输出。

```
Small Balloon 2 is going away
Small Balloon 8 is going away
Small Balloon 3 is going away
Small Balloon 7 is going away
Small Balloon 9 is going away
Small Balloon 12 is going away
Small Balloon 11 is going away
Small Balloon 6 is going away
Medium Balloon 14 is going away
Large Balloon 1 is going away
Medium Balloon 10 is going away
Medium Balloon 13 is going away
Medium Balloon 0 is going away
Medium Balloon 4 is going away
Large Balloon 5 is going away
```

当游戏结束后，程序会等待用户单击 Start 按钮。当用户单击该按钮后，气球管理器会重新创建 Balloon 对象列表，并重置实例变量，游戏将再次开始。

11.4 使用 slots 管理内存

如前所述，当实例化一个对象时，Python 必须为类中定义的实例变量分配空间。默认情况下，Python 使用一个字典来完成这项工作，这个字典有一个特殊的名称__dict__。为了查看这个字典，你可以在任何类的__init__()方法的末尾添加下面的一行代码。

```python
print(self.__dict__)
```

字典是表示所有实例变量的一种好的方式，因为它是动态的，每当 Python 遇到之前在类中没有见到过的实例变量时，字典是可以增长的。虽然建议在 __init__()方法中初始化所有实例变量，但是确实可以在任何方法中定义实例变量，当这样的方法第一次执行时，这些实例变量就会被添加到字典中。虽然下面的代码不好，但是它说明了你能够动态地向对象添加实例变量。

```python
myObject = MyClass()
myObject.someInstanceVariable = 5
```

为了支持这种动态能力，在实现字典时，通常使其一开始具有足够的空间来表示一定数量的实例变量（准确的数字是 Python 的内部细节）。每当遇到一个新的实例变量时，就把它添加到字典中。如果字典用完空间，Python 会为它分配更多空间。这种方法的效果一般很好，程序员在使用这种实现时不会遇到问题。

但是，假设你有如下类，它在 __init__()方法中创建了两个实例变量，并且你知道你不会再添加更多实例变量。

```python
class Point():
    def __init__(self, x, y):
        self.x = x
        self.y = y
    # More methods
```

现在，假设你需要从这个类实例化大量（几十万甚至上百万个）对象。在这种情况下，为字典分配的初始空间累加起来会导致大量的内存空间（RAM）浪费。

为了消除这种潜在的浪费，Python 为表示实例变量提供了一种不同的方法——使用 slots。其思想是，你可以提前告诉 Python 所有实例变量的名称，Python 将使用一个数据结构，刚好为这些实例变量分配足够的空间。要使用 slots，需要包含特殊的类变量 __slots__ 来定义一个变量列表。

```
__slots__ = [<instanceVar1>, <instanceVar2>, ... <instanceVarN>]
```

下面使用 slots 修改前面的示例类。

```python
class PointWithSlots():
    # Define slots for only two instance variables
    __slots__ = ['x', 'y']

    def __init__(self, x, y):
        self.x = x
        self.y = y
        print(x, y)
```

这两个类的工作方式一样，但是从 PointWithSlots 实例化的对象占用的内存要少得多。为了演示区别，我们将在两个类的 __init__()方法的最后添加下面的代码。

```python
        # Try to create an additional instance variable
        self.color = 'black'
```

现在，当我们尝试从两个类实例化对象时，Point 类能够添加另外一个实例变量，但

PointWithSlots 类将会失败，报出下面的错误。

```
AttributeError: 'PointWithSlots' object has no attribute 'color'
```

当使用 slots 时，以损失动态实例变量为代价，提高内存使用率。如果你在处理从一个类实例化的大量对象，那么这种权衡可能是有价值的。

11.5 小结

本章介绍了一些不适合放在前面几章中的概念。首先，本章讨论了在什么情况下你可能想要删除一个对象。本章介绍了引用计数，以及它们如何跟踪有多少个变量在引用同一个对象，这引出了对对象的生存期和垃圾回收的讨论。当引用计数变为 0 时，对象就可被垃圾回收。如果一个类定义了__del__()方法，那么从该类创建的任何对象都可以使用__del__()方法，执行它们想要做的任何清理工作。

之后，本章讨论了类变量与实例变量的区别。从一个类实例化的每个对象都会有自己的实例变量集合。但是，每个类变量只有一个，从该类创建的所有对象都可以访问同一个类变量。类变量常常用作常量或计数器，或者用于加载一个大对象，使其对从该类实例化的所有对象可用。

为了综合运用一些技术和概念，我们创建了一个戳气球的游戏，并高效地组织这个游戏的代码。我们让一个文件只包含其他文件使用的常量。主代码由主循环和状态显示组成，气球管理器负责管理对象。这种分工使我们能够把这个游戏拆分为更小的逻辑组件。每个部分的角色是清晰定义的，这让整个程序更容易管理。

最后，本章解释了一种称为 slots 的技术，它能够以高效使用内存的方式表示实例变量。

Part 4

第四部分

在游戏开发中使用 OOP

在本书的第四部分，我们将使用 pygwidgets 开发一些游戏示例。该部分还将介绍 pyghelpers 模块，它包含对开发游戏程序有帮助的许多类和函数。

第 12 章将再次讨论第 1 章的 *Higher or Lower* 游戏。我们将创建这款游戏的一个带图形用户界面的版本，并创建可以在任何纸牌游戏程序中重用的 Deck 类和 Card 类。

第 13 章将介绍定时器。我们将创建许多不同的定时器类，允许程序保持运行，同时以并发的方式检查特定的时间限值。

第 14 章将讨论可用于显示一系列图片的动画类。这使你能够轻松地创建精美的游戏和程序。

第 15 章将介绍如何创建包含许多场景（如启动场景、游戏场景和游戏结束场景）的程序。在该章中，我们将创建一个 SceneMgr 类，用于管理程序员创建的任意数量的场景。我们将使用它来创建一个 *Rock, Paper, Scissors* 游戏。

第 16 章将介绍如何显示和响应不同类型的对话框。你将利用前面学到的所有知识，创建一个完整的、使用动画的游戏。

第 17 章将介绍设计模式的概念，使用模型-视图-控制器模式作为示例进行讲解。然后，对面向对象编程做一个简单的总结。

第 12 章 纸牌游戏

在本书剩余的几章中，我们将使用 pygame 和 pygwidgets 创建一些演示程序。每个程序将创建一个或多个可重用的类，并展示如何在示例项目中使用它们。

在第 1 章中，我们创建了一个基于文本的 *Higher or Lower* 纸牌游戏。在本章中，我们将创建那个游戏的 GUI 版本，如图 12-1 所示。

我们来快速回顾这个游戏的规则：一开始有 7 张纸牌，不亮牌，1 张纸牌亮牌。玩家通过单击 Lower 或者 Higher，猜测下一张将翻开的纸牌的点数比上一张翻开的纸牌的点数更小还是更大。当游戏结束时，用户可以单击 New Game 来开始一局新游戏。玩家一开始的分数是 100，猜对时得 15 分，猜错时扣 10 分。

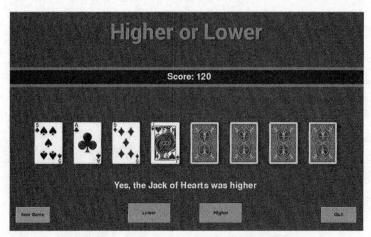

图 12-1 *Higher or Lower* 游戏的用户界面

12.1 Card 类

在这个游戏最初的基于文本的版本中，处理牌堆的代码不太容易在其他项目中重用。为了解决这个问题，这里将创建一个高度可重用的 Deck 类，使其管理从一个 Card 类创建的纸牌。

为了在 pygame 中表示一张纸牌，我们需要在每个 Card 对象的实例变量中存储下面的数据：

❏ 牌面大小（A，2，3，…，10，J，Q，K）；
❏ 花色（梅花、红心、方块、黑桃）；

- 值（1，2，3，…，12，13）；
- 名称（由牌面大小和花色组成）；
- 纸牌背面图片（所有 Card 对象共享的一张图片）；
- 纸牌正面图片（每个 Card 对象自己拥有的一张图片）。

每张纸牌必须能够执行下面的行为，我们将为这些行为创建方法。
- 将自己标记为已隐藏（不亮牌）。
- 将自己标记为已展示（亮牌）。
- 返回自己的名称。
- 返回自己的值。
- 设置和获取自己在窗口中的位置。
- 绘制自己（已展示或者已隐藏状态的图片）。

虽然在 *Higher or Lower* 游戏中不返回自己的牌面大小，不返回自己的花色，但是考虑到其他游戏可能需要它们，所以我们也添加了这些行为。

代码清单 12-1 显示了 Card 类的代码。

代码清单 12-1：Card 类（文件: HigherOrLower/Card.py）

```
# Card class

import pygame
import pygwidgets

class Card():

❶   BACK_OF_CARD_IMAGE = pygame.image.load('images/BackOfCard.png')

❷   def __init__(self, window, rank, suit, value):
        self.window = window
        self.rank = rank
        self.suit = suit
        self.cardName = rank + ' of ' + suit
        self.value = value
❸       fileName = 'images/' + self.cardName + '.png'
        # Set some starting location; use setLoc below to change
❹       self.images = pygwidgets.ImageCollection(window, (0, 0),
                        {'front': fileName,
                         'back': Card.BACK_OF_CARD_IMAGE}, 'back')

❺   def conceal(self):
        self.images.replace('back')

❻   def reveal(self):
        self.images.replace('front')

❼   def getName(self):
        return self.cardName

    def getValue(self):
        return self.value

    def getSuit(self):
        return self.suit
```

```
        def getRank(self):
            return self.rank

❽   def setLoc(self, loc):  # call the setLoc method of the ImageCollection
        self.images.setLoc(loc)

❾   def getLoc(self):  # get the location from the ImageCollection
        loc = self.images.getLoc()
        return loc

❿   def draw(self):
        self.images.draw()
```

Card 类假设在项目文件夹下的 images 文件夹中保存了 52 张纸牌的图片文件，以及所有纸牌的背面图片的文件。如果下载本章的配套文件，你会看到 images 文件夹中包含全套 .png 文件。这些文件可以通过从 GitHub 获取（在 GitHub 中搜索"IrvKalb/Object-Oriented-Python-Code"）。

Card 类加载纸牌背面的图片一次，将其保存到一个类变量中（❶）。所有 Card 对象都可以使用这张图片。

当调用每张纸牌的 __init__() 方法（❷）时，它首先在实例变量中保存窗口，构建纸牌的名称并保存到实例变量中，还会在实例变量中保存纸牌的牌面大小、值和花色。然后，它构建 images 文件夹中的一个文件的路径，该文件包含当前纸牌的图片（❸）。例如，如果牌面大小是 A，花色是黑桃，则我们构建路径 images/Ace of Spades.png。我们使用 ImageCollection 对象来记忆正面图片和背面图片的路径（❹）；我们将为最后一个参数使用 'back'，表示将显示纸牌的背面图片作为起始图片。

conceal() 方法（❺）告诉 ImageCollection 将纸牌背面设置为当前图片。reveal() 方法（❻）告诉 ImageCollection 将纸牌正面设置为当前图片。

getName()、getValue()、getSuit() 和 getRank() 方法（❼）是 getter 方法，调用者可以使用它们来获得给定图片的名称、值、花色和牌面大小。

setLoc() 方法为纸牌设置一个新位置（❽），getLoc() 方法获取纸牌的当前位置（❾）。纸牌位置保存在 ImageCollection 中。

最后，draw() 方法（❿）在窗口中绘制纸牌的图片。具体来说，它告诉 ImageCollection 在记忆的位置绘制当前指定的图片。

12.2 Deck 类

Deck 对象是对象管理器的经典示例。它的工作是创建并管理 52 个 Card 对象。代码清单 12-2 包含 Deck 类的代码。

代码清单 12-2：管理 52 个 Card 对象的 Deck 类（文件：HigherOrLower/Deck.py）

```
# Deck class

import random
from Card import *

class Deck():
❶   SUIT_TUPLE = ('Diamonds', 'Clubs', 'Hearts', 'Spades')
```

```python
    # This dict maps each card rank to a value for a standard deck
    STANDARD_DICT = {'Ace':1, '2':2, '3':3, '4':4, '5':5,
                     '6':6, '7':7, '8': 8, '9':9, '10':10,
                     'Jack':11, 'Queen':12, 'King':13}

❷   def __init__(self, window, rankValueDict=STANDARD_DICT):
        # rankValueDict defaults to STANDARD_DICT, but you can call it
        # with a different dict, e.g., a special dict for Blackjack
        self.startingDeckList = []
        self.playingDeckList = []
        for suit in Deck.SUIT_TUPLE:
❸           for rank, value in rankValueDict.items():
                oCard = Card(window, rank, suit, value)
                self.startingDeckList.append(oCard)

        self.shuffle()

❹   def shuffle(self):
        # Copy the starting deck and save it in the playing deck list
        self.playingDeckList = self.startingDeckList.copy()
        for oCard in self.playingDeckList:
            oCard.conceal()
        random.shuffle(self.playingDeckList)

❺   def getCard(self):
        if len(self.playingDeckList) == 0:
            raise IndexError('No more cards')
        # Pop one card off the deck and return it
        oCard = self.playingDeckList.pop()
        return oCard

❻   def returnCardToDeck(self, oCard):
        # Put a card back into the deck
        self.deckList.insert(0, oCard)
```

在 Deck 类中，我们首先创建一些类变量（❶），用于通过合适的花色和值创建 52 张纸牌。它只包含 4 个方法。

我们向 __init__() 方法（❷）传入窗口的引用，以及一个可选的字典，该字典将纸牌的牌面大小映射到它们的值。如果没有传入字典，就使用标准纸牌堆的字典。我们通过迭代全部花色，然后迭代全部牌面大小和值，创建包含 52 张纸牌的一个牌堆，并将其保存到 self.startingDeckList 中。在内层 for 循环（❸）中，调用字典的 items() 方法，这使我们能够用一条语句轻松地获取键和值（在这里是 rank 和 value）。每次遍历内层循环时，我们实例化一个 Card 对象，传入新纸牌的牌面大小、花色和值。我们将每个 Card 对象追加到 self.startingDeckList 列表中，以创建完整的牌堆。

最后，调用 shuffle() 方法（❹）来打乱牌堆。这个方法的目的看起来很明显——打乱牌堆。但是，它还运用了一点小技巧。__init__() 方法构建了 self.startingDeckList，这项工作只应该做一次。所以，每当我们打乱牌堆时，不会重新创建所有 Card 对象，而会复制起始牌堆列表，将其保存到 self.playingDeckList 中，然后打乱这个牌堆。当游戏运行时，将使用并修改起始牌堆的副本。当使用这种方法时，我们可以从 self.playingDeckList 中删除纸牌，而不需要担心以后还要把它们添加回牌堆中，或者重新加载纸牌。self.startingDeckList 和 self.playingDeckList 这两个列表引用 52 个相同的 Card 对象。

注意，在后续运行游戏的时候调用 shuffle()时，一些 Card 对象可能已经处在"已亮牌"状态。因此，在继续处理前，我们迭代整个牌堆，对每张纸牌调用 conceal()方法，使所有纸牌一开始处于未亮牌状态。shuffle()方法最后使用 random.shuffle()，随机打乱正在玩着的牌堆。

getCard()方法（❺）从牌堆中取出一张牌。它首先检查牌堆是否已空。如果已空，就引发异常；否则，因为牌堆已被打乱，它直接从牌堆中弹出一张纸牌，并将该纸牌返回给调用者。

Deck 和 Card 结合起来，提供了一对高度可重用的类，可以在大部分纸牌游戏中使用它们。*Higher or Lower* 游戏每局只使用 8 张纸牌，并在每次游戏开始时打乱整个牌堆。因此，在这个游戏中，Deck 对象不可能用完纸牌。如果在某个纸牌游戏中你需要知道牌堆中的纸牌是否已经用完，则可以将对 getCard()的调用放到一个 try 块中，使用 except 子句来捕获异常。在这个子句中做什么完全由你决定。

在这款游戏中，没有使用 returnCardToDeck()方法（❻），不过它可以用来将纸牌归还到牌堆中。

12.3 *Higher or Lower* 游戏

实际游戏的代码相当简单：主代码实现主循环，Game 对象包含游戏本身的逻辑。

12.3.1 主程序

代码清单 12-3 显示了主程序，它设置游戏世界，并包含主循环，还创建了一个 Game 对象来运行游戏。

代码清单 12-3：*Higher or Lower* 游戏的主代码（文件: HigherOrLower/Main_HigherOrLower.py）

```
# Higher or Lower - pygame version
# Main program

--- snip ---
# 4 - Load assets: image(s), sound(s), etc.
❶ background = pygwidgets.Image(window, (0, 0),
                                'images/background.png')
newGameButton = pygwidgets.TextButton(window, (20, 530),
                                'New Game', width=100, height=45)
higherButton = pygwidgets.TextButton(window, (540, 520),
                                'Higher', width=120, height=55)
lowerButton = pygwidgets.TextButton(window, (340, 520),
                                'Lower', width=120, height=55)
quitButton = pygwidgets.TextButton(window, (880, 530),
                                'Quit', width=100, height=45)

# 5 - Initialize variables
❷ oGame = Game(window)

# 6 - Loop forever
while True:

    # 7 - Check for and handle events
    for event in pygame.event.get():
        if ((event.type == QUIT) or
            ((event.type == KEYDOWN) and (event.key == K_ESCAPE)) or
```

```
                (quitButton.handleEvent(event))):
                pygame.quit()
                sys.exit()

    ❸       if newGameButton.handleEvent(event):
                oGame.reset()
                lowerButton.enable()
                higherButton.enable()

            if higherButton.handleEvent(event):
                gameOver = oGame.hitHigherOrLower(HIGHER)
                if gameOver:
                    higherButton.disable()
                    lowerButton.disable()

            if lowerButton.handleEvent(event):
                gameOver = oGame.hitHigherOrLower(LOWER)
                if gameOver:
                    higherButton.disable()
                    lowerButton.disable()

        # 8 - Do any "per frame" actions

        # 9 - Clear the window before drawing it again
    ❹   background.draw()

        # 10 - Draw the window elements
        # Tell the game to draw itself
    ❺   oGame.draw()
        # Draw remaining user interface components
        newGameButton.draw()
        higherButton.draw()
        lowerButton.draw()
        quitButton.draw()

        # 11 - Update the window
        pygame.display.update()

        # 12 - Slow things down a bit
        clock.tick(FRAMES_PER_SECOND)
```

主程序加载背景图片，创建 4 个按钮（❶），然后实例化 Game 对象（❷）。

在主循环中，监听任何按钮被按下的事件（❸），当某个按钮被按下时，调用 Game 对象中的合适方法。

在循环底部，绘制窗口元素（❹），从背景图片开始绘制。最重要的是，调用 Game 对象的 draw()方法（❺）。你将看到，Game 对象将这个消息传递给每个 Card 对象。最后，绘制 4 个按钮。

12.3.2　Game 对象

Game 对象处理实际的游戏逻辑。代码清单 12-4 包含 Game 类的代码。

代码清单 12-4：运行游戏的 Game 对象（文件: HigherOrLower/Game.py）

```
# Game class

import pygwidgets
```

```
from Constants import *
from Deck import *
from Card import *

class Game():
    CARD_OFFSET = 110
    CARDS_TOP = 300
    CARDS_LEFT = 75
    NCARDS = 8
    POINTS_CORRECT = 15
    POINTS_INCORRECT = 10

    def __init__(self, window):  ❶
        self.window = window
        self.oDeck = Deck(self.window)
        self.score = 100
        self.scoreText = pygwidgets.DisplayText(window, (450, 164),
                                                'Score: ' + str(self.score),
                                                fontSize=36, textColor=WHITE,
                                                justified='right')

        self.messageText = pygwidgets.DisplayText(window, (50, 460),
                                                  '', width=900, justified='center',
                                                  fontSize=36, textColor=WHITE)

        self.loserSound = pygame.mixer.Sound("sounds/loser.wav")
        self.winnerSound = pygame.mixer.Sound("sounds/ding.wav")
        self.cardShuffleSound = pygame.mixer.Sound("sounds/cardShuffle.wav")

        self.cardXPositionsList = []
        thisLeft = Game.CARDS_LEFT
        # Calculate the x positions of all cards, once
        for cardNum in range(Game.NCARDS):
            self.cardXPositionsList.append(thisLeft)
            thisLeft = thisLeft + Game.CARD_OFFSET

        self.reset()  # start a round of the game

    def reset(self):  ❷ # this method is called when a new round starts
        self.cardShuffleSound.play()
        self.cardList = []
        self.oDeck.shuffle()
        for cardIndex in range(0, Game.NCARDS):  # deal out cards
            oCard = self.oDeck.getCard()
            self.cardList.append(oCard)
            thisXPosition = self.cardXPositionsList[cardIndex]
            oCard.setLoc((thisXPosition, Game.CARDS_TOP))

        self.showCard(0)
        self.cardNumber = 0
        self.currentCardName, self.currentCardValue = \
                        self.getCardNameAndValue(self.cardNumber)

        self.messageText.setValue('Starting card is ' + self.currentCardName +
                                  '. Will the next card be higher or lower?')

    def getCardNameAndValue(self, index):
        oCard = self.cardList[index]
        theName = oCard.getName()
        theValue = oCard.getValue()
        return theName, theValue
```

```
    def showCard(self, index):
        oCard = self.cardList[index]
        oCard.reveal()

    def hitHigherOrLower(self, higherOrLower):  ❸
        self.cardNumber = self.cardNumber + 1
        self.showCard(self.cardNumber)
        nextCardName, nextCardValue = self.getCardNameAndValue(self.cardNumber)

        if higherOrLower == HIGHER:
            if nextCardValue > self.currentCardValue:
                self.score = self.score + Game.POINTS_CORRECT
                self.messageText.setValue('Yes, the ' + nextCardName + ' was higher')
                self.winnerSound.play()
            else:
                self.score = self.score - Game.POINTS_INCORRECT
                self.messageText.setValue('No, the ' + nextCardName + ' was not higher')
                self.loserSound.play()
        else:  # user hit the Lower button
            if nextCardValue < self.currentCardValue:
                self.score = self.score + Game.POINTS_CORRECT
                self.messageText.setValue('Yes, the ' + nextCardName + ' was lower')
                self.winnerSound.play()
            else:
                self.score = self.score - Game.POINTS_INCORRECT
                self.messageText.setValue('No, the ' + nextCardName + ' was not lower')
                self.loserSound.play()

        self.scoreText.setValue('Score: ' + str(self.score))

        self.currentCardValue = nextCardValue  # set up for the next card

        done = (self.cardNumber == (Game.NCARDS - 1))  # did we reach the last card?
        return done

    def draw(self):  ❹
        # Tell each card to draw itself
        for oCard in self.cardList:
            oCard.draw()

        self.scoreText.draw()
        self.messageText.draw()
```

在__init__()方法（❶）中，初始化一些只需要设置一次的实例变量。创建 Deck 对象，设置初始得分，并创建一个 DisplayText 对象，用于显示得分和每次操作的结果。另外，加载一些声音文件，用于在游戏过程中播放。最后，调用 reset()方法（❷），它包含玩一局游戏所需的所有代码，即，打乱牌堆，播放洗牌的声音，发 8 张纸牌，在之前计算好的位置显示纸牌，显示第一张纸牌的正面。

当用户单击 Higher or Lower 按钮时，主代码会调用 hitHigherOrLower()方法（❸），该方法翻开下一张纸牌，将其值与上一张翻开的纸牌的值进行比较，然后根据比较结果增加或者减少玩家的分数。

draw()方法（❹）迭代当前游戏中的所有纸牌，告诉每张纸牌绘制自身（这是通过调用每个 Card 对象的 draw()方法实现的）。然后，它绘制分数文本，以及当前操作的结果。

12.4　使用__name__进行测试

当编写一个类的时候，再编写一些测试代码，确保从该类创建的对象能够正常工作，这始终一个好主意。提醒一下，包含 Python 代码的任何文件称为一个模块。标准做法是在一个模块中编写一个或多个类，然后使用 import 语句将该模块导入其他某个模块中。当编写一个包含类的模块时，你可以编写一些测试代码，它们只在该模块作为主程序运行的时候运行。在典型情况下，当另外一个 Python 文件导入该模块的时候，这些测试代码不会运行。

在包含多个 Python 模块的项目中，通常有一个主模块和其他几个模块。当程序运行时，Python 会在每个模块中创建特殊变量 __name__。在第 1 个获得控制权的模块中，Python 将把 __name__ 的值设置为字符串'__main__'。因此，你可以编写代码来检查 __name__ 的值，只有当一个模块作为主程序运行的时候才执行一些测试代码。

下面以 Deck 类作为一个示例进行讲解。在 Deck.py 的末尾（类的代码的后面），添加下面的代码来创建 Deck 类的一个实例，并输出它创建的纸牌。

```
--- snip code of the Deck class ---
if __name__ == '__main__':
    # Main code to test the Deck class

    import pygame

    # Constants
    WINDOW_WIDTH = 100
    WINDOW_HEIGHT = 100

    pygame.init()
    window = pygame.display.set_mode((WINDOW_WIDTH, WINDOW_HEIGHT))

    oDeck = Deck(window)
    for i in range(1, 53):
        oCard = oDeck.getCard()
        print('Name: ', oCard.getName(), ' Value:', oCard.getValue())
```

这段代码检查 Deck.py 文件是否作为主程序运行。在典型的情况下，Deck 类被其他模块导入，此时 __name__ 的值将是'Deck'，这段代码将什么都不做。但是，为了进行测试，如果我们以 Deck.py 作为主程序，那么 Python 将把 __name__ 的值设置为'__main__'，这段测试代码将会运行。

在测试代码中，我们创建一个极简的 pygame 程序，让它创建 Deck 类的一个实例，然后输出 52 张纸牌的名称和值。如果以 Deck.py 作为主程序，在 shell 或控制台窗口中将得到如下输出。

```
Name: 4 of Spades Value: 4
Name: 4 of Diamonds Value: 4
Name: Jack of Hearts Value: 11
Name: 8 of Spades Value: 8
Name: 10 of Diamonds Value: 10
Name: 3 of Clubs Value: 3
Name: Jack of Diamonds Value: 11
Name: 9 of Spades Value: 9
```

```
Name: Ace of Diamonds Value: 1
Name: 2 of Clubs Value: 2
Name: 7 of Clubs Value: 7
Name: 4 of Clubs Value: 4
Name: 8 of Hearts Value: 8
Name: 3 of Diamonds Value: 3
Name: 7 of Spades Value: 7
Name: 7 of Diamonds Value: 7
Name: King of Diamonds Value: 13
Name: 10 of Spades Value: 10
Name: Ace of Hearts Value: 1
Name: 8 of Diamonds Value: 8
Name: Queen of Diamonds Value: 12
...
```

像这样的代码有助于测试一个类是否能够像我们预期的那样工作，而不需要用一个较大的主程序来实例化该类。这是快速确认类能够正确工作的一种方式。根据需求，我们可以进一步添加一些示例代码来演示对该类的方法的典型调用。

12.5 其他纸牌游戏

许多纸牌游戏使用包含 52 张纸牌的标准牌堆。我们可以直接使用现在的 Deck 类和 Card 类，创建纸牌游戏。但是，一些纸牌游戏使用不同的纸牌值或者不同数量的纸牌。下面介绍一些示例，看看如何针对这些情况调整类。

12.5.1 Blackjack 牌堆

虽然 Blackjack（也称为"21 点"）的牌堆使用与标准牌堆相同的纸牌，但是纸牌的值是不同的：10、J、Q 和 K 的纸牌值都是 10。Deck 类的 __init__() 方法一开始如下所示。

```
def __init__(self, window, rankValueDict=STANDARD_DICT):
```

要创建一个 Blackjack 牌堆，只需要为 rankValueDict 提供一个不同的字典，如下所示。

```
blackJackDict = {'Ace':1, '2':2, '3':3, '4':4, '5':5,
                 '6':6, '7':7, '8': 8, '9':9, '10':10,
                 'Jack':10, 'Queen':10, 'King':10}
oBlackjackDeck = Deck(window, rankValueDict=blackJackDict)
```

像这样创建了 oBlackjackDeck 后，你就可以直接调用现有的 shuffle()和 getCard()方法，并不需要修改它们。在 Blackjack 的实现代码中，你还需要处理这样一个事实：A 的值可以是 1，也可以是 11。但是，把这种实现留作练习。

12.5.2 使用非标准牌堆的游戏

许多纸牌游戏不使用包含 52 张纸牌的标准牌堆。卡纳斯塔（canasta）游戏需要包含大小王在内的至少两幅牌堆，总共 108 张纸牌。皮纳克尔（pinochle）牌堆包含两幅各种花色的 9、10、J、Q、K 和 A，总共 48 张纸牌。

对于这样的游戏，你仍然可以使用 Deck 类，但是需要以 Deck 类作为基类，创建它的一个子类。新创建的 CanastaDeck 类或 PinochleDeck 类需要有自己的 __init__()方法，将牌堆创建为包含合适的 Card 对象的一个列表。但是，你可以从 Deck 类继承 shuffle()和 getCard()方法。因此，CanastaDeck 类或 PinochleDeck 类将继承自 Deck 类，并只包含一个 __init__()方法。

12.6 小结

　　本章使用高度可重用的 Deck 类和 Card 类，创建了第 1 章的 *Higher or Lower* 纸牌游戏的 GUI 版本。主代码实例化一个 Game 对象，它创建的 Deck 对象，实例化 52 个 Card 对象，分别对应牌堆中的每张纸牌。每个 Card 对象负责在窗口中绘制自己的合适图片，并且可以响应对它的名称、牌面大小、花色和值的查询。Game 类包含游戏逻辑，它与运行主循环的主代码是分开的。

　　我们看到，Python 会创建一个特殊变量 __name__，根据文件是否作为主程序运行，该变量会得到不同的值。你可以利用这种特性添加一些测试代码，只有当文件作为主程序运行时才运行这些测试代码，以便对模块中的代码进行测试。在典型的情况下，当该文件被另外一个模块导入的时候，这些测试代码不会运行。

　　最后，本章演示了如何根据牌堆与 Deck 类的区别，创建不同类型的牌堆。

第 13 章 定时器

本章介绍定时器。定时器允许程序计算或者等待给定的时间,然后再执行其他操作。在基于文本的 Python 程序中,通过使用 time.sleep(),指定要睡眠的秒数,很容易实现这种行为。要暂停 2.5s,你可以编写下面的代码。

```
import time
time.sleep(2.5)
```

但是,在 pygame 中,或者推广到事件驱动的编程中,用户应该始终能够与程序交互,所以像这样暂停程序执行是不合适的。调用 time.sleep()会导致程序在睡眠期间没有响应。

相反,主循环需要继续以你选择的帧率运行。你需要想办法让程序继续循环,但也能够从给定的起始点开始计算时间。这有 3 种不同的实现方式。

❑ 通过统计帧数测量时间。
❑ 使用 pygame 创建一个在将来触发的事件。
❑ 记住开始时间,然后不断检查经过的时间。

本章将快速讨论前两种方法,但重点讨论第三种方法,因为它是最整洁、最精确的方法。

13.1 定时器演示程序

为了演示不同的方法,使用图 13-1 显示的测试程序的不同实现。

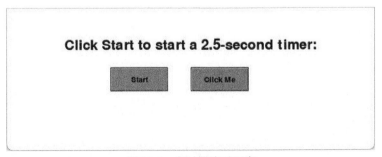

图 13-1 定时器演示程序

当用户单击 Start 按钮时，将启动一个 2.5s 的定时器，窗口将变为图 13-2 那样。

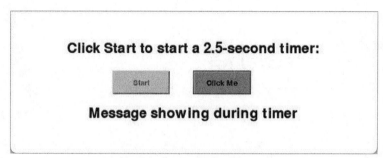

图 13-2　定时器运行时显示的消息

在 2.5s 的时间内，Start 按钮将被禁用，按钮下方将显示一条消息。当定时器过期后，消息将会消失，Start 按钮将重新启用。尽管定时器正在运行，但是用户在程序中做的其他操作仍然应该具有响应性。在本例中，单击 Click Me 按钮将在 shell 窗口中输出一条消息，无论定时器是否在运行。

13.2　实现定时器的 3 种方法

本节将讨论实现定时器的 3 种不同的方法——统计帧数、使用 pygame 创建事件和检查经过的时间。为了清晰表达这些概念，我们直接在主循环中构建示例代码。

13.2.1　统计帧数

创建定时器的一种简单方法是统计经过的帧数。一帧对应一次循环迭代。如果你知道程序的帧率，就可以将要等待的时间乘以帧率，计算出要等待多少帧。下面的代码显示了这种实现的关键部分。

文件: InLineTimerExamples/CountingFrames.py

```
FRAMES_PER_SECOND = 30 # takes 1/30th of a second for each frame
TIMER_LENGTH = 2.5
--- snip ---
timerRunning = False
```

下面的代码显示了当用户单击 Start 按钮时会发生什么。

```
if startButton.handleEvent(event):
    timerRunning = True
    nFramesElapsed = 0 # initialize a counter
    nFramesToWait = int(FRAMES_PER_SECOND * TIMER_LENGTH)
    startButton.disable()
    timerMessage.show()
```

程序计算出它应该等待 75 帧（2.5 秒×30 帧/秒），并且将 timerRunning 设置为 True，表示定时器已经启动。在主循环中，使用下面的代码来检查定时器何时结束。

```
if timerRunning:
    nFramesElapsed = nFramesElapsed + 1 # increment the counter
    if nFramesElapsed >= nFramesToWait:
        startButton.enable()
        timerMessage.hide()
        print('Timer ended by counting frames')
        timerRunning = False
```

当定时器结束时，就重新启用 Start 按钮，隐藏消息，然后重置 timerRunning 变量。如果愿意，你也可以把计数设置为要等待的帧数，然后向下计算到 0。这种方法可行，但与程序的帧率捆绑在一起。

13.2.2 定时器事件

第二种方法是利用 pygame 内置的定时器。pygame 允许在事件队列中添加新的事件，这称为提交事件。具体来说，我们将要求 pygame 创建并提交一个定时器事件。我们只需要指定在未来的什么时候发生该事件。在经过指定的时间后，pygame 将在主循环中发出一个定时器事件，就像它会发出其他标准事件那样，如 KEYUP、KEYDOWN、MOUSEBUTTONUP、MOUSEBUTTONDOWN 等。代码需要检测并响应这种类型的事件。

下面的内容摘自 Pygame 网站上的 time.html 文档。

```
pygame.time.set_timer()
```

重复地在事件队列上创建事件。

```
set_timer(eventid, milliseconds) -> None
set_timer(eventid, milliseconds, once) -> None
```

每隔给定的毫秒数，在事件队列上设置一个事件类型。直到经过指定的时间后，第 1 个事件才会发生。

每种事件类型都可以关联一个定时器。最好使用 pygame.USEREVENT 和 pygame.NUMEVENTS 之间的值。

要禁用一个事件的定时器，需要将 milliseconds 参数设置为 0。

如果将 once 参数设置为 True，则只发送该定时器一次。

在 pygame 中，每种事件类型都由唯一标识符表示。在 pygame 2.0 中，你可以调用 pygame.event.custom_type()，获取自定义事件的标识符。

文件：InLineTimerExamples /TimerEvent.py

```
TIMER_EVENT_ID = pygame.event.custom_type() # new in pygame 2.0
TIMER_LENGTH = 2.5 # seconds
```

当用户单击 Start 按钮时，下面的代码将创建并提交定时器事件。

```
if startButton.handleEvent(event):
    pygame.time.set_timer(TIMER_EVENT_ID,
                          int(TIMER_LENGTH * 1000), True)
    --- snip disable button, show message ---
```

计算出的值是 2500ms。True 意味着该定时器只应该运行一次。现在需要在事件循环中添加代码来检查该事件。

```
if event.type == TIMER_EVENT_ID:
    --- snip enable button, hide message ---
```

因为在设置定时器的调用中，我们指定了 True，所以这个事件只会发生一次。如果我们想每隔 2500ms 就重复事件，则可以将调用中的最后一个参数设置为 False（或者让它使用默认值 False）。要结束重复的定时器事件，调用 set_timer()，并向第 2 个参数传入 0。

13.2.3　通过计算经过的时间来创建定时器

实现定时器的第三种方法使用当前时间作为起始点。然后，我们可以不断地查询当前时间，并执行简单的减法计算，求出经过的时间。这个示例的代码在主循环中运行，后面将把与定时器相关的代码提取出来，创建一个可重用的 Timer 类。

Python 标准库的 time 模块提供了下面的函数。

```
time.time()
```

调用这个函数将返回当前时间（以秒为单位），这是用浮点数表示的描述。其返回值是从新纪元时间后经过的时间，新纪元时间被定义为 1970 年 1 月 1 日 00:00:00 UTC。

代码清单 13-1 中的代码通过记忆用户单击 Start 按钮的时间，创建一个定时器。当定时器开始运行后，在每帧中检查是否已经经过了期望的时间。你已经看过用户界面，所以为了简洁起见，我们将忽略那些细节和一些设置代码。

代码清单 13-1：在主循环中创建的定时器（文件：InLineTimerExamples/ElapsedTime.py）

```
# Timer in the main loop

--- snip ---

TIMER_LENGTH = 2.5 # seconds
--- snip ---
timerRunning = False

# 6 - Loop forever
while True:

    # 7 - Check for and handle events
    for event in pygame.event.get():
        if event.type == pygame.QUIT:
            pygame.quit()
            sys.exit()

❶   if startButton.handleEvent(event):
            timeStarted = time.time() # remember the start time
            startButton.disable()
            timerMessage.show()
            print('Starting timer')
            timerRunning = True
```

```
            if clickMeButton.handleEvent(event):
                print('Other button was clicked')
        # 8 - Do any "per frame" actions
    ❷ if timerRunning: # if the timer is running
            elapsed = time.time() - timeStarted
        ❸   if elapsed >= TIMER_LENGTH: # True here means timer has ended
                startButton.enable()
                timerMessage.hide()
                print('Timer ended')
                timerRunning = False

        # 9 - Clear the window
        window.fill(WHITE)

        # 10 - Draw all window elements
        headerMessage.draw()
        startButton.draw()
        clickMeButton.draw()
        timerMessage.draw()

        # 11 - Update the window
        pygame.display.update()

        # 12 - Slow things down a bit
        clock.tick(FRAMES_PER_SECOND) # make pygame wait
```

在这个程序中，下面的变量值得注意。

- **TIMER_LENGTH**：一个常量，指定定时器运行的时间。
- **timerRunning**：一个布尔值，指出定时器是否正在运行。
- **timeStarted**：用户单击 Start 按钮的时间。

当用户单击 Start 按钮时，timerRunning 被设置为 True（❶）。我们将 timeStarted 变量设置为当前时间。然后，禁用 Start 按钮，并在按钮下方显示消息。

每次迭代主循环时，如果定时器正在运行（❷），就从当前时间减去开始时间，看看从定时器启动后经过了多长时间。当经过的时间大于或等于 TIMER_LENGTH 时，就可以执行我们想在定时器结束后执行的操作。在这个示例程序中，启用 Start 按钮，删除底部消息，输出简短的文本输出，然后将 timerRunning 变量重置为 False（❸）。

对于一个定时器，代码清单 13-1 中的代码能够正常运行。但是，本书讨论的是面向对象编程，所以我们想让这种代码可以扩展。为了推广这种功能，我们将把定时器代码写到一个类中。我们将把重要的变量作为实例变量，并把相关代码拆分到方法中。于是，我们就可以在程序中定义和使用任意数量的定时器。Timer 类和其他用于在 pygame 程序中显示定时信息的类包含在一个名为 pyghelpers 的模块中。

13.3　安装 pyghelpers

要安装 pyghelpers，打开命令行，输入下面的两条命令。

```
python3 -m pip install -U pip --user

python3 -m pip install -U pyghelpers --user
```

这两条命令会从 PyPI 下载 pyghelpers，并将其安装到对所有 Python 程序可用的一个文件夹中。安装后，在程序的开始位置包含下面的语句，就可以使用 pyghelpers 了。

```
import pyghelpers
```

然后，你就可以从该模块中的类实例化对象，并调用这些对象的方法。pyghelpers 的最新文档可从 pyghelpers 网站找到，在 GitHub 仓库中搜索 "IrvKalb/pyghelpers/"，也可以找到 pyghelpers 的源代码。

13.4 Timer 类

代码清单 13-2 显示了一个非常简单的定时器类的代码。这些代码包含在 pyghelpers 包的 Timer 类中（为简洁起见，这里省略了一些文档）。

代码清单 13-2：一个简单的 Timer 类文件（这个文件是 pyghelpers 模块的一部分）

```
# Timer class

class Timer():
--- snip ---
❶ def __init__(self, timeInSeconds, nickname=None, callBack=None):
        self.timeInSeconds = timeInSeconds
        self.nickname = nickname
        self.callBack = callBack
        self.savedSecondsElapsed = 0.0
        self.running = False

❷ def start(self, newTimeInSeconds=None):
        --- snip ---
        if newTimeInSeconds != None:
            self.timeInSeconds = newTimeInSeconds
        self.running = True
        self.startTime = time.time()

❸ def update(self):
        --- snip ---
        if not self.running:
            return False
        self.savedSecondsElapsed = time.time() - self.startTime
        if self.savedSecondsElapsed < self.timeInSeconds:
            return False # running but hasn't reached limit

        else: # timer has finished
            self.running = False
            if self.callBack is not None:
                self.callBack(self.nickname)

            return True # True here means that the timer has ended

❹ def getTime(self):
        --- snip ---
        if self.running:
            self.savedSecondsElapsed = time.time() - self.startTime

        return self.savedSecondsElapsed

❺ def stop(self):
        """Stops the timer"""
```

```
        self.getTime() # remembers final self.savedSecondsElapsed
        self.running = False
```

创建 Timer 对象的时候，唯一必要的参数是你想让定时器运行的秒数（❶）。你可以选择为定时器起一个名称，并提供一个在定时器结束时回调的函数或方法。如果指定一个回调，则执行回调的时候会传入定时器的名称。

通过调用 start()方法（❷）启动定时器。Timer 对象在实例变量 self.startTime 中保存开始时间。

在每次迭代主循环的时候，我们必须调用 update()方法（❸）。如果定时器正在运行，并且已经经过了合适的时间，该方法将返回 True。在其他任何调用中，该方法将返回 False。

如果 Timer 正在运行，调用 getTime()（❹）将返回该 Timer 已经经过的时间。调用 stop()方法（❺）可以立即停止该 Timer。

现在，我们可以重新编写图 13-1 中显示的定时器演示程序，以使用 pyghelpers 包中的这个 Timer 类。代码清单 13-3 显示了如何在代码中使用一个 Timer 对象。

代码清单 13-3：使用 Timer 类的实例的主程序（文件：TimerObjectExamples/SimpleTimerExample.py）

```
# Simple timer example

--- snip ---

❶ oTimer = pyghelpers.Timer(TIMER_LENGTH) # create a Timer object

# 6 - Loop forever
while True:

    # 7 - Check for and handle events
    for event in pygame.event.get():
        if event.type == pygame.QUIT:
            pygame.quit()
            sys.exit()

        if startButton.handleEvent(event):
          ❷ oTimer.start() # start the timer
            startButton.disable()
            timerMessage.show()
            print('Starting timer')

        if clickMeButton.handleEvent(event):
            print('Other button was clicked')

    # 8 - Do any "per frame" actions
  ❸ if oTimer.update(): # True here means timer has ended
        startButton.enable()
        timerMessage.hide()
        print('Timer ended')

    # 9 - Clear the screen
    window.fill(WHITE)

    # 10 - Draw all screen elements
    headerMessage.draw()
    startButton.draw()
    clickMeButton.draw()
```

```
timerMessage.draw()

# 11 - Update the screen
pygame.display.update()

# 12 - Slow things down a bit
clock.tick(FRAMES_PER_SECOND) # make pygame wait
```

同样，这里省略了设置代码。在主循环开始前，创建一个 Timer 对象（❶）。当用户单击 Start 按钮时，调用 oTimer.start()（❷）来启动定时器。

每次迭代主循环时，都调用 Timer 对象的 update()方法（❸）。借助两种方式可以知道定时器什么时候结束。一种方式是检查这个调用什么时候返回 True。代码清单 13-3 中的示例代码使用了这种方法。另一种方式是在__init__()调用中为 callBack 指定一个值，于是当定时器结束时，为 callBack 指定的函数或方法将被回调。大部分情况下，建议使用第一种方法。

使用 Timer 类有两个优势。首先，它隐藏了定时代码的细节。你只需要在需要的时候创建一个 Timer 对象，并调用该对象的方法。其次，你可以创建任意多个 Timer 对象，它们将独立运行。

13.5 显示时间

许多程序需要计算时间，并向用户显示时间。例如，在游戏中，可能会不断地显示和更新经过的时间，或者使用一个倒数定时器，要求用户在规定时间内完成一个任务。这里将使用图 13-3 所示的 *Slider Puzzle* 游戏，演示如何实现这两种用途。

当启动这个游戏时，将随机地重新排列方块，只有一个空着的黑色方块。游戏的目标是一次移动一个方块，将它们按照从 1 到 15 的顺序排列。你只能单击在水平方向上或者垂直方向上与空方块相邻的方块。单击有效的方块将把它与空方块互换。这里不会详细介绍这个游戏的完整实现（不过本书的在线配套资源中提供了它的源代码）。相反，我们将关注如何在这个游戏中集成定时器。

图 13-3 *Slider Puzzle* 游戏的用户界面

pyghelpers 包有两个类可用于跟踪时间。一个是 CountUpTimer，它从 0 开始，向上无限计算，直到你告诉它停止计时。另一个是 CountDownTimer，它从给定的时间值开始，向下计算到 0。我们分别为这两个方法创建了一个游戏版本。第 1 个版本让用户看到他们用了多少时间来解开谜题。在第 2 个版本中，当用户开始玩游戏后，为他们规定一定的时间量。如果到定时器变为 0 的时候他们还没有解开谜题，就输掉游戏。

13.5.1 CountUpTimer

当使用 CountUpTimer 类的时候，你创建一个定时器类，告诉它什么时候启动。然后，在每一帧中，你可以调用 3 个方法中的任何一个，获取以不同格式表达的已经经过的时间。

代码清单 13-4 显示了 pyghelpers 中 CountUpTimer 类的实现代码。这段代码是一个好示例，显示了一个类的不同方法如何共享实例变量。

代码清单 13-4：CountUpTimer 类（文件：pyghelpers 模块的一部分）

```python
# CountUpTimer class

class CountUpTimer():
    --- snip ---

    def __init__(self):  ❶
        self.running = False
        self.savedSecondsElapsed = 0.0
        self.secondsStart = 0  # safeguard

    def start(self):  ❷
    --- snip ---
        self.secondsStart = time.time()  # get the current seconds and save the value
        self.running = True
        self.savedSecondsElapsed = 0.0

    def getTime(self):  ❸
        """Returns the time elapsed as a float"""
        if not self.running:
            return self.savedSecondsElapsed  # do nothing

        self.savedSecondsElapsed = time.time() - self.secondsStart
        return self.savedSecondsElapsed  # returns a float

    def getTimeInSeconds(self):  ❹
        """Returns the time elapsed as an integer number of seconds"""
        nSeconds = int(self.getTime())
        return nSeconds

    # Updated version using fStrings
    def getTimeInHHMMSS(self, nMillisecondsDigits=0):  ❺
    --- snip ---
        nSeconds = self.getTime()
        mins, secs = divmod(nSeconds, 60)
        hours, mins = divmod(int(mins), 60)

        if nMillisecondsDigits > 0:
            secondsWidth = nMillisecondsDigits + 3
        else:
            secondsWidth = 2

        if hours > 0:
            output = \
                    f'{hours:d}:{mins:02d}:{secs:0{secondsWidth}.{nMillisecondsDigits}f}'
        elif mins > 0:
            output = f'{mins:d}:{secs:0{secondsWidth}.{nMillisecondsDigits}f}'
        else:
            output = f'{secs:.{nMillisecondsDigits}f}'

        return output

    def stop(self):  ❻
        """Stops the timer"""
        self.getTime()  # remembers final self.savedSecondsElapsed
        self.running = False
```

这段实现代码依赖 3 个关键的实例变量（❶）。

- self.running 是一个布尔值，指出定时器是否正在运行。
- self.savedSecondsElapsed 是一个浮点值，代表定时器已经经过的时间。
- self.secondsStart 是定时器开始运行的时间。

客户端调用 start()方法（❷）来启动定时器。该方法将调用 time.time()，将开始时间保存到 self.secondsStart 中，并将 self.running 设置为 True，指出定时器正在运行。

客户端可以调用下面的 3 个方法中的任何一个，获取以不同格式表示的、定时器已经经过的时间。

- getTime()（❸）使用浮点数返回已经经过的时间。
- getTimeInSeconds()（❹）使用整数秒数返回已经经过的时间。
- getTimeInHHMMSS()（❺）使用格式化的字符串返回已经经过的时间。

getTime()方法调用 time.time()来获取当前时间，然后减去开始时间，得到已经经过的时间。另外两个方法都调用这个类的 getTime()方法，计算出已经经过的时间，然后对输出进行不同的处理：getTimeInSeconds()将时间转换为整数秒数，getTimeInHHMMSS()将时间格式化为"小时:分钟:秒"格式的字符串。这些方法的输出都应该被发送给 DisplayText 对象（在 pygwidgets 包中定义），以便能够显示在窗口中。

调用 stop()方法（❻）可以停止定时器（如在用户解决谜题后就应该停止计时）。

Slider Puzzle 游戏的这个版本的主文件与本书的配套资源一起提供，位于 SliderPuzzles/Main_SliderPuzzleCountUp.py。它在主循环开始前实例化一个 CountUpTimer 对象，并将其保存到变量 oCountUpTimer 中。然后，它立即调用 start()方法。另外，还会创建一个 DisplayText 字段，用于显示时间。每次迭代主循环时，主代码调用 getTimeInHHMMSS()方法，在该字段中显示结果。

```
timeToShow = oCountUpTimer.getTimeInHHMMSS() # ask the Timer object for the elapsed time
oTimerDisplay.setValue('Time: ' + timeToShow) # put that into a text field
```

oTimerDisplay 变量是 pygwidgets.DisplayText 类的一个实例。DisplayText 类的 setValue()方法经过优化，检查要显示的新文本是否与之前的文本相同。因此，尽管我们告诉该字段每秒显示 30 次时间，但是因为每秒时间只变化一次，所以没有太多要做的工作。

游戏代码检查谜题是否解开，如果解开，就调用 stop()方法来停止计时。如果用户单击 Restart 按钮来开始一局新游戏，游戏将调用 start()方法来重启定时器对象。

13.5.2 CountDownTimer

CountDownTimer 有一些细微的区别：它不从 0 开始向上计时。当初始化 CountDownTimer 的时候，你会提供一个起始秒数，该定时器会从这个起始秒数倒数。创建 CountDownTimer 的接口如下所示。

```
CountDownTimer(nStartingSeconds, stopAtZero=True, nickname=None,
               callBack=None):
```

第 2 个参数 stopAtZero 是可选参数，它的默认值是 True，即定时器倒数到 0 的时候停止计时。你还可以选择指定一个回调函数或方法，让定时器倒数到 0 的时候调用。最后，你可以提供一个执行回调时使用的名称。

客户端调用 start() 方法来开始倒数。

从客户端的角度看，getTime()、getTimeInSeconds()、getTimeInHHMMSS() 和 stop() 方法与 CountUpTimer 类中的对应方法没有区别。

CountDownTimer 还有一个 ended() 方法。每次迭代主循环的时候，应用程序都需要调用 ended() 方法。当定时器还活跃的时候，它返回 False；当定时器停止（即倒数到 0）的时候，它返回 True。

Slider Puzzle 游戏的倒数版本的主文件与本书的配套资源一起提供，位于 SliderPuzzles/Main_SliderPuzzleCountDown.py。

这个版本的代码与前一个向上计时的版本的代码非常相似，但创建的是 CountDownTimer 的实例，并指定一个秒数作为解开谜题可用的时间。另外，它还在每一帧中调用 getTimeInHHMMSS(2)，使用两位小数更新时间。最后，它在每一帧中调用 ended() 方法，检查规定的时间是否已经到达。如果在定时器结束时用户还没有解开谜题，就播放一个音效，并显示一条消息，告诉用户他们已经用完了时间。

13.6 小结

本章介绍了几种在程序中处理计时的方法。本章讨论了 3 种不同的方法——统计帧数，创建自定义事件，检查经过的时间。

我们使用第三种方法，创建了一个通用的、可重用的 Timer 类（可以在 pyghelpers 包中找到）。本章还展示了这个包中的另外两个类——CountUpTimer 和 CountDownTimer。如果你想在程序中向用户显示一个定时器，可以使用它们来进行计时。

第 14 章 动画

本章介绍动画——传统的图片动画。可以把这种动画想象成一本翻页书,即连续显示的一系列图片,每张图片与上一张图片有些许不同。用户看到每张图片的时间很短,形成了图片动起来的错觉。动画是创建类的好机会,因为在一段时间内显示动画的机制很清晰,很容易理解。

为了说明一般原则,我们首先将实现两个动画类——一个基于一系列单独的图片文件的 SimpleAnimation 类,以及一个 SimpleSpriteSheetAnimation 类,它是使用一个包含一系列图片的文件构建的。然后,我们将介绍 pygwidgets 包中的两个更强大的动画类——Animation 和 SpriteSheetAnimation,并解释它们是如何使用一个公共的基类构建的。

14.1 构建动画类

动画类背后的思想相对简单。客户端将提供一个有序的图片集合,以及一个时间。客户端代码将告诉动画什么时候开始播放,并且会定期告诉动画更新自己。动画中的图片将依次显示,每张图片显示给定的时间。

14.1.1 SimpleAnimation 类

一般采用的技术是首先加载完整的图片集合,将它们存储到一个列表中,然后显示第一张图片。当客户端告诉动画开始播放时,动画将开始跟踪时间。每次告诉对象更新自己时,代码会检查是否已经经过了指定的时间,如果经过,就显示序列中的下一张图片。当动画结束时,我们再次显示第一张图片。

1. 创建类

代码清单 14-1 包含 SimpleAnimation 类的代码,它处理由单独的图片文件构成的动画。为了方便管理,强烈建议把所有与一个动画关联在一起的图片文件放到项目文件夹的 images 文件夹下的一个子文件夹中。这里的示例将使用这种结构,相关的图片和主代码与本书的配套资源一起提供。

代码清单 14-1：SimpleAnimation 类（文件: SimpleAnimation/SimpleAnimation.py）

```
# SimpleAnimation class

import pygame
import time

class SimpleAnimation():
    def __init__(self, window, loc, picPaths durationPerImage):  ❶
        self.window = window
        self.loc = loc
        self.imagesList = []
        for picPath in picPaths:
            image = pygame.image.load(picPath) # load an image
            image = pygame.Surface.convert_alpha(image)  ❷ # optimize blitting
            self.imagesList.append(image)

        self.playing = False
        self.durationPerImage = durationPerImage
        self.nImages = len(self.imagesList)
        self.index = 0

    def play(self):  ❸
        if self.playing:
            return
        self.playing = True
        self.imageStartTime = time.time()
        self.index = 0

    def update(self):  ❹
        if not self.playing:
            return

        # How much time has elapsed since we started showing this image
        self.elapsed = time.time() - self.imageStartTime

        # If enough time has elapsed, move on to the next image
        if self.elapsed > self.durationPerImage:
            self.index = self.index + 1

            if self.index < self.nImages: # move on to next image
                self.imageStartTime = time.time()
            else: # animation is finished
                self.playing = False
                self.index = 0 # reset to the beginning

    def draw(self):  ❺
        # Assumes that self.index has been set earlier - in the update() method.
        # It is used as the index into the imagesList to find the current image.
        theImage = self.imagesList[self.index] # choose the image to show

        self.window.blit(theImage, self.loc) # show it
```

当客户端实例化一个 SimpleAnimation 对象时，它必须传入下面的参数。

- **window**：要在其中进行绘制的窗口。
- **loc**：在窗口中绘制图片的位置。
- **picPaths**：图片路径的列表或元组。图片将按照这里给定的顺序显示。
- **durationPerImage**：显示每张图片的时间（以秒为单位）。

在 __init__() 方法（❶）中，我们将这些参数的值保存到具有相似名称的实例变量中。该方法遍历路径列表，加载每张图片，并把得到的图片保存到一个列表中。列表是代表有序图片集合的完美方式。这个类将使用 self.index 变量来跟踪列表中的当前图片。

图片在文件中的格式与图片在屏幕上显示时的格式不同。convert_alpha() 调用（❷）将文件格式转换为屏幕格式，以优化在窗口中显示图片时的性能。实际的绘制工作在后面的 draw() 方法中完成。

play() 方法（❸）开始播放动画。它首先检查动画是否已经在运行。如果已运行，该方法直接返回；否则，它将 self.playing 设置为 True，指出动画正在运行。

当创建 SimpleAnimation 的时候，调用者指定了显示每张图片的时间，这个时间保存在 self.durationPerImage 中。因此，在 SimpleAnimation 运行时，我们必须跟踪时间，以便知道什么时候切换到下一张图片。我们调用 time.time() 来获取当前时间（单位为毫秒），并将其保存到一个实例变量中。让这个类基于时间，意味着从这个类创建的任何 SimpleAnimation 对象都能够正常工作，这与主循环使用的帧率无关。最后，将变量 self.index 设置为 0，指出应该显示第一张图片。

在主循环的每一帧中，需要调用 update() 方法（❹）。如果动画没有正在播放，那么 update() 什么都不做，直接返回。如果动画正在播放，update() 将使用系统函数 time.time() 获取当前时间，将其减去当前图片开始显示时的时间，计算出当前图片已经显示的时间。

如果已经显示的时间长于每张图片应该显示的时间，则该切换到下一张图片了。在这种情况下，递增 self.index，使下一次调用 draw() 方法时将绘制合适的图片。然后，检查动画是否已经结束。如果没有结束，就保存新图片的开始时间。如果动画已经结束，就将 self.playing 设置为 False（表示不再播放动画），并将 self.index 重置为 0，使 draw() 方法再次显示第一张图片。

最后，在每一帧中调用 draw() 方法（❺），绘制动画的当前图片。draw() 方法假定前面的方法已经正确设置了 self.index，并使用该索引在图片列表中找到对应的图片。然后，它在窗口中的指定位置绘制该图片。

2. 示例主程序

代码清单 14-2 显示的主程序创建并使用一个 SimpleAnimation 对象。这将显示一段恐龙骑自行车的动画。

代码清单 14-2：主程序实例化并播放一个 SimpleAnimation（文件: SimpleAnimation/Main_SimpleAnimation.py）

```
# Animation example
# Shows example of SimpleAnimation object

# 1 - Import library
import pygame
from pygame.locals import *
import sys
import pygwidgets
from SimpleAnimation import *
```

```
# 2 Define constants
SCREEN_WIDTH = 640
SCREEN_HEIGHT = 480
FRAMES_PER_SECOND = 30
BGCOLOR = (0, 128, 128)

# 3 - Initialize the world
pygame.init()
window = pygame.display.set_mode([SCREEN_WIDTH, SCREEN_HEIGHT])
clock = pygame.time.Clock()

# 4 - Load assets: images(s), sound(s), etc.
❶ dinosaurAnimTuple = ('images/Dinobike/f1.gif',
                      'images/Dinobike/f2.gif',
                      'images/Dinobike/f3.gif',
                      'images/Dinobike/f4.gif',
                      'images/Dinobike/f5.gif',
                      'images/Dinobike/f6.gif',
                      'images/Dinobike/f7.gif',
                      'images/Dinobike/f8.gif',
                      'images/Dinobike/f9.gif',
                      'images/Dinobike/f10.gif')

# 5 - Initialize variables
oDinosaurAnimation = SimpleAnimation(window, (22, 140),
                                     dinosaurAnimTuple, .1)
oPlayButton = pygwidgets.TextButton(window, (20, 240), "Play")

# 6 - Loop forever
while True:

    # 7 - Check for and handle events
    for event in pygame.event.get():
        if event.type == QUIT:
            pygame.quit()
            sys.exit()

    ❷  if oPlayButton.handleEvent(event):
            oDinosaurAnimation.play()

    # 8 - Do any "per frame" actions
    ❸ oDinosaurAnimation.update()

    # 9 - Clear the window
    window.fill(BGCOLOR)

    # 10 - Draw all window elements
    ❹ oDinosaurAnimation.draw()
    oPlayButton.draw()

    # 11 - Update the window
    pygame.display.update()

    # 12 - Slow things down a bit
    clock.tick(FRAMES_PER_SECOND)  # make pygame wait
```

恐龙动画的所有图片保存在 images/DinoBike/ 文件夹中。首先，创建图片的一个元组（❶）。然后，使用该元组创建一个 SimpleAnimation 对象，并指定每张图片应该显示 0.1s。另外，还实例化一个 Play 按钮。

在主循环中，我们调用 oDinosaurAnimation 对象的 update() 和 draw() 方法。在循环时，程序将不断地绘制动画的当前图片和 Play 按钮。当动画没有运行时，用户只会看到第一张图片。

当用户单击 Play 按钮（❷）时，程序将调用 oDinosaurAnimation 对象的 play()方法来开始播放动画。

在主循环中，我们调用 oDinosaurAnimation 的 update()方法（❸），它会判断是否已经经过了足够的时间，应该让动画切换到下一张图片。

最后，调用 draw()方法（❹），对象将绘制合适的图片。

14.1.2　SimpleSpriteSheetAnimation 类

SimpleSpriteSheetAnimation 类实现了第二种类型的动画。精灵表是一张图片，它由许多相同大小的小图片组成，目的是让这些小图片按顺序显示，创建出动画效果。从开发人员的角度看，精灵表有 3 个优势。首先，所有图片包含在一个文件中，所以不需要担心如何为每个单独的文件起名。其次，你可以在一个文件中看到动画的变化，而不需要翻看一系列图片。最后，加载一个文件比加载构成动画的文件列表更快。

图 14-1 显示了精灵表的一个示例。

这个示例显示 0～17 的整数。原始文件包含一张 384×192 像素大小的图片。通过一个简单的除法可知，每个数字图片的大小是 64×64 像素。这里的要点是，我们使用 pygame 创建一张大图片的子图片，得到 18 个新的 64×64 像素大小的图片。然后，使用与 SimpleAnimation 类相同的技术显示这些小图片。

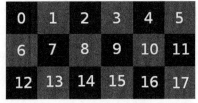

图 14-1　由 18 个小图片构成的一个精灵表

1. 创建类

代码清单 14-3 包含的 SimpleSpriteSheetAnimation 类可以处理基于精灵表的动画。在初始化时，将单个精灵表的内容拆分到一个小图片列表中，其他方法会显示这些图片。

代码清单 14-3：SimpleSpriteSheetAnimation 类（文件：SimpleSpriteSheetAnimation/SimpleSpriteSheetAnimation.py）

```
# SimpleSpriteSheetAnimation class

import pygame
import time

class SimpleSpriteSheetAnimation():
    def __init__(self, window, loc, imagePath, nImages, width, height, durationPerImage):  ❶
        self.window = window
        self.loc = loc
        self.nImages = nImages
        self.imagesList = []

        # Load the sprite sheet
        spriteSheetImage = pygame.image.load(imagePath)
        # Optimize blitting
        spriteSheetImage = pygame.Surface.convert_alpha(spriteSheetImage)
```

```
        # Calculate the number of columns in the starting image
        nCols = spriteSheetImage.get_width() // width

        # Break up the starting image into subimages
        row = 0
        col = 0
        for imageNumber in range(nImages):
            x = col * height
            y = row * width

            # Create a subsurface from the bigger spriteSheet
            subsurfaceRect = pygame.Rect(x, y, width, height)
            image = spriteSheetImage.subsurface(subsurfaceRect)
            self.imagesList.append(image)

            col = col + 1
            if col == nCols:
                col = 0
                row = row + 1

        self.durationPerImage = durationPerImage
        self.playing = False
        self.index = 0

    def play(self):
        if self.playing:
            return
        self.playing = True
        self.imageStartTime = time.time()
        self.index = 0

    def update(self):
        if not self.playing:
            return

        # How much time has elapsed since we started showing this image
        self.elapsed = time.time() - self.imageStartTime

        # If enough time has elapsed, move on to the next image
        if self.elapsed > self.durationPerImage:
            self.index = self.index + 1

            if self.index < self.nImages: # move on to next image
                self.imageStartTime = time.time()

            else: # animation is finished
                self.playing = False
                self.index = 0 # reset to the beginning

    def draw(self):
        # Assumes that self.index has been set earlier - in the update() method.
        # It is used as the index into the imagesList to find the current image.
        theImage = self.imagesList[self.index] # choose the image to show

        self.window.blit(theImage, self.loc) # show it
```

这个类与 SimpleAnimation 类非常相似，但因为这个动画基于精灵表，所以必须为其 __init__()方法传递不同的信息（❶）。该方法不仅需要标准的 window 和 loc 参数，还需要下面的参数。

- **imagePath**：表示精灵表图片（单个文件）的路径。
- **nImages**：表示精灵表中的图片个数。
- **width**：表示每张子图片的宽度。
- **height**：表示每张子图片的高度。
- **durationPerImage**：表示每个图片的显示时间（以秒为单位）。

当给定这些值时，__init__()方法会加载精灵表文件，并在循环中调用 pygame 的 subsurface() 方法，将给定的大图片拆分为较小的子图片列表。然后，把小图片添加到 self.imagesList 列表中，供其他方法使用。__init__()方法使用计数器来统计子图片的个数，最多只有调用者指定的个数。因此，最后一行图片不必是完整的一行图片。例如，我们使用的精灵表图片可能只包含整数 0~14，并不是必须填充到 17。nImages 参数是实现这种行为的关键。

这个类的其余方法——play()、update()和 draw()与 SimpleAnimation 类的方法完全相同。

2. 示例主程序

代码清单 14-4 中的示例主程序创建并显示一个 SimpleSpriteSheetAnimation 对象，它显示一滴水落地并溅开的动画。本书配套资源的 SpriteSheetAnimation 文件夹中包含这个程序的源代码和相关图片。

代码清单 14-4：示例主程序创建并使用一个 SimpleSpriteSheetAnimation 对象（文件：SimpleSpriteSheetAnimation/Main_SimpleSpriteSheetAnimation.py）

```
# Shows example of SimpleSpriteSheetAnimation object

# 1 - Import library
import pygame
from pygame.locals import *
import sys
import pygwidgets
from SimpleSpriteSheetAnimation import *

# 2 Define constants
SCREEN_WIDTH = 640
SCREEN_HEIGHT = 480
FRAMES_PER_SECOND = 30
BGCOLOR = (0, 128, 128)

# 3 - Initialize the world
pygame.init()
window = pygame.display.set_mode([SCREEN_WIDTH, SCREEN_HEIGHT])
clock = pygame.time.Clock()

# 4 - Load assets: images(s), sound(s), etc.

# 5 - Initialize variables
❶ oWaterAnimation = SimpleSpriteSheetAnimation(window, (22, 140),
                                    'images/water_003.png',
                                    5, 50, 192, 192, .05)
oPlayButton = pygwidgets.TextButton(window, (60, 320), "Play")

# 6 - Loop forever
while True:
```

```
# 7 - Check for and handle events
for event in pygame.event.get():
    if event.type == QUIT:
        pygame.quit()
        sys.exit()

    if oPlayButton.handleEvent(event):
        oWaterAnimation.play()

# 8 - Do any "per frame" actions
oWaterAnimation.update()

# 9 - Clear the window
window.fill(BGCOLOR)

# 10 - Draw all window elements
oWaterAnimation.draw()
oPlayButton.draw()

# 11 - Update the window
pygame.display.update()

# 12 - Slow things down a bit
clock.tick(FRAMES_PER_SECOND) # make pygame wait
```

这个示例唯一重要的区别是，它实例化了一个 SimpleSpriteSheetAnimation 对象（❶）而不是一个 SimpleAnimation 对象。

14.1.3 将两个类合并起来

SimpleAnimation 类和 SimpleSpriteSheetAnimation 类的 __init__()方法有不同的参数，但其他 3 个方法（start()、update()和 draw()）是相同的。实例化这两个类后，访问对象的方式是相同的。"不重复自己"（DRY）原则指出，像这样重复方法不是一个好主意，因为需要修复 bug 或增强代码时，需要修改方法的两个副本。

这是合并类的一个好机会。我们可以创建一个公共的抽象基类，让这两个类继承该基类。基类有自己的__init__()方法，其中包含原来的两个类的__init__()方法中的公共部分。基类还将包含 play()、update()和 draw()方法。

原来的两个类将继承新的基类，并使用合适的参数实现自己的__init__()方法。它们的__init__()方法将自动创建 self.imagesList，这个列表将用在新的基类的其他 3 个方法中。

这里不展示合并这两个简单类的结果，而在专业的 Animation 和 SpriteSheetAnimation 类中显示合并的结果，这两个类是 pygwidgets 包的一部分。

14.2　pygwidgets 中的动画类

pygwidgets 模块中包含下面 3 个动画类。
- **PygAnimation**：Animation 类和 SpriteSheetAnimation 类的抽象基类。
- **Animation**：用于基于图片的动画（单独的图片文件）的类。
- **SpriteSheetAnimation**：用于基于精灵表的动画（一张大图片）的类。

我们将逐个讨论这些类。Animation 类和 SpriteSheetAnimation 类使用的基本概念与我们前面讨论的相同，但它们的初始化参数提供了更多选项。

14.2.1 Animation 类

使用 pygwidget 的 Animation 类，可以从许多不同的图片文件创建一个动画。其接口如下所示。

```
Animation(window, loc, animTuplesList, autoStart=False,
         loop=False, nickname=None, callBack=None, nIterations=1):
```

必要的参数如下所示。
- **window**：在其中进行绘制的窗口。
- **loc**：图片左上角的绘制位置。
- **animTuplesList**：描述动画序列的元组的列表（或元组）。每个内层元组包括以下部分。
    - **pathToImage**：图片文件的相对路径。
    - **Duration**：图片的显示时间（单位为秒，浮点数）。
    - **offset（可选）**：如果提供此值，将使用一个(x, y)元组作为与主 loc 的偏移量，图片将在这个位置显示。

下面的参数是可选的。
- **autostart**：如果你想让动画立即开始，则将这个参数设置为 True。默认为 False。
- **Loop**：如果你想让动画连续循环播放，则将这个参数设置为 True。默认为 False。
- **showFirstImageAtEnd**：当动画结束时，再次显示第一张图片。默认为 True。
- **nickname**：分配给这个动画的内部名称，用作调用 callBack 时的参数。
- **callBack**：动画结束时调用的函数或对象方法。
- **nIterations**：循环播放动画的次数。默认为 1。

前面的 SimpleAnimation 为所有图片使用一个显示时间，但 Animation 类允许为每张图片指定一个显示时间，从而在控制图片的显示时间方面提供了更大的灵活性。当绘制每张图片时，你还可以指定 x 偏移量和 y 偏移量，但一般不需要这么做。下面的示例代码创建了一个 Animation 对象，它显示了一只正在奔跑的霸王龙。

```
TRexAnimationList = [('images/TRex/f1.gif', .1),
                     ('images/TRex/f2.gif', .1),
                     ('images/TRex/f3.gif', .1),
                     ('images/TRex/f4.gif', .1),
                     ('images/TRex/f5.gif', .1),
                     ('images/TRex/f6.gif', .1),
                     ('images/TRex/f7.gif', .1),
                     ('images/TRex/f8.gif', .1),
                     ('images/TRex/f9.gif', .1),
                     ('images/TRex/f10.gif', .4)]

# 5 - Initialize variables
oDinosaurAnimation = pygwidgets.Animation(window, (22, 145),
        TRexAnimationList, callBack=myFunction, nickname='Dinosaur')
```

14.2 pygwidgets 中的动画类

这创建了一个显示 10 张不同的图片的 Animation 对象。前 9 张图片各显示 0.1s，最后一张图片显示 0.4s。这个动画只播放一次，并且不会自动开始播放。当动画结束后，将使用参数 'Dinosaur' 调用 myFunction()。

14.2.2 SpriteSheetAnimation 类

对于 SpriteSheetAnimation，需要传入一个精灵表文件的路径。为了让 SpriteSheetAnimation 能够将大动画拆分为许多小图片，必须指定所有子图片的宽度和高度。对于显示时间，有两个选择：要么指定一个值，让所有图片显示相同的时间；要么指定一个时间的列表或元组，让其中的每个时间对应每张图片。其接口如下所示。

```
SpriteSheetAnimation(window, loc, imagePath, nImages,
                     width, height, durationOrDurationsList,
                     autoStart=False, loop=False, nickname=None,
                     callBack=None, nIterations=1):
```

必要的参数如下所示。
- **window**：在其中进行绘制的窗口。
- **loc**：图片左上角的绘制位置。
- **imagePath**：精灵表图片文件的相对路径。
- **nImages**：精灵表图片的子图片的总数。
- **width**：每张子图片的宽度。
- **height**：每张子图片的高度。
- **durationOrDurationsList**：在动画播放过程中，每张子图片应该显示的时间，也可以是一个时间列表，其中的每个时间对应一个子图片（长度必须是 nImages）。

下面的参数是可选的。
- **autostart**：如果你想让动画立即开始，则将这个参数设置为 True。默认为 False。
- **Loop**：如果你想让动画连续循环播放，则将这个参数设置为 True。默认为 False。
- **showFirstImageAtEnd**：当动画结束时，再次显示第一张图片。默认为 True。
- **nickname**：分配给这个动画的内部名称，用作调用 callBack 时的参数。
- **callBack**：动画结束时调用的函数或对象方法。
- **nIterations**：循环播放动画的次数。默认为 1。

下面是创建 SpriteSheetAnimation 对象时使用的典型语句。

```
oEffectAnimation = pygwidgets.SpriteSheetAnimation(window, (400, 150),
                        'images/effect.png', 35, 192, 192, .1,
                        autoStart=True, loop=True)
```

这段代码使用给定路径保存的一个图片文件创建一个 SpriteSheetAnimation 对象。原图包含 35 张子图片。每张小图片的大小是 192×192 像素，并且会显示 0.1s。这个动画将自动开始播放，并无限循环。

14.2.3 公共基类 PygAnimation

Animation 类和 SpriteSheetAnimation 类均只包含一个 __init__()方法，并且都继承自一个公共抽象基类 PygAnimation。这两个类的 __init__()方法都调用了 PygAnimation 基类的 __init__()方法。因此，Animation 类和 SpriteSheetAnimation 类中的 __init__()方法只实例化它们的类中的独特数据。

创建了 Animation 或 SpriteSheetAnimation 对象后，客户端代码需要在每一帧中调用 update()和 draw()方法。下面列出了这两个类通过基类能够使用的方法。

- **handleEvent(event)**：如果想检查用户是否单击动画，就必须在每一帧中调用这个方法。如果单击，就传入 pygame 提供的事件。这个方法大部分时间返回 False，但当用户单击图片时，会返回 True，此时通常会调用 play()方法。
- **play()**：开始播放动画。
- **stop()**：在动画的当前位置停止播放，并将其重置为显示第一张图片。
- **pause()**：使动画在当前图片位置暂停播放。通过调用 play()，动画可以继续播放。
- **update()**：应该在每一帧中调用。在动画播放时，这个方法会计算出应该在什么时间切换到下一张图片。它通常返回 False，但当动画结束并且未设置为循环播放时，将返回 True。
- **draw()**：应该在每一帧中调用。这个方法绘制动画的当前图片。
- **setLoop(trueOrFalse)**：传入 True 或者 False，指定动画是否应该循环播放。
- **getLoop()**：如果动画设置为循环播放，则返回 True；否则，返回 False。

> 注意　动画在窗口中的位置由一开始传入 __init__()的 loc 的值决定。Animation 类和 SpriteSheetAnimation 类都继承自 PygAnimation 类，PygAnimation 类又继承自 PygWidget 类。因此，PygWidget 类中的所有方法在 Animation 类和 SpriteSheetAnimation 类中都是可用的，你可以轻松地创建一个动画，使其在播放过程中改变位置。通过调用从 PygWidget 继承的 setLoc()方法，并为每张图片提供你想要使用的任何（*x*, *y*）坐标，你可以使任何动画开始移动。

14.2.4 示例动画程序

图 14-2 显示了一个示例动画程序的屏幕截图，该动画程序演示了从 Animation 类和 SpriteSheetAnimation 类创建的多个动画。

左边的小恐龙是一个 Animation 对象，它被设置为 autoStart，所以在程序开始时这个动画会自动播放，但它只播放一次。单击小恐龙下面的按钮将对 Animation 对象发出合适的调用。如果单击 Play 按钮，该动画将再次播放。在动画正在播放时，单击 Pause 按钮会暂停动画，直到你再次单击 Play 按钮。如果播放动画，然后单击 Stop 按钮，动画将会停止播放，并显示第一张图片。在这些按钮下面，有两个复选框。默认情况下，这个动画不会循环播放。如果选中 Loop 复选框，然后单击 Play 按钮，动画将重复播放，直到你取消选中 Loop 复选框。Show 复选框用于显示或隐藏动画。

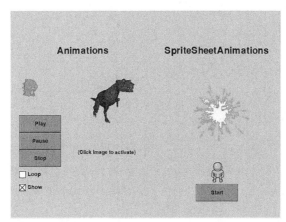

图 14-2　使用 Animation 和 SpriteSheetAnimation 类的一个示例动画程序

第 2 个（霸王龙）Animation 对象没有设置为 autoStart，所以你只会看到动画的第一张图片。如果单击这张图片，动画将设置为遍历它的所有图片 3 次（循环 3 次），然后停止播放。

右上角是一朵烟花的 SpriteSheetAnimation 对象，它来自包含 35 张子图片的一张图片。这个动画设置为循环播放，所以你会看到它连续播放。

右下角是一个行走的 SpriteSheetAnimation 对象，它来自包含 36 张子图片的一张图片。单击 Start 按钮，这个动画将播放它的全部图片一次。

这个程序的完整源代码参见本书配套资源中的 AnimationExample/Main_AnimationExample.py 文件。

这个程序实例化了两个 Animation 对象（小恐龙和霸王龙）与两个 SpriteSheetAnimation 对象（烟花和行走的人）。单击小恐龙下面的一个按钮时，将调用恐龙动画对象的合适方法。单击小恐龙或霸王龙将调用该动画的 start() 方法。

这个程序说明，多个动画可以同时运行。之所以如此，是因为主循环会在每一帧中调用每个动画的 update() 和 draw() 方法，每个动画将自己决定是保留当前图片还是显示下一张图片。

14.3　小结

在本章中，我们通过创建自己的 SimpleAnimation 类和 SimpleSpriteSheetAnimation 类，探讨了动画类需要的机制。SimpleAnimation 由多张图片组成，而 SimpleSpriteSheetAnimation 使用一张大图片，该图片包含许多子图片。

这两个类有不同的初始化方法，但其余方法是相同的。本章解释了如何创建一个公共的抽象基类，将这两个类合并起来。

然后，本章介绍了 pygwidgets 中的 Animation 类和 SpriteSheetAnimation 类。这两个类只实现了自己的 __init__() 方法，它们从公共基类 PygAnimation 中继承其他方法。本章最后给出了一个演示程序，为普通动画和精灵表动画提供了示例。

第 15 章 场景

游戏和程序常常需要为用户展现不同的场景。对于本章的讨论，我将场景定义为彼此有巨大区别的窗口布局和相关的用户交互。例如，Space Invaders 这样的一款游戏不仅会有开始场景、游戏场景、高分场景，可能还有一个结束场景。

本章将讨论在编写包含多个场景的程序时，可以使用的两种不同的方法。首先，本章将介绍状态机技术，这种技术适用于相对小的程序。然后，本章将介绍一种完全面向对象的方法，将每个场景实现为一个对象，并通过场景管理器来管理它们。后面这种方法的可扩展性更好，更适合较大的程序。

15.1 状态机方法

在前面的章节中，我们开发了一个模拟电灯开关的程序。在第 1 章中，我们使用过程式代码实现了一个电灯开关，后面使用类重写了这个程序。在这两种情况下，开关的位置（或状态）是由一个布尔变量表示的，True 代表打开，False 代表关闭。

在很多情况下，程序或者对象可能处在不同的状态，需要根据当前状态运行不同的代码。例如，考虑使用 ATM 时涉及的步骤。一开始有一个初始（欢迎）状态，然后你需要插入银行卡；之后，ATM 提示输入你的 PIN，选择要执行的操作等。在任何一个步骤，你可能需要后退一步，或者从头开始。对于这种情况，一般采用的实现方法是使用一个状态机。

状态机： 通过一系列状态代表和控制执行流的模型。

状态机的实现包括如下方面。

- ❑ 一组预定义的状态，通常用常量字符串表达，这个字符串中包含一个单词或一个短语，描述了该状态会发生什么。
- ❑ 一个跟踪当前状态的变量。
- ❑ 一个起始状态（包含在预定义状态集合中）。
- ❑ 一组清晰定义的、状态之间的过渡。

在任何时刻，状态机只能处在一个状态，但可以移动到一个新状态，通常根据用户的特定输入移动状态。

第 7 章讨论了 pygwidgets 包中的 GUI 按钮类。当把光标移动到按钮上方并单击按钮时，用户会看到 3 张不同的图片（未按下、光标移动到上方和按下状态的图片），这 3 张图片分别对应按钮的不同状态。图片的切换是在 handleEvent()方法（每当发生一个事件时就调用该方法）中处理的。我们仔细看看它的实现方式。

handleEvent()方法被实现为一个状态机。状态保存在实例变量 self.state 中。每个按钮一开始处于未按下状态，显示未按下状态的图片。当用户将光标移动到按钮上方时，就显示光标在按钮上方时对应的图片，代码将过渡到对应的状态。当用户单击按钮时，就显示按下状态的图片，代码过渡到按下状态（在内部称为待命状态）。当用户松开鼠标按键时，就再次显示光标在按钮上方状态的图片，代码将过渡回光标在按钮上方的状态（handleEvent()将返回 True，指出发生了一次单击）。如果用户之后将光标移动到按钮之外，就再次显示未按下状态的图片，并让代码过渡回未按下状态。

接下来，展示如何使用状态机，以代表用户在大型程序中可能遇到的不同场景。作为一个通用示例，假设游戏中有闪屏（开始场景）、玩游戏场景和结果场景。我们将创建一组常量来代表不同的状态，并创建一个 state 变量，把开始状态的值赋给它。

```
STATE_SPLASH = 'splash'
STATE_PLAY = 'play'
STATE_END = 'end'
state = STATE_SPLASH # initialize to starting state
```

为了在不同的状态执行不同的操作，在程序的主循环中，使用一个 if/elif/elif/.../else 结构，根据 state 变量的当前值执行不同的分支。

```
while True:
    if state == STATE_SPLASH:
        # Do whatever you want to do in the Splash state here
    elif state == STATE_PLAY:
        # Do whatever you want to do in the Play state here
    elif state == STATE_END:
        # Do whatever you want to do in the End state here
    else:
        raise ValueError('Unknown value for state: ' + state)
```

因为 state 一开始设置为 STATE_SPLASH，所以只会运行 if 语句的第 1 个分支。

状态机的思想是，在特定的场景中（通常由某个事件触发），程序通过将一个不同的值赋给 state 变量来改变自己的状态。例如，闪屏场景可以只显示游戏简介和一个 Start 按钮。当用户单击 Start 按钮时，游戏将执行一条赋值语句，使 state 变量的值过渡到 Play 状态。

```
state = STATE_PLAY
```

这行代码运行后，只会运行第 1 个 elif 中的代码，这将执行完全不同的代码，显示和响应 Play 状态。

类似地，每当程序以任何方式达到结束条件时，就会执行下面的一行代码，过渡到 End 状态。

```
state = STATE_END
```

之后，每次程序迭代 while 循环时，将运行第 2 个 elif 分支的代码。

总结一下，状态机有一组状态，一个跟踪程序当前所在状态的变量，以及一组导致程序从一个状态过渡到另一个状态的事件。因为只有一个变量跟踪状态，所以在任何时刻程序只能处在一个状态。用户采取的不同操作（单击按钮、按下按键、拖动项目等）或者其他事件（如定时器过期）可能导致程序从一个状态过渡到另外一个状态。根据程序所在的状态，程序可能监听不同的事件，并且通常会执行不同的代码。

15.2 状态机的一个 pygame 示例

接下来，我们将创建一个使用状态机的 *Rock*，*Paper*，*Scissors* 游戏。用户选择石头、纸张或剪刀，计算机将随机选择这三者中的一个。如果人和计算机选择了相同的东西，则平局。否则，根据以下规则，玩家或者计算机会得 1 分。

- 石头砸坏剪刀。
- 剪刀剪碎纸张。
- 纸张包住石头。

用户将看到这款游戏有 3 个场景——闪屏场景（见图 15-1）、游戏场景（见图 15-2）和结果场景（见图 15-3）。

在闪屏场景中，等待用户单击 Start 按钮。

图 15-1　*Rock*，*Paper*，*Scissors* 的闪屏场景　　　图 15-2　*Rock*，*Paper*，*Scissors* 的游戏场景

用户在游戏场景中做决策。当用户单击一个图标来表达自己的选择后，计算机将随机做出选择。

结果场景显示了游戏的结果和得分情况。它等待用户单击 Restart 按钮来再玩一局游戏。

在这个游戏中，state 的每个值对应一个不同的场景。图 15-4 是一个状态图，显示了状态和过渡（导致程序从一个状态进入另一个状态的操作或事件）。

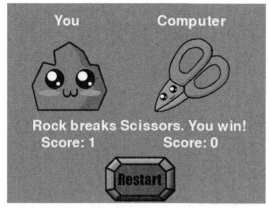

图 15-3　*Rock*，*Paper*，*Scissors* 的结果场景

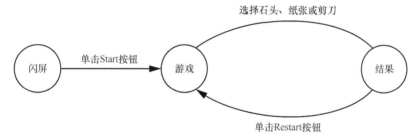

图 15-4　*Rock*，*Paper*，*Scissors* 的状态图

当空闲（等待用户操作）时，当前场景通常保持不变（即在主事件循环中），程序通常不会修改 state 变量的值（当定时器结束时，状态可能改变，但这种情况很少出现）。这个游戏在启动时显示闪屏场景，当用户单击 Start 按钮时，将进入游戏场景。之后，游戏将在游戏场景和结果场景之间切换。虽然这只是一个简单的示例，但是在理解更加复杂的程序的流程时，状态图可能十分有用。

代码清单 15-1 显示了 *Rock*，*Paper*，*Scissors* 游戏的代码，但为了节省空间，这里省略了示例代码。

代码清单 15-1：*Rock*，*Paper*，*Scissors* 游戏（文件：RockPaperScissorsStateMachine/RockPaperScissors.py）

```
# Rock, Paper, Scissors in pygame
# Demonstration of a state machine

--- snip ---

ROCK = 'Rock'
PAPER = 'Paper'
SCISSORS = 'Scissors'

# Set constants for each of the three states
STATE_SPLASH = 'Splash'   ❶
STATE_PLAYER_CHOICE = 'PlayerChoice'
STATE_SHOW_RESULTS = 'ShowResults'
```

```
# 3 - Initialize the world
--- snip ---

# 4 - Load assets: image(s), sound(s), etc.
--- snip ---

# 5 - Initialize variables
playerScore = 0
computerScore = 0
state = STATE_SPLASH  ❷ # the starting state

# 6 - Loop forever
while True:

    # 7 - Check for and handle events
    for event in pygame.event.get():
        if event.type == pygame.QUIT:
            pygame.quit()
            sys.exit()

        if state == STATE_SPLASH:  ❸
            if startButton.handleEvent(event):
                state = STATE_PLAYER_CHOICE

        elif state == STATE_PLAYER_CHOICE:  ❹ # let the user choose
            playerChoice = ''  # indicates no choice yet
            if rockButton.handleEvent(event):
                playerChoice = ROCK
                rpsCollectionPlayer.replace(ROCK)

            elif paperButton.handleEvent(event):
                playerChoice = PAPER
                rpsCollectionPlayer.replace(PAPER)

            elif scissorButton.handleEvent(event):
                playerChoice = SCISSORS
                rpsCollectionPlayer.replace(SCISSORS)

            if playerChoice != '':  # player has made a choice, make computer choice
                # Computer chooses from tuple of moves
                rps = (ROCK, PAPER, SCISSORS)
                computerChoice = random.choice(rps)  # computer chooses
                rpsCollectionComputer.replace(computerChoice)

                # Evaluate the game
                if playerChoice == computerChoice:  # tie
                    resultsField.setValue('It is a tie!')
                    tieSound.play()

                elif playerChoice == ROCK and computerChoice == SCISSORS:
                    resultsField.setValue('Rock breaks Scissors. You win!')
                    playerScore = playerScore + 1
                    winnerSound.play()

                elif playerChoice == ROCK and computerChoice == PAPER:
                    resultsField.setValue('Rock is covered by Paper. You lose.')
                    computerScore = computerScore + 1
                    loserSound.play()
```

```python
            elif playerChoice == SCISSORS and computerChoice == PAPER:
                resultsField.setValue('Scissors cuts Paper. You win!')
                playerScore = playerScore + 1
                winnerSound.play()

            elif playerChoice == SCISSORS and computerChoice == ROCK:
                resultsField.setValue('Scissors crushed by Rock. You lose.')
                computerScore = computerScore + 1
                loserSound.play()

            elif playerChoice == PAPER and computerChoice == ROCK:
                resultsField.setValue('Paper covers Rock. You win!')
                playerScore = playerScore + 1
                winnerSound.play()

            elif playerChoice == PAPER and computerChoice == SCISSORS:
                resultsField.setValue('Paper is cut by Scissors. You lose.')
                computerScore = computerScore + 1
                loserSound.play()

            # Show the player's score
            playerScoreCounter.setValue('Your Score: '+ str(playerScore))
            # Show the computer's score
            computerScoreCounter.setValue('Computer Score: '+ str(computerScore))

            state = STATE_SHOW_RESULTS # change state

    elif state == STATE_SHOW_RESULTS: ❺
        if restartButton.handleEvent(event):
            state = STATE_PLAYER_CHOICE # change state

    else:
        raise ValueError('Unknown value for state:', state)

# 8 - Do any "per frame" actions
if state == STATE_PLAYER_CHOICE:
    messageField.setValue('      Rock           Paper          Scissors')
elif state == STATE_SHOW_RESULTS:
    messageField.setValue('You                      Computer')

# 9 - Clear the window
window.fill(GRAY)

# 10 - Draw all window elements
messageField.draw()

if state == STATE_SPLASH: ❻
    rockImage.draw()
    paperImage.draw()
    scissorsImage.draw()
    startButton.draw()

# Draw player choices
elif state == STATE_PLAYER_CHOICE: ❼
    rockButton.draw()
    paperButton.draw()
    scissorButton.draw()
    chooseText.draw()

# Draw the results
elif state == STATE_SHOW_RESULTS: ❽
    resultsField.draw()
```

```
            rpsCollectionPlayer.draw()
            rpsCollectionComputer.draw()
            playerScoreCounter.draw()
            computerScoreCounter.draw()
            restartButton.draw()

        # 11 - Update the window
        pygame.display.update()

        # 12 - Slow things down a bit
        clock.tick(FRAMES_PER_SECOND)  # make pygame wait
```

在这个代码清单中，省略了为闪屏场景、游戏场景和结果场景创建图片、按钮与文本字段的代码。本书的配套资源包含完整的源代码和相关的图片。

在程序进入主循环之前，定义 3 个状态（❶），实例化并加载全部屏幕元素，并设置开始状态（❷）。

根据程序所处的状态，检查不同的事件。在 Splash 状态，只检查单击 Start 按钮的操作（❸）。在 Play 状态，检查单击 Rock、Paper 或 Scissors 图标按钮的操作（❹）。在 Results 状态，只检查单击 Restart 按钮的操作（❺）。

在一个场景中单击按钮或者做出选择，会改变 state 变量的值，使游戏进入一个不同的场景。在主循环的底部（❻❼❽），根据程序当前所处的状态，绘制不同的场景元素。

对于少量的状态/场景，这种技术很有效。但是，当程序中具有更加复杂的规则或者具有许多场景或状态时，跟踪在什么地方应该执行什么操作可能十分困难。此时，我们可以利用本书前面介绍的许多面向对象编程技术，基于独立的场景构建一个不同的架构，让一个对象管理器来管理这些不同的场景。

15.3 用于管理许多场景的场景管理器

创建包含多个场景的程序的第二种方法是使用一个场景管理器：这是一个对象，用于集中处理不同的场景。我们将创建一个 SceneMgr 类，并从它实例化一个 oSceneMgr 对象。在下面的讨论中，我们将用场景管理器这个名称指代 oSceneMgr 对象，因为我们只会实例化一个这样的对象。你将看到，场景管理器及相关场景利用了封装、继承和多态性。

场景管理器使用起来有些棘手，但是使用场景管理器的程序架构能够创建出高度模块化的、易于修改的程序。使用场景管理器的程序将包含以下文件。

- ❏ **主程序**：你需要编写一个不大的主程序，它必须首先创建程序中需要用到的每个场景的一个实例，然后创建场景管理器的一个实例，向其传入场景的列表和一个帧率。要启动程序，需要调用场景管理器的 run() 方法。在创建每个新的项目时，你都必须编写一个新的主程序。
- ❏ **场景管理器**：已经写好并且作为 pyghelpers.py 文件中的 SceneMgr 类提供。它跟踪所有不同的场景，记住哪个是当前场景，调用当前场景的方法，允许在场景之间切换，并处理场景之间的通信。
- ❏ **场景**：程序可以有任意多的场景。每个场景通常用一个单独的 Python 文件开发。每个场景类必须继承预先写好的 Scene 基类，并且有一组采用预定义的名称的方法。场景管理器利用多态性，在当前场景中调用这些方法。这里提供了一个 ExampleScene.py 模板文件，用于展示如何构建一个场景。

SceneMgr 类和 Scene 基类的代码包含在 pyghelpers 包中。场景管理器是一个对象管理器，可以管理任意数量的 Scene 对象。

15.4 使用场景管理器的一个示例程序

作为演示，我们将创建一个 Scene Demo 程序，它包含 3 个简单的场景——Scene A、Scene B 和 Scene C。这里的想法是，在任何场景中，你都可以单击一个按钮，切换到其他任何场景。图 15-5～图 15-7 显示了 3 个场景的屏幕截图。

图 15-5　用户在 Scene A 中看到的内容

从 Scene A 可以切换到 Scene B 或 Scene C。

图 15-6　用户在 Scene B 中看到的内容

从 Scene B 可以切换到 Scene A 或 Scene C。

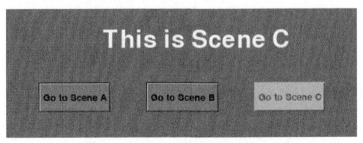

图 15-7　用户在 Scene C 中看到的内容

从 Scene C 可以切换到 Scene A 或 Scene B。

图 15-8 显示了项目文件夹的结构。注意，这里假定你已经在合适的 site-packages 文件夹中安装了 pygwidgets 和 pyghelpers 模块。

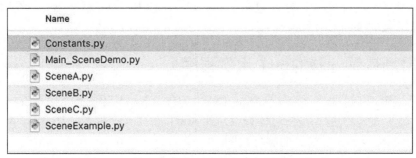

图 15-8　显示主程序和不同的场景文件的项目文件夹

Main_SceneDemo.py 是主程序。Constants.py 包含主程序和所有场景共享的一些常量。SceneA.py、SceneB.py 和 SceneC.py 是实际的场景，每个文件包含一个相关的场景类。SceneExample.py 是一个示例文件，显示了一个典型的场景文件是什么样子。这个程序没有使用它，但你可以参考它来理解典型场景的基本写法。

图 15-9 显示了程序中对象的层次。

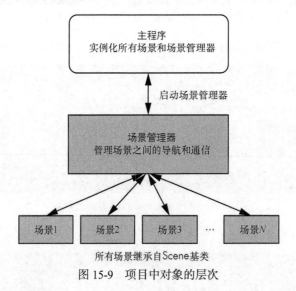

图 15-9　项目中对象的层次

我们看看在使用场景管理器时，程序的不同部分如何协作。首先，看主程序。

15.4.1　主程序

对于每个项目来说，主程序都是不同的。它的作用是初始化 pygame 环境，实例化所有场景，创建 SceneMgr 的一个实例，然后将控制权交给场景管理器 oSceneMgr。代码清单 15-2 显示了示例主程序的代码。

代码清单 15-2：使用场景管理器的示例主程序（文件: SceneDemo/Main_SceneDemo.py）

```
# Scene Demo main program with three scenes

--- snip ---
# 1 - Import packages
   import pygame
❶ import pyghelpers

   from SceneA import *
   from SceneB import *
   from SceneC import *

# 2 - Define constants
❷ WINDOW_WIDTH = 640
   WINDOW_HEIGHT = 180
   FRAMES_PER_SECOND = 30

# 3 - Initialize the world
   pygame.init()
   window = pygame.display.set_mode((WINDOW_WIDTH, WINDOW_HEIGHT))

# 4 - Load assets: image(s), sound(s), etc.

# 5 - Initialize variables
# Instantiate all scenes and store them into a list
❸ scenesList = [SceneA(window),
                SceneB(window),
                SceneC(window)]

# Create the scene manager, passing in the scenes list and the FPS
❹ oSceneMgr = pyghelpers.SceneMgr(scenesList, FRAMES_PER_SECOND)

# Tell the scene manager to start running
❺ oSceneMgr.run()
```

主程序的代码相对较短。首先导入 pyghelpers，然后导入所有场景（这里是 Scene A、Scene B 和 Scene C）（❶）。之后，定义了另外几个常量，初始化 pygame，并创建窗口（❷）。接下来，创建每个场景的一个实例，并把所有场景保存到一个列表中（❸）。执行完这行代码后，每个场景都有了一个初始化后的对象。

接下来，从 SceneMgr 类实例化场景管理器对象（oSceneMgr）（❹）。当创建这个对象时，需要传入两个值。

- 场景列表，以便场景管理器知道所有的场景。场景列表中的第 1 个场景用作程序的开始场景。
- 程序应该保持的每秒帧数（帧率）。

最后，调用场景管理器的 run() 方法（❺），告诉场景管理器开始运行。场景管理器始终以一个场景作为当前场景，即用户看到并与之交互的场景。

注意，在使用这种方法时，主程序实现了典型的 pygame 程序的初始化，但没有创建主循环。相反，主循环被内置到场景管理器中。

15.4.2 构建场景

为了理解场景管理器与单独场景之间的交互，下面解释如何构建一个典型的场景。

每次迭代循环时，场景管理器会在当前场景中调用一组预定义的方法，以便处理事件、执行每帧中需要执行的操作以及绘制该场景中需要绘制的任何东西。因此，你必须把每个场景的代码拆分到这些方法中。这种方法利用了多态性：每个场景需要实现一组公共的方法。

1. 在每个场景中需要实现的方法

每个场景被实现为一个类，该类继承了 pyghelpers.py 文件中定义的 Scene 基类。因此，每个场景必须导入 pyghelpers。每个场景至少必须包含一个 __init__()方法，并且必须重写基类中的 getSceneKey()、handleInputs()和 draw()方法。

每个场景必须有唯一的场景键，这是场景管理器用来识别每个场景的字符串。建议使用类似 Constants.py 这样的名称来创建一个文件，在其中包含所有场景的键，并把这个文件导入每个场景文件中。例如，这个示例程序的 Constants.py 文件包含下面的内容。

```
# Scene keys (any unique values):
SCENE_A = 'scene A'
SCENE_B = 'scene B'
SCENE_C = 'scene C'
```

在初始化时，场景管理器会调用每个场景的 getSceneKey()方法，该方法简单地返回唯一场景键。然后，场景管理器创建一个内部字典，在其中包含场景键和场景对象。当程序中的任何场景想要切换到一个不同的场景时，将调用 self.goToScene()（后面将进行介绍），并传入目标场景的场景键。场景管理器在字典中使用这个键来找到相关的场景对象，然后将新的场景对象设置为当前场景，并调用它的方法。

每个场景不仅必须包含自己版本的 handleInputs()方法，以处理通常在主循环中处理的任何事件，还必须包含自己版本的 draw()方法，用来在窗口中绘制该窗口想要绘制的任何东西。如果场景没有重写这两个方法，则它将无法响应任何事件，并且不会在窗口中绘制任何东西。

我们详细介绍需要为每个场景实现的 4 个方法。

第 1 个方法是 def __init__(self, window)。

每个场景应该首先实现自己的__init__()方法。window 参数是程序将在其中绘制的窗口。在你自己的方法中，首先应该添加下面的语句，将 window 参数保存下来，以便能够在 draw()方法中使用。

```
self.window = window
```

之后，你可以根据需要包含其他任何初始化代码，例如，实例化按钮和文本字段的代码，加载图片和声音的代码等。

第 2 个方法是 def getSceneKey(self)。

在你自己编写的每个场景中，都必须实现 def getSceneKey(self)方法。你的方法必须返回与这个场景关联的唯一场景键。

第 3 个方法是 def handleInputs(self, events, keyPressedList)。

在你自己编写的每个场景中，都必须实现 def handleInputs(self, events, keyPressedList)方法。它应该执行所有必要的操作来处理事件或按键。events 参数是从上一帧以来发生的事件的列表，keyPressedList 是代表所有键盘按键状态的布尔值（True 意味着按下了该按键）的列表。为了确定某个按键是否按下，应该使用一个常量而不是整数索引。pygame 文档 key.html 列出了代表所有键盘按键的常量。

在实现这个方法时，代码应该包含一个 for 循环来迭代传入的列表中的所有事件。如果愿意，其中还可以包含代码，实现第 5 章描述的连续处理键盘按键的模式。

第 4 个方法是 def draw(self)。

在你自己编写的每个场景中，都必须实现 def draw(self)方法。它应该绘制在当前场景中需要绘制的所有东西。

场景管理器在每个场景中还会调用下面的方法。在 Scene 基类中，这些方法各包含一个简单的 pass 语句，所以它们什么都不做。你可以重写其中任何或者全部方法，以执行你想在特定场景中执行的任何代码。

- **def enter(self, data)**：当场景管理器过渡到这个场景后，将调用这个方法。它有一个 data 参数，其默认值是 None。如果 data 不是 None，则它包含的信息是前一个场景在调用 goToScene()时传递过来的信息（下一节将介绍 goToScene()方法）。data 的值可以是任何形式，如字符串、数字值、列表、字典甚至对象，只要离开的场景和进入的场景对于传递的数据类型保持一致即可。enter()方法应该执行当这个场景即将获得控制权时需要执行的任何操作。

- **def update(self)**：在每一帧中都会调用这个方法。在这里，可以执行第 5 章介绍的 12 步模板中的第 8 个步骤需要执行的任何操作。例如，你可能想让这个方法在屏幕上移动图片、检测碰撞等。

- **def leave(self)**：每当程序将要过渡到一个不同的场景时，场景管理器会调用这个方法。它应该执行在离开场景前需要执行的清理工作，例如，将信息写入一个文件。

2. **场景之间的导航**

场景管理器和 Scene 基类为场景之间的导航提供了一种简单的方式。当程序想要过渡到另外一个场景时，当前场景应该调用自己的 goToScene()方法，如下是从 Scene 基类继承的一个方法。

```
self.goToScene(nextSceneKey, data)
```

goToScene()方法告诉场景管理器，你想要过渡到一个不同的场景，其场景键是 nextSceneKey。你应该通过一个文件（如 Constants.py）来使所有场景键可用。data 参数包含你想要传递给下一个场景的任何可选信息。如果不需要向下一个场景传递信息，你可以不使用这个参数。

典型的调用如下所示。

```
self.goToScene(SOME_SCENE_KEY) # no data to be passed
# Or
self.goToScene(ANOTHER_SCENE_KEY, data=someValueOrValues) # go to a scene and pass data
```

data 的值可以是任何格式，只要离开的场景和进入的场景理解这种格式即可。在调用这个方法后，离开当前场景前，场景管理器将调用该场景的 leave()方法。当下一个场景即将激活时，场景管理器将调用该场景的 enter()方法，并将 data 的值传入新场景。

3. 退出程序

用户能够通过以下 3 种不同的方式退出当前正在运行的程序，场景管理器能够管理这 3 种退出方式：
- 单击窗口顶部的关闭按钮；
- 按 Esc 键；
- 其他任何机制，如单击 Quit 按钮。此时，需要执行下面的调用（该方法也内置到 Scene 基类中）。

```
self.quit() # quits the program
```

15.4.3　一个典型场景

代码清单 15-3 显示了一个典型的场景，这是在示例程序中实现 Scene A（如图 15-5 所示）的 SceneA.py 文件。记住，主循环是由场景管理器实现的。在主循环中，场景管理器调用当前场景的 handleInputs()、update()和 draw()方法。

代码清单 15-3：一个典型的场景（Scene Demo 程序中的 Scene A，文件：SceneDemo/SceneA.py）

```
# Scene A

import pygwidgets
import pyghelpers
import pygame
from pygame.locals import *
from Constants import *

class SceneA(pyghelpers.Scene):
❶   def __init__(self, window):

        self.window = window

        self.messageField = pygwidgets.DisplayText(self.window,
                (15, 25), 'This is Scene A', fontSize=50,
                textColor=WHITE, width=610, justified='center')

        self.gotoAButton = pygwidgets.TextButton(self.window,
                (250, 100), 'Go to Scene A')
        self.gotoBButton = pygwidgets.TextButton(self.window,
                (250, 100), 'Go to Scene B')
        self.gotoCButton = pygwidgets.TextButton(self.window,
                (400, 100), 'Go to Scene C')
```

```
            self.gotoAButton.disable()

    ❷ def getSceneKey(self):
            return SCENE_A

    ❸ def handleInputs(self, eventsList, keyPressedList):
            for event in eventsList:
                if self.gotoBButton.handleEvent(event):
        ❹          self.goToScene(SCENE_B)
                if self.gotoCButton.handleEvent(event):
        ❺          self.goToScene(SCENE_C)

        --- snip (testing code to send messages) ---
    ❻ def draw(self):
            self.window.fill(GRAYA)
            self.messageField.draw()
            self.gotoAButton.draw()
            self.gotoBButton.draw()
            self.gotoCButton.draw()

        --- snip (testing code to respond to messages) ---
```

在__init__()方法（❶）中，把 window 参数保存到一个实例变量中。然后，不仅创建 DisplayText 字段的一个实例，用于显示标题，还创建一些 TextButton，用于导航到其他场景。

getSceneKey()方法（❷）只返回这个场景的唯一场景键（包含在 Constants.py 中）。在 handleInputs()方法（❸）中，如果用户单击不同场景中的按钮，则调用 self.goToScene()导航方法（❹❺），将控制权转交给新场景。在 draw()方法（❻）中，填充背景，绘制消息字段，并绘制按钮。这个示例场景做的工作不多，所以我们不需要编写自己的 enter()、update()和 leave()方法。对这些方法的调用将由 Scene 基类中的同名方法处理，但这些方法什么都不做，只执行一条 pass 语句。

另外两个场景文件是 SceneB.py 和 SceneC.py。它们仅有的区别在于显示的标题、绘制的按钮，以及单击按钮来切换到合适的新场景时显示的效果。

15.5　使用场景的 *Rock*，*Paper*，*Scissors*

我们使用场景管理器，创建 *Rock*，*Paper*，*Scissors* 游戏的另外一种实现。对于用户来说，游戏与之前的状态机版本没有区别。我们将创建一个闪屏场景、一个游戏场景和一个结果场景。

本书配套资源包含所有源代码，所以这里不会详细介绍每个 Python 文件。闪屏场景只不过是一个包含 Start 按钮的背景图片。当用户单击 Start 按钮时，代码将执行 goToScene (SCENE_PLAY)来切换到 Play 场景。在 Play 场景中，向用户展示一组图片（石头、纸张和剪刀），要求用户从中选择一个。单击一张图片将切换到 Results 场景。代码清单 15-4 包含 Play 场景的代码。

代码清单 15-4：*Rock*，*Paper*，*Scissors* 的 Play 场景（文件：RockPaperScissorsWithScenes/ScenePlay.py）

```
# The Play scene
# The player chooses among rock, paper, or scissors
```

```
import pygwidgets
import pyghelpers
import pygame
from Constants import *
import random

class ScenePlay(pyghelpers.Scene):
    def __init__(self, window):

        self.window = window

        self.RPSTuple = (ROCK, PAPER, SCISSORS)

        --- snip ---
    def getSceneKey(self):   ❶
        return SCENE_PLAY

    def handleInputs(self, eventsList, keyPressedList):   ❷
        playerChoice = None

        for event in eventsList:
            if self.rockButton.handleEvent(event):
                playerChoice = ROCK

            if self.paperButton.handleEvent(event):
                playerChoice = PAPER

            if self.scissorButton.handleEvent(event):
                playerChoice = SCISSORS

            if playerChoice is not None:   ❸  # user has made a choice
                computerChoice = random.choice(self.RPSTuple)  # computer chooses
                dataDict = {'player': playerChoice, 'computer': computerChoice}   ❹
                self.goToScene(SCENE_RESULTS, dataDict)   ❺  # go to Results scene

    # No need to include update method, defaults to inherited one which does nothing

    def draw(self):
        self.window.fill(GRAY)
        self.titleField.draw()
        self.rockButton.draw()
        self.paperButton.draw()
        self.scissorButton.draw()
        self.messageField.draw()
```

这里省略了创建文本字段以及石头、纸张和剪刀按钮的代码。getSceneKey()方法（❶）简单地返回这个场景的场景键。

最重要的方法是handleInputs()（❷），每一帧中都会调用该方法。如果玩家单击了任何按钮，我们就把一个名为playerChoice的变量设置为合适的常量（❸），并让计算机随机做出一个选择。然后，将玩家的选择与计算机的选择添加到一个简单的字典中（❹），以便能够将这些信息传递给Results场景。最后，为了切换到Results场景，我们调用goToScene()并传入字典（❺）。

场景管理器收到这个调用后，会调用当前场景（Play）的 leave()方法，将当前场景改变为新场景（Results），并调用新场景（Results）的 enter()方法。它将离开场景的数据传入新场景的enter()方法。

代码清单15-5包含Results场景的代码。这里的代码很多，但大部分代码用于显示合适的

15.5 使用场景的 *Rock*, *Paper*, *Scissors*   257

图标，以及计算一局游戏的结果。

代码清单 15-5：*Rock*, *Paper*, *Scissors* 的 Results 场景（文件: RockPaperScissorsWithScenes/ SceneResults.py）

```python
# The Results scene
# The player is shown the results of the current round

import pygwidgets
import pyghelpers
import pygame
from Constants import *

class SceneResults(pyghelpers.Scene):
    def __init__(self, window, sceneKey):
        self.window = window

        self.playerScore = 0
        self.computerScore = 0

❶       self.rpsCollectionPlayer = pygwidgets.ImageCollection(
                        window, (50, 62),
                        {ROCK: 'images/Rock.png',
                        PAPER: 'images/Paper.png',
                        SCISSORS: 'images/Scissors.png'}, '')

        self.rpsCollectionComputer = pygwidgets.ImageCollection(
                        window, (350, 62),
                        {ROCK: 'images/Rock.png',
                        PAPER: 'images/Paper.png',
                        SCISSORS: 'images/Scissors.png'}, '')

        self.youComputerField = pygwidgets.DisplayText(
                        window, (22, 25),
                        'You                    Computer',
                        fontSize=50, textColor=WHITE,
                        width=610, justified='center')

        self.resultsField = pygwidgets.DisplayText(
                        self.window, (20, 275), '',
                        fontSize=50, textColor=WHITE,
                        width=610, justified='center')

        self.restartButton = pygwidgets.CustomButton(
                        self.window, (220, 310),
                        up='images/restartButtonUp.png',
                        down='images/restartButtonDown.png'
                        over='images/restartButtonHighlight.png')

        self.playerScoreCounter = pygwidgets.DisplayText(
                        self.window, (86, 315), 'Score:',
                        fontSize=50, textColor=WHITE)

        self.computerScoreCounter = pygwidgets.DisplayText(
                        self.window, (384, 315), 'Score:',
                        fontSize=50, textColor=WHITE)

        # Sounds
        self.winnerSound = pygame.mixer.Sound("sounds/ding.wav")
        self.tieSound = pygame.mixer.Sound("sounds/push.wav")
        self.loserSound = pygame.mixer.Sound("sounds/buzz.wav")
```

```
❷ def enter(self, data):
        # data is a dictionary (comes from the Play scene) that looks like:
        #       {'player': playerChoice, 'computer': computerChoice}
        playerChoice = data['player']
        computerChoice = data['computer']

        # Set the player and computer images
 ❸      self.rpsCollectionPlayer.replace(playerChoice)
        self.rpsCollectionComputer.replace(computerChoice)

        # Evaluate the game's win/lose/tie conditions
 ❹      if playerChoice == computerChoice:
            self.resultsField.setValue("It's a tie!")
            self.tieSound.play()

        elif playerChoice == ROCK and computerChoice == SCISSORS:
            self.resultsField.setValue("Rock breaks Scissors. You win!")
            self.playerScore = self.playerScore + 1
            self.winnerSound.play()

        --- snip ---

        # Show the player's and computer's scores
        self.playerScoreCounter.setValue(
                            'Score: ' + str(self.playerScore))
        self.computerScoreCounter.setValue(
                            'Score: ' + str(self.computerScore))

 ❺ def handleInputs(self, eventsList, keyPressedList):
        for event in eventsList:
            if self.restartButton.handleEvent(event):
                self.goToScene(SCENE_PLAY)

    # No need to include update method,
    # defaults to inherited one which does nothing

 ❻ def draw(self):
        self.window.fill(OTHER_GRAY)
        self.youComputerField.draw()
        self.resultsField.draw()
        self.rpsCollectionPlayer.draw()
        self.rpsCollectionComputer.draw()
        self.playerScoreCounter.draw()
        self.computerScoreCounter.draw()
        self.restartButton.draw()
```

这里省略了一些游戏计算逻辑。enter()方法（❷）是这个类中最重要的方法。当玩家在前面的 Play 场景中做出选择后，程序将过渡到这个 Results 场景。我们首先从 Play 场景传入的字典中提取出玩家的选择和计算机的选择，该字典如下所示。

```
{'player': playerChoice, 'computer': computerChoice}
```

在 __init__()方法（❶）中，我们分别为玩家和计算机创建了 ImageCollection 对象，它们包含石头图片、纸张图片和剪刀图片。在 enter()方法（❷）中，使用 ImageCollection 的 replace()方法（❸），显示代表玩家的选择和计算机选择的图片。

计算逻辑十分简单（❹）。如果计算机和玩家做出相同的选择，则是平局，播放平局的声音。如果玩家获胜，就增加玩家的得分，并播放胜利的声音。如果计算机获胜，就增加计算机的得分，并播放失败的声音。我们更新玩家的得分或者计算机的得分，然后在合适的文本显示字段中显示得分。

运行了 enter()方法（每局游戏运行一次）后，场景管理器在每一帧中都会调用 handleInputs()方法（❺）。当用户单击 Restart 按钮时，我们将调用继承的 goToScene()方法，切换回到 Play 场景。

draw()方法（❻）在窗口中绘制这个场景需要的所有内容。

在这个场景中，我们在每一帧中并不做任何额外的工作，所有不需要编写一个 update()方法。当场景管理器调用 update()方法时，Scene 基类中的 update()方法将会运行，它只执行一条 pass 语句。

15.6 场景之间的通信

场景管理器提供了一组方法，允许场景通过发送或者请求信息，彼此进行通信。并不是所有程序都需要这种通信，但它确实可能很有用。场景管理器允许如下场景。

- 向另一个场景请求信息。
- 向另一个场景发送信息。
- 向其他所有场景发送信息。

在接下来的几节中，将把用户看到的场景称为当前场景。当前场景向另外一个场景发送信息或者从另外一个场景请求信息时，另外一个场景称为目标场景。用于传输信息的方法都在 Scene 基类中实现。因此，所有场景（它们必须继承 Scene 基类）都可以使用 self.<method>() 来访问这些方法。

15.6.1 从目标场景请求信息

要从其他任何场景请求信息，场景会调用继承的 request()方法，如下所示。

```
self.request(targetSceneKey, requestID)
```

这个调用允许当前场景向目标场景请求信息，目标场景由其场景键（targetSceneKey）标识。requestID 唯一标识了要请求的信息。为 requestID 使用的值通常是在 Constants.py 这样的文件中定义的一个常量。这个调用会返回请求的信息。典型的调用如下所示。

```
someData = self.request(SOME_SCENE_KEY, SOME_INFO_CONSTANT)
```

这行代码用于向 SOME_SCENE_KEY 场景请求 SOME_INFO_CONSTANT 标识的信息。返回的数据将被赋给 someData 变量。

作为一个中介，场景管理器收到对 request()的调用，将其转换为对目标场景的 respond()的调用。为了使目标场景能够提供信息，你必须在该场景的类中实现一个 response()方法。该方法的开头如下所示。

```
def respond(self, requestID):
```

respond()方法的典型代码会检查 requestID 参数的值，并返回合适的数据。返回的数据可以

15.6.2 向目标场景发送信息

要向目标场景发送信息，当前场景需要调用继承的 send() 方法，如下所示。

```
self.send(targetSceneKey, sendID, info)
```

这个调用允许当前场景向目标场景发送信息，目标场景由其场景键（targetSceneKey）标识。sendID 唯一标识了要发送的信息。info 参数是你想要发送给目标场景的信息。

典型的调用如下所示。

```
self.send(SOME_SCENE_KEY, SOME_INFO_CONSTANT, data)
```

这行代码用于向 SOME_SCENE_KEY 场景发送信息，信息由 SOME_INFO_ CONSTANT 标识，信息包含在变量 data 的值中。

场景管理器收到对 send() 的调用，将其转换为对目标场景的 receive() 的调用。为了允许场景向其他场景发送信息，你必须在目标场景类中实现一个 receive() 方法，如下所示。

```
def receive(self, receiveID, info):
```

如果需要处理 receiveID 的不同值，receive() 方法可以包含一个 if/elif/else 结构。传输的信息可以是任何格式，只要当前场景和目标场景就数据格式达成一致即可。

15.6.3 向所有场景发送信息

场景可以使用 sendAll() 方法，向其他所有场景发送信息。

```
self.sendAll(sendID, info)
```

这个调用允许当前场景向其他所有场景发送信息。sendID 唯一标识了要发送的信息。info 参数是你想要发送给所有场景的信息。

典型的调用如下所示。

```
self.sendAll(SOME_INFO_CONSTANT, data)
```

这行代码用于向所有场景发送信息。信息由 SOME_INFO_CONSTANT 标识，信息包含在变量 data 的值中。

要像这样发送信息，当前场景之外的其他所有场景都必须实现 receive() 方法。场景管理器将消息发送给除当前场景之外的所有场景。当前场景可能包含一个 receive() 方法，用于接收其他场景发送的信息。

15.6.4 测试场景之间的通信

代码清单 15-2 和代码清单 15-3 中的 Scene Demo 程序（包含 Scene A、Scene B 和 Scene C）在每个场景中包含代码，演示了如何调用 send()、request() 和 sendAll() 方法。另外，每个场景都简单实现了 receive() 和 respond() 方法。在示例程序中，按 A 键、B 键或 C 键会向另一个场景发送消息。按 X 键会向所有场景发送消息。按 1 键、2 键或 3 键将向目标场景请求数据，目标场景会返回一个字符串。

15.7 场景管理器的实现

本节将介绍如何实现场景管理器。但是，OOP 的一个重要的特征是，客户端代码的开发人员不需要理解类的实现，而只需要知道其接口。对于场景管理器，你不需要知道它如何工作，而只需要知道在你的场景中必须实现哪些方法，什么时候调用这些方法，以及可以调用哪些方法。因此，如果你对场景管理器的内部实现不感兴趣，可以直接跳到 15.8 节。如果确实感兴趣，那么本节将介绍场景管理器的实现细节。在本节中，你将学习一种允许在对象之间实现双向通信的有趣技术。

场景管理器在 pyghelpers 模块中的 SceneMgr 类中实现。如前所述，在主程序中，你需要像下面这样创建场景管理器的一个实例。

```
oSceneMgr = SceneMgr(scenesList, FRAMES_PER_SECOND)
```

主程序的最后一行代码如下所示。

```
oSceneMgr.run()
```

代码清单 15-6 显示了 SceneMgr 类的 __init__() 方法的代码。

代码清单 15-6：SceneMgr 类的 __init__() 方法

```
    --- snip ---
    def __init__(self, scenesList, fps):

# Build a dictionary, each entry of which is a sceneKey : scene object
❶       self.scenesDict = {}
❷       for oScene in scenesList:
            key = oScene.getSceneKey()
            self.scenesDict[key] = oScene

        # The first element in the list is used as the starting scene
❸       self.oCurrentScene = scenesList[0]
        self.framesPerSecond = fps

        # Give each scene a reference back to the SceneMgr.
        # This allows any scene to do a goToScene, request, send,
        # or sendAll, which gets forwarded to the scene manager.
❹       for key, oScene in self.scenesDict.items():
            oScene._setRefToSceneMgr(self)
```

__init__() 方法在一个字典中跟踪所有场景（❶）。它遍历场景列表，获取每个场景的场景键，然后构建一个字典（❷）。场景列表中的第 1 个场景对象用作开始场景（❸）。

__init__() 方法的最后一部分执行一些有趣的工作。场景管理器保存对每个场景的引用，所以能够向任何场景发送消息。但每个场景也需要能够向场景管理器发送消息。为了允许这种行为，__init__() 方法的最后一个 for 循环调用了特殊方法 _setRefToSceneMgr()（❹）（该方法在每个场景的基类中定义），并向该方法传递 self，即对场景管理器的引用。这个方法的全部代码只包含一行。

```
def _setRefToSceneMgr(self, oSceneMgr):
--- snip ---
    self.oSceneMgr = oSceneMgr
```

该方法只将对场景管理器的引用保存到实例变量 self.oSceneMgr 中。每个场景可以使用这个变量来调用场景管理器。本节稍后将展示场景如何使用这个变量。

15.7.1 run()方法

在构建的每个项目中，你都必须写一个小的主程序来实例化场景管理器。主程序的最后一步是调用场景管理器的 run()方法。整个程序的主循环就在这里。代码清单 15-7 显示了这个方法的代码。

代码清单 15-7：SceneMgr 类的 run()方法

```
def run(self):
--- snip ---
    clock = pygame.time.Clock()

    # 6 - Loop forever
    while True:

❶     keysDownList = pygame.key.get_pressed()

        # 7 - Check for and handle events
❷     eventsList = []
        for event in pygame.event.get():
            if (event.type == pygame.QUIT) or \
                    ((event.type == pygame.KEYDOWN) and
                     (event.key == pygame.K_ESCAPE)):
                # Tell the current scene we're leaving
                self.oCurrentScene.leave()
                pygame.quit()
                sys.exit()

            eventsList.append(event)

        # Here, we let the current scene process all events,
        # do any "per frame" actions in its update method,
        # and draw everything that needs to be drawn.
❸     self.oCurrentScene.handleInputs(eventsList, keysDownList)
❹     self.oCurrentScene.update()
❺     self.oCurrentScene.draw()

        # 11 - Update the window
❻     pygame.display.update()

        # 12 - Slow things down a bit
        clock.tick(self.framesPerSecond)
```

run()方法是场景管理器的关键方法。回忆一下，所有场景必须是多态的，每个场景至少必须实现 handleInputs()和 draw()方法。每次迭代循环时，run()方法执行以下操作。

（1）获取所有键盘按键的列表（❶，False 意味着未按下，True 意味着按下）。
（2）构建从上次迭代循环之后发生的事件的列表（❷）。
（3）调用当前场景的多态方法（❸）。当前场景始终保存在实例变量 self.oCurrentScene 中。在调用场景的 handleInputs()方法时，场景管理器会传入已发生的事件列表和按键列表。每个场景负责处理事件以及键盘的状态。
（4）调用 update()方法（❹），以允许场景执行每帧中需要执行的操作。Scene 基类实现的 update()方法只包含一条 pass 语句，但场景可以使用自己想执行的任何代码重写该方法。
（5）调用 draw()方法（❺），以允许场景在窗口中绘制任何需要绘制的东西。
与不使用场景管理器的标准主循环相同，在循环的底部更新窗口（❻），并等待合适的时间。

15.7.2 主方法

SceneMgr 类的其余方法实现了场景之间的导航和通信。
- _goToScene()：用于切换到一个不同的场景。
- _request_respond()：用于请求另外一个场景中的数据。
- _send_receive()：用于从一个场景向另一个场景发送信息。
- _sendAll_receive()：用于从一个场景向其他所有场景发送信息。

你编写的任何场景的代码都不应该直接调用这些方法，也不应该重写这些方法。这些方法的名称前面的下画线表示它们是私有（内部）方法。虽然在场景管理器中没有直接调用它们，但是 Scene 基类调用了它们。

为了解释这些方法的工作方式，首先概述当想要从一个场景导航到另外一个场景时，需要执行哪些步骤。为了过渡到目标场景，当前场景调用下面的方法。

```
self.goToScene(SOME_SCENE_KEY)
```

当一个场景发出此调用时，调用将由 Scene 基类中的 goToScene()方法处理。该方法只包含一行代码。

```
def goToScene(self, nextSceneKey, data=None):
--- snip ---
    self.oSceneMgr._goToScene(nextSceneKey, data)
```

它调用场景管理器中私有的_goToScene()方法。在场景管理器的方法中，我们需要让当前场景有机会执行必要的清理工作，然后将控制权交给新场景。下面显示了场景管理器的_goToScene()方法的代码。

```
def _goToScene(self, nextSceneKey, dataForNextScene):
--- snip ---
    if nextSceneKey is None:  # meaning, exit
        pygame.quit()
        sys.exit()

    # Call the leave method of the old scene to allow it to clean up.
    # Set the new scene (based on the key) and
    # call the enter method of the new scene.
```

```
❶ self.oCurrentScene.leave()
  pygame.key.set_repeat(0) # turn off repeating characters
  try:
    ❷ self.oCurrentScene = self.scenesDict[nextSceneKey]
  except KeyError:
      raise KeyError("Trying to go to scene '" + nextSceneKey +
          "' but that key is not in the dictionary of scenes.")
❸ self.oCurrentScene.enter(dataForNextScene)
```

_goToScene()方法执行了一些步骤来从当前场景过渡到目标场景。首先，它调用当前场景的 leave()方法（❶），使当前场景能够执行任何必要的清理工作。然后，它使用传入的目标场景键，找到目标场景的对象（❷），并将其设置为当前场景。最后，它调用新的当前场景的 enter()方法（❸），允许新的当前场景执行任何必要的设置工作。

从现在开始，场景管理器的 run()方法将开始循环，并调用当前场景的 handleInputs()、update()和 draw()方法。它将一直调用当前场景的这些方法，直到程序执行另外一个 self.goToScene()调用来过渡到另一个场景，或者用户退出程序。

15.7.3 场景之间的通信

最后，我们讨论一个场景如何与另外一个场景通信。为了从另外一个场景请求信息，场景只需要调用 self.request()，它在 Scene 基类中定义，如下所示。

```
dataRequested = self.request(SOME_SCENE_KEY, SOME_DATA_IDENTIFIER)
```

目标场景必须有一个 respond()方法。该方法的定义如下所示。

```
def respond(self, requestID):
```

它使用 requestID 的值来唯一标识要获取什么数据，然后返回该数据。请求场景和目标场景必须就标识符的值达成一致。完整过程如图 15-10 所示。

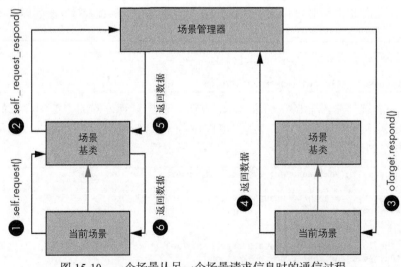

图 15-10　一个场景从另一个场景请求信息时的通信过程

当前场景不能从另外一个场景直接获取信息，因为当前场景没有对其他任何场景的引用。相反，它使用场景管理器作为中介。下面描述了场景管理器的工作方式。

（1）当前场景调用从 Scene 基类中继承的 self.request()方法。

（2）Scene 基类在实例变量 self.oSceneMgr 中保存对场景管理器的引用，以便允许它的方法调用场景管理器的方法。self.request()方法调用场景管理器的_request_respond()方法来从目标场景请求信息。

（3）场景管理器在一个字典中保存所有场景键及相关对象，使用传入的参数找到与目标场景关联的对象，并调用目标场景的 respond()方法。

（4）目标场景的 respond()方法（你必须编写该方法）执行必要的操作来生成请求的数据，并将这些数据返回给场景管理器。

（5）场景管理器将数据返回给当前场景继承的 Scene 基类的 request()方法。

（6）Scene 基类的 request()方法将数据返回给原调用者。

send()和 sendAll()是基于相同的机制实现的。唯一的区别在于，当发送一条消息给另一个场景或者所有场景的时候，没有数据需要返回给原调用者。

15.8　小结

本章介绍了如何以两种不同的方式实现包含多个场景的程序。状态机能够表示和控制涉及一系列状态的执行流，可以使用这种技术来实现包含少量场景的程序。场景管理器用于帮助构建较大的多场景应用程序，它提供了场景之间的导航，以及场景之间进行通信的一般方式。本章还解释了场景管理器如何实现这些功能。

场景管理器和 Scene 基类明显遵守了面向对象编程的 3 个主要特性——封装、多态性和继承。每个场景都是封装的好示例，因为一个场景的所有代码和数据被写成一个类。每个场景类必须是多态的，它必须实现一组公共的方法，才能处理场景管理器的调用。最后，每个场景继承了一个公共的 Scene 基类。场景管理器和 Scene 基类之间的双向通信是通过让每个场景使用从基类继承的方法和基类中的实例变量实现的。

第 16 章 完整的 Dodger 游戏

在本章中，我们将创建一款名为 Dodger 的完整游戏，它使用了本书前面解释的许多技术和概念。这款游戏基于 Al Sweigart 在他的图书 *Invent Your Own Computer Games with Python*（No Starch，2016）中展示的一款游戏，是该游戏的一个完全面向对象的扩展版本。这里使用的基本游戏概念、图形和声音都已经得到了授权。

在开始开发这款游戏之前，本章将先介绍一组函数，它们用于展示这款游戏中将会用到的模态对话框。模态对话框是要求用户必须与之交互（如选择一个选项）的对话框，只有当用户与该对话框交互后，才能继续使用程序。这些对话框会停止程序执行，直到用户单击一个选项。

16.1 模态对话框

pyghelpers 模块有两种类型的模态对话框。

- Yes/No 对话框：显示一个问题，等待用户单击两个按钮中的一个。这两个按钮的文本默认是 Yes 和 No，不过你可以使用自己想要使用的任何文本（如 OK 和 Cancel）。如果没有为 No 按钮指定文本，就可以把这个对话框用作一个警告，其中只包含 Yes（但通常是 OK）按钮。
- Answer 对话框：显示一个问题、一个供用户输入的文本字段和一组按钮，按钮的文本默认是 OK 和 Cancel。用户可以回答问题，然后单击 OK 按钮，也可以单击 Cancel 按钮来取消（关闭）对话框。

通过调用 pyghelpers 模块中的特定函数向用户展示每种类型的对话框。每个对话框有两种风格——基于 TextButton 的简单版本，以及复杂的自定义版本。简单的文本版本使用包含两个 TextButton 对象的默认布局，它对于快速设计原型很有帮助。在自定义版本中，你可以为对话框提供背景，自定义问题文本，自定义答案文本（适用于 Answer 对话框），为按钮提供自定义的样式效果。

16.1.1 Yes/No 和警告对话框

我们首先查看 Yes/No 对话框，并从文本版本开始介绍。

1. 文本版本

下面显示了 textYesNoDialog()函数的接口。

```
textYesNoDialog(theWindow, theRect, prompt, yesButtonText='Yes',
                noButtonText='No',
                backgroundColor=DIALOG_BACKGROUND_COLOR,
                textColor=DIALOG_BLACK)
```

当调用这个函数时，需要传入要在其中绘制的窗口，代表要创建的对话框的位置和大小的一个矩形对象或元组，以及要显示的文本提示。你还可以选择指定两个按钮的文本、背景色以及提示文本的颜色。如果未指定，则按钮的文本默认为 Yes 和 No。

下面显示了对这个函数的典型调用。

```
returnedValue = pyghelpers.textYesNoDialog(window,
                            (75, 100, 500, 150),
                            'Do you want fries with that?')
```

这个调用将显示图 16-1 所示的对话框。

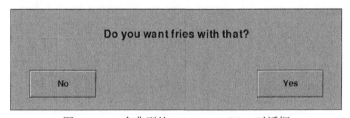

图 16-1　一个典型的 textYesNoDialog 对话框

Yes 和 No 按钮是 pygwidgets 中 TextButton 类的实例。当对话框显示时，主程序会停止。当用户单击一个按钮后，该函数会对 Yes 返回 True，对 No 返回 False。代码根据返回的布尔值执行必要的操作，然后主程序继续运行。

你还可以使用这个函数创建一个简单的 Alert 对话框，其中只包含一个按钮。如果为 noButtonText 传入的值是 None，则该按钮不会显示。例如，你可以使用下面的调用只显示一个按钮。

```
ignore = pyghelpers.textYesNoDialog(window, (75, 80, 500, 150),
                            'This is an alert!', 'OK', None)
```

图 16-2 显示了得到的 Alert 对话框。

图 16-2　Alert 对话框

2. 自定义版本

设置自定义的 Yes/No 对话框更加复杂，但允许你有更多控制权。下面显示了 customYesNoDialog()函数的接口。

```
customYesNoDialog(theWindow, oDialogImage, oPromptText, oYesButton,
                  oNoButton)
```

在调用这个函数之前，你需要为对话框的背景、提示文本以及 Yes 和 No 按钮创建对象。为了达到此目的，通常使用从 pygwidgets 中的类创建的 Image、DisplayText 和 CustomButton（或 TextButton）对象。customYesNoDialog()的代码演示了多态性：它调用按钮的 handleEvent()方法，所以使用 CustomButton 还是 TextButton 并不重要；它还调用组成对话框的所有对象的 draw()方法。因为你创建了这些对象，所以可以自定义其中任何对象或者全部对象的外观。你将需要为任何 Image 和 CustomButton 对象提供自己的样式效果，并按照习惯将它们放到项目的 images 文件夹中。

当实现自定义的 Yes/No 对话框时，通常会首先编写一个中间函数，如代码清单 16-1 中的 showCustomYesNoDialog()。然后，在代码中想要显示对话框的地方，不直接调用 customYesNoDialog()，而调用中间函数，它会实例化小部件，并发出实际调用。

代码清单 16-1：创建一个自定义的 Yes/No 对话框的中间函数

```
def showCustomYesNoDialog(theWindow, theText):
❶ oDialogBackground = pygwidgets.Image(theWindow, (60, 120),
                                 'images/dialog.png')
❷ oPromptDisplayText = pygwidgets.DisplayText(theWindow, (0, 170),
                                theText, width=WINDOW_WIDTH,
                                justified='center', fontSize=36)
❸ oNoButton = pygwidgets.CustomButton(theWindow, (95, 265),
                                'images/noNormal.png',
                                over='images/noOver.png',
                                down='images/noDown.png',
                                disabled='images/noDisabled.png')
   oYesButton = pygwidgets.CustomButton(theWindow, (355, 265),
                                'images/yesNormal.png',
                                over='images/yesOver.png',
                                down='images/yesDown.png',
                                disabled='images/yesDisabled.png')
❹ userAnswer = pyghelpers.customYesNoDialog(theWindow,
                                oDialogBackground,
                                oPromptDisplayText,
                                oYesButton, oNoButton)
❺ return userAnswer
```

在中间函数中，编写代码，使用指定的图片来为背景创建一个 Image 对象（❶）。另外，为提示文本创建一个 DisplayText 对象（❷），在其中指定文本的位置、大小、字体等。然后，为按钮创建 TextButton 或（更有可能）CustomButton 对象，以便能够显示自定义图片（❸）。最后，这个函数调用 customYesNoDialog()，传入刚刚创建的所有对象（❹）。customYesNoDialog()调用将用户的选择返回给这个中间函数，而该中间函数会把用户的选择返回给原调用者（❺）。这种方法可行，因为在这个函数中创建的小部件对象（oDialogBackground、oPromptDisplayText、 oYesButton 和 oNoButton）都是局部变量，所以在中间函数结束时都会消失。

当调用这个函数时，只需要传入窗口和要显示的文本提示。示例如下。

```
returnedValue = showCustomYesNoDialog(window,
                        'Do you want fries with that?')
```

图 16-3 显示了得到的对话框。这只是一个示例而已，你可以设计自己喜欢的任何布局。

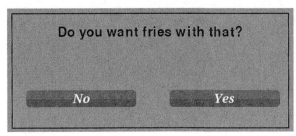

图 16-3　一个典型的 customYesNoDialog 对话框

与简单的文本版本一样，如果为 oNoButton 传入的值是 None，则不显示该按钮，这对于构建和显示一个 Alert 对话框很有用。

在内部，textYesNoDialog() 和 customYesNoDialog() 函数各自运行自己的 while 循环，以处理事件，以及更新和绘制对话框。此时，调用程序将被挂起（其主循环不会运行），直到用户单击一个按钮，模态对话框返回选择的答案。pyghelpers 模块包含这两个函数的源代码。

16.1.2　Answer 对话框

Answer 对话框添加了一个输入文本字段，让用户能够输入一个响应。pyghelpers 模块包含 textAnswerDialog() 和 customAnswerDialog() 函数，用于处理这些对话框，它们的工作方式与对应的 Yes/No 版本相似。

1. 文本版本

下面显示了 textAnswerDialog() 函数的接口。

```
textAnswerDialog(theWindow, theRect, prompt, okButtonText='OK'
            cancelButtonText='Cancel',
            backgroundColor=DIALOG_BACKGROUND_COLOR,
            promptTextColor=DIALOG_BLACK,
            inputTextColor=DIALOG_BLACK)
```

如果用户单击 OK 按钮，该函数返回用户输入的文本。如果用户单击 Cancel 按钮，该函数返回 None。下面显示了一个典型的调用。

```
userAnswer = pyghelpers.textAnswerDialog(window, (75, 100, 500, 200),
                    'What is your favorite flavor of ice cream?')
if userAnswer is not None:
    # User pressed OK, do whatever you want with the variable userAnswer
else:
    # Here do whatever you want knowing that the user pressed Cancel
```

这将显示图 16-4 所示的对话框。

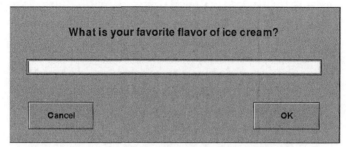

图 16-4　一个典型的 textAnswerDialog 对话框

2. 自定义版本

要实现一个自定义的 Answer 对话框，你应该编写一个中间函数，这类似于为 customYesNoDialog()编写中间函数。主代码调用中间函数，中间函数调用 customAnswerDialog()。代码清单 16-2 显示了一个典型的中间函数的代码。

代码清单 16-2：用于创建一个自定义 Answer 对话框的中间函数

```
def showCustomAnswerDialog(theWindow, theText):
    oDialogBackground = pygwidgets.Image(theWindow, (60, 80),
                                'images/dialog.png')
    oPromptDisplayText = pygwidgets.DisplayText(theWindow, (0, 120),
                                theText, width=WINDOW_WIDTH,
                                justified='center', fontSize=36)
    oUserInputText = pygwidgets.InputText(theWindow, (225, 165), '',
                                fontSize=36, initialFocus=True)
    oNoButton = pygwidgets.CustomButton(theWindow, (105, 235),
                                'images/cancelNormal.png',
                                over='images/cancelOver.png',
                                down='images/cancelDown.png',
                                isabled='images/cancelDisabled.png')
    oYesButton = pygwidgets.CustomButton(theWindow, (375, 235),
                                'images/okNormal.png',
                                over='images/okOver.png',
                                down='images/okDown.png',
                                disabled='images/okDisabled.png')
    response = pyghelpers.customAnswerDialog(theWindow,
                                oDialogBackground, oPromptDisplayText,
                                oUserInputText,
                                oYesButton, oNoButton)
    return response
```

你可以自定义对话框的整个外观——背景图片、字体、文本显示字段、文本输入字段和两个按钮的位置与大小。要显示自定义对话框，主代码需要调用中间函数，并传入提示文本，如下所示。

```
userAnswer = showCustomAnswerDialog(window,
                    'What is your favorite flavor of ice cream?')
```

这个调用会显示一个自定义的 Answer 对话框，如图 16-5 所示。

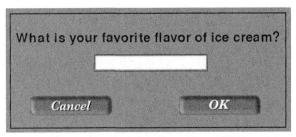

图 16-5 一个自定义的 Answer 对话框

如果用户单击 OK 按钮，该函数返回用户输入的文本；如果用户单击 Cancel 按钮，该函数返回 None。

本书配套资源包含一个演示程序 DialogTester/Main_DialogTester.py，它演示了所有类型的对话框。

16.2 构建完整的 Dodger 游戏

在本节中，我们将综合运用该部分介绍的内容，创建一款名为 Dodger 的游戏。从用户的角度看，这款游戏极其简单：通过躲避红色的坏人，接触绿色的好人，得到尽可能多的分数。

16.2.1 游戏概述

红色坏人将从窗口顶部下落，用户必须避开它们。如果坏人一路下落到游戏区域的底部，则移除该坏人，用户获得 1 分。用户移动鼠标来控制玩家图标。如果玩家触碰到任何坏人，则游戏结束。游戏中将随机显示少量的绿色好人，他们水平移动，如果用户触碰到任何好人，就获得 25 分。

这款游戏有 3 个场景，它们分别是包含玩法说明的 Splash（闪屏）场景、玩游戏时的 Play 场景，以及可以查看 10 个最高得分的 High Scores 场景。如果玩家的得分在前 10 名，则游戏将显示选项，允许玩家将自己的姓名和得分输入高分表中。图 16-6 显示了这 3 个场景。

 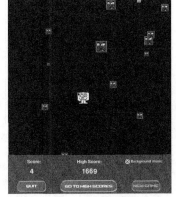 

图 16-6 Splash、Play 和 High Scores 场景（从左至右）

16.2.2 实现

Dodger 项目文件夹的内容如下所示。

- **__init__.py**：空文件，指出这是一个 Python 包。
- **Baddies.py**：包含 Baddie 和 BaddieMgr 类。
- **Constants.py**：包含多个场景使用的常量。
- **Goodies.py**：包含 Goodie 和 GoodieMgr 类。
- **HighScoresData.py**：包含 HighScoresData 类。
- **images**：包含游戏的所有图片的文件夹。
- **Main_Dodger.py**：主程序。
- **Player.py**：包含 Player 类。
- **SceneHighScores.py**：显示和记录高分的场景。
- **ScenePlay.py**：主 Play 场景。
- **SceneSplash.py**：Splash 场景。
- **sounds**：包含游戏的所有声音文件的文件夹。

本书的配套资源包含这个项目文件夹。本节不会介绍全部代码，但会介绍源文件，并解释它们的关键部分如何工作。

1. Dodger/Constants.py 文件

Dodger/Constants.py 文件包含可被多个源文件使用的常量。场景键是最重要的常量。

```
# Scene keys
SCENE_SPLASH = 'scene splash'
SCENE_PLAY = 'scene play'
SCENE_HIGH_SCORES = 'scene high scores'
```

这些常量的值都是唯一的字符串，标识了不同的场景。

2. Main_Dodger.py 文件

主文件执行必要的初始化，然后将控制权交给场景管理器。Main_Dodger.py 文件中最重要的代码如下所示。

```
# Instantiate all scenes and store them in a list
scenesList = [SceneSplash(window)
              SceneHighScores(window)
              ScenePlay(window)]

# Create the scene manager, passing in the scenes list and the FPS
oSceneMgr = pyghelpers.SceneMgr(scenesList, FRAMES_PER_SECOND)

# Tell the scene manager to start running
oSceneMgr.run()
```

在这里，创建每个场景的一个实例，实例化场景管理器，然后将控制权交给场景管理器。

场景管理器的 run()方法将控制权交给列表中的第 1 个场景。在这款游戏中,就将控制权交给 Splash 场景。

每个场景类继承自 Scene 基类。除提供自己的__init__()方法之外,每个场景类还必须重写基类的 getSceneKey()、handleInputs()和 draw()方法。

3. Dodger/SceneSplash.py 文件

Splash 场景向用户显示一张图片,其中包含游戏的规则,以及 Start、Quit 和 Go to High Scores 这 3 个按钮。这个场景的类的代码只包含必要的方法,其他所有方法默认由 Scene 基类中的方法处理。

__init__()方法为背景图片创建一个 Image 对象,为用户的选项创建 3 个 CustomButton 对象。在所有场景中必须实现 getSceneKey()方法,它只返回场景的唯一键。

handleInputs()方法检查用户是否单击了任何按钮。如果用户单击 Start 按钮,则调用继承的 self.goToScene()方法,要求场景管理器将控制权转交给 Play 场景。类似地,单击 Go to High Scores 按钮将切换到 High Scores 场景。如果用户单击 Quit 按钮,就调用继承的 self.quit()方法退出程序。

在 draw()方法中,程序绘制背景和 3 个按钮。

4. Dodger/ScenePlay.py 文件

Play 场景管理实际玩游戏的过程:用户移动玩家图标,生成并移动坏人和好人,检测碰撞。它还管理窗口底部的显示元素,包括当前游戏得分和高分,并对用户单击 Quit、Go to High Scores 和 Start 按钮以及 Background Music 复选框的操作做出响应。

Play 场景包含许多代码,所以这里把它们拆分成更小的代码块(代码清单 16-3 到代码清单 16-7),以解释各个方法。场景通过实现__init__()、handleInputs()、update()和 draw()方法,遵守第 15 章提出的设计规则。它还实现了一个 enter()方法,用于处理当一个场景成为活动场景时应该执行的操作;实现了一个 leave()方法,用于处理当用户离开一个场景时,该场景应该执行的操作。最后,它实现一个 reset()方法,用于在开始一局新游戏之前重置状态。代码清单 16-3 显示了初始化代码。

代码清单 16-3:ScenePlay 类的__init__()和 getSceneKey()方法

```
# Play scene - the main game play scene
--- snip imports and showCustomYesNoDialog ---

BOTTOM_RECT = (0, GAME_HEIGHT + 1, WINDOW_WIDTH,
               WINDOW_HEIGHT - GAME_HEIGHT)
STATE_WAITING = 'waiting'
STATE_PLAYING = 'playing'
STATE_GAME_OVER = 'game over'

class ScenePlay(pyghelpers.Scene):
```

```python
    def __init__(self, window):
❶       self.window = window

        self.controlsBackground = pygwidgets.Image(self.window,
                                    (0, GAME_HEIGHT),
                                    'images/controlsBackground.jpg')

        self.quitButton = pygwidgets.CustomButton(self.window,
                                    (30, GAME_HEIGHT + 90),
                                    up='images/quitNormal.png',
                                    down='images/quitDown.png',
                                    over='images/quitOver.png',
                                    disabled='images/quitDisabled.png')

        self.highScoresButton = pygwidgets.CustomButton(self.window,
                                    (190, GAME_HEIGHT + 90),
                                    up='images/gotoHighScoresNormal.png',
                                    down='images/gotoHighScoresDown.png',
                                    over='images/gotoHighScoresOver.png',
                                    disabled='images/gotoHighScoresDisabled.png')

        self.startButton = pygwidgets.CustomButton(self.window,
                                    (450, GAME_HEIGHT + 90),
                                    up='images/startNewNormal.png',
                                    down='images/startNewDown.png',
                                    over='images/startNewOver.png',
                                    disabled='images/startNewDisabled.png',
                                    enterToActivate=True)

        self.soundCheckBox = pygwidgets.TextCheckBox(self.window,
                                    (430, GAME_HEIGHT + 17),
                                    'Background music',
                                    True, textColor=WHITE)

        self.gameOverImage = pygwidgets.Image(self.window, (140, 180),
                                    'images/gameOver.png')

        self.titleText = pygwidgets.DisplayText(self.window,
                                    (70, GAME_HEIGHT + 17),
                                    'Score:                         High Score:',
                                    fontSize=24, textColor=WHITE)

        self.scoreText = pygwidgets.DisplayText(self.window,
                                    (80, GAME_HEIGHT + 47), '0',
                                    fontSize=36, textColor=WHITE,
                                    justified='right')

        self.highScoreText = pygwidgets.DisplayText(self.window,
                                    (270, GAME_HEIGHT + 47), '',
                                    fontSize=36, textColor=WHITE,
                                    justified='right')

        pygame.mixer.music.load('sounds/background.mid')
        self.dingSound = pygame.mixer.Sound('sounds/ding.wav')
        self.gameOverSound = pygame.mixer.Sound('sounds/gameover.wav')

        # Instantiate objects
❷       self.oPlayer = Player(self.window)
        self.oBaddieMgr = BaddieMgr(self.window)
        self.oGoodieMgr = GoodieMgr(self.window)

        self.highestHighScore = 0
```

```
        self.lowestHighScore = 0
        self.backgroundMusic = True
        self.score = 0
❸   self.playingState = STATE_WAITING

❹ def getSceneKey(self):
        return SCENE_PLAY
```

当运行时，游戏的主代码实例化所有场景。在 Play 场景中，__init__()方法创建窗口底部的所有按钮以及文本显示字段（❶），然后加载声音。我们使用前面介绍的组合来创建 Player 对象（oPlayer）、坏人管理器对象（oBaddieMgr）和好人管理器对象（oGoodieMgr）（❷），这一点非常重要。Play 场景对象创建这些管理器，期望它们创建并管理所有的坏人和好人。当程序启动时，__init__()方法会运行，但并不会真正启动游戏。相反，它实现一个状态机，其起始状态是等待状态（❸）。当用户单击 New Game 按钮时，才会开始一局游戏。

所有场景都必须有一个 getSceneKey()方法（❹），它返回代表当前场景的一个字符串。代码清单 16-4 显示了在收到请求时获取得分和重置游戏的代码。

代码清单 16-4：ScenePlay 类的 enter()、getHiAndLowScores()和 reset()方法

```
❶ def enter(self, data):
        self.getHiAndLowScores()

❷ def getHiAndLowScores(self):
        # Ask the High Scores scene for a dict of scores
        # that looks like this:
        # {'highest': highestScore, 'lowest': lowestScore}
❸   infoDict = self.request(SCENE_HIGH_SCORES, HIGH_SCORES_DATA)
        self.highestHighScore = infoDict['highest']
        self.highScoreText.setValue(self.highestHighScore)
        self.lowestHighScore = infoDict['lowest']

❹ def reset(self): # start a new game
        self.score = 0
        self.scoreText.setValue(self.score)
        self.getHiAndLowScores()

        # Tell the managers to reset themselves
❺   self.oBaddieMgr.reset()
        self.oGoodieMgr.reset()

        if self.backgroundMusic:
            pygame.mixer.music.play(-1, 0.0)
❻   self.startButton.disable()
        self.highScoresButton.disable()
        self.soundCheckBox.disable()
        self.quitButton.disable()
        pygame.mouse.set_visible(False)
```

当导航到 Play 场景时，场景管理器调用 enter()方法（❶），它会调用 getHiAndLowScores()方法（❷）。该方法向 High Scores 场景发出请求（❸），从高分表获取最高分和最低分，使我们能够在窗口底部绘制来自该表的最高分。在每局游戏结束时，它会将游戏的得分与前 10 个得分进行比较，判断这局游戏的得分是否在前 10 名内。

当用户单击 New Game 按钮时，将调用 reset()方法（❹）来重新初始化在开始一局新游戏之前需要重置的所有东西。reset()方法不仅通过调用坏人管理器和好人管理器的 reset()方法（❺），让坏人和好人重新初始化自身，还会禁用屏幕底部的按钮，使用户在玩游戏的过程中不能单击坏人和好人（❻），并且会隐藏鼠标指针。在玩游戏时，用户移动鼠标来控制窗口中的玩家图标。

代码清单 16-5 中的代码处理用户输入。

代码清单 16-5：ScenePlay 类的 handleInputs()方法

```
❶ def handleInputs(self, eventsList, keyPressedList):
❷     if self.playingState == STATE_PLAYING:
           return # ignore button events while playing

       for event in eventsList:
❸         if self.startButton.handleEvent(event):
               self.reset()
               self.playingState = STATE_PLAYING

❹         if self.highScoresButton.handleEvent(event):
               self.goToScene(SCENE_HIGH_SCORES)

❺         if self.soundCheckBox.handleEvent(event):
               self.backgroundMusic = self.soundCheckBox.getValue()

❻         if self.quitButton.handleEvent(event):
               self.quit()
```

handleInputs()方法（❶）负责单击事件。如果状态机处在玩游戏状态，则用户不能单击按钮，此时也不必检查事件（❷）。如果用户单击 New Game 按钮（❸），则调用 reset()方法来重新初始化变量，并将状态机改为玩游戏状态。如果用户单击 Go to High Scores 按钮（❹），则使用继承的 self.goToScene()方法导航到 High Scores 场景。如果用户切换 Background Music 复选框（❺），就调用它的 getValue()方法来获取它的新设置；reset()方法将使用这个设置，决定是否播放背景音乐。如果用户单击 Quit 按钮（❻），就调用从基类继承的 self.quit()方法。代码清单 16-6 显示了实际游戏过程的代码。

代码清单 16-6：ScenePlay 类的 update()方法

```
❶ def update(self):
       if self.playingState != STATE_PLAYING:
           return # only update when playing

       # Move the Player to the mouse position, get back its rect
❷     mouseX, mouseY = pygame.mouse.get_pos()
       playerRect = self.oPlayer.update(mouseX, mouseY)

       # Tell the GoodieMgr to move all Goodies
       # Returns the number of Goodies that the Player contacted
❸     nGoodiesHit = self.oGoodieMgr.update(playerRect)
       if nGoodiesHit > 0:
           self.dingSound.play()
           self.score = self.score + (nGoodiesHit * POINTS_FOR_GOODIE)

       # Tell the BaddieMgr to move all the Baddies
       # Returns the number of Baddies that fell off the bottom
❹     nBaddiesEvaded = self.oBaddieMgr.update()
```

```
        self.score = self.score + (nBaddiesEvaded * POINTS_FOR_BADDIE_EVADED)
        self.scoreText.setValue(self.score)

        # Check if the Player has hit any Baddie
❺       if self.oBaddieMgr.hasPlayerHitBaddie(playerRect):
            pygame.mouse.set_visible(True)
            pygame.mixer.music.stop()

            self.gameOverSound.play()
            self.playingState = STATE_GAME_OVER
❻           self.draw()  # force drawing of game over message

❼           if self.score > self.lowestHighScore:
                scoreAsString = 'Your score: ' + str(self.score) + '\n'
                if self.score > self.highestHighScore:
                    dialogText = (scoreString +
                                  'is a new high score, CONGRATULATIONS!')
                else:
                    dialogText = (scoreString +
                                  'gets you on the high scores list.')

                result = showCustomYesNoDialog(self.window, dialogText)
                if result:  # navigate
                    self.goToScene(SCENE_HIGH_SCORES, self.score)

            self.startButton.enable()
            self.highScoresButton.enable()
            self.soundCheckBox.enable()
            self.quitButton.enable()
```

场景管理器在每一帧中调用 ScenePlay 类的 update() 方法（❶）。这个方法处理在游戏过程中发生的所有操作。首先，它告诉 Player 对象将玩家图标移动到鼠标位置。然后，它调用 Player 的 update() 方法（❷），该方法返回图标在窗口中的当前矩形。我们使用这个矩形来判断玩家的图标是否接触到任何好人或坏人。

接下来，它调用好人管理器的 update() 方法（❸）来移动所有好人。这个方法返回玩家已经接触到的好人的数量，这个数量用于增加得分。

然后，调用坏人管理器的 update() 方法（❹）来移动所有坏人。这个方法返回已经从游戏区域的底部离开的坏人的数量。

接着，我们检查玩家是否接触任何坏人（❺）。如果接触，则游戏结束，显示 Game Over 图片。我们还特别调用了 draw() 方法（❻），这样就可以选择为用户显示一个对话框，在用户单击该对话框中的某个按钮之前，游戏的主循环不会绘制 Game Over 图片。

最后，当游戏结束时，如果当前游戏的得分比第 10 名得分更高（❼），就显示一个对话框，允许用户将他们的得分记录到高分列表中。如果当前的游戏得分是历史最高分，则在对话框中显示一条特别的消息。

代码清单 16-7 中的代码绘制游戏角色。

代码清单 16-7：ScenePlay 类的 draw() 和 leave() 方法

```
❶ def draw(self):
      self.window.fill(BLACK)
```

```
            # Tell the managers to draw all the Baddies and Goodies
            self.oBaddieMgr.draw()
            self.oGoodieMgr.draw()

            # Tell the Player to draw itself
            self.oPlayer.draw()

            # Draw all the info at the bottom of the window
❷          self.controlsBackground.draw()
            self.titleText.draw()
            self.scoreText.draw()
            self.highScoreText.draw()
            self.soundCheckBox.draw()
            self.quitButton.draw()
            self.highScoresButton.draw()
            self.startButton.draw()

❸          if self.playingState == STATE_GAME_OVER:
                self.gameOverImage.draw()

❹     def leave(self):
            pygame.mixer.music.stop()
```

draw()方法告诉 Player 绘制自身，告诉好人管理器和坏人管理器绘制所有好人与坏人（❶）。然后，绘制窗口的底部（❷），在这里包含所有的按钮和文本显示字段。如果处在游戏结束状态（❸），就绘制 Game Over 图片。

当用户离开这个场景时，场景管理器会调用 leave()方法（❹），停止播放音乐。

5. Dodger/Baddies.py 文件

Baddies.py 文件包含 Baddie 和 BaddieMgr 两个类。Play 场景创建了 Baddie 管理器对象，它创建并维护所有坏人的一个列表。通过使用一个定时器，每隔几帧，坏人管理器就从 Baddie 类实例化对象。代码清单 16-8 展示 Baddie 类的代码。

代码清单 16-8：Baddie 类

```
# Baddie class
--- snip imports ---

class Baddie():
    MIN_SIZE = 10
    MAX_SIZE = 40
    MIN_SPEED = 1
    MAX_SPEED = 8
    # Load the image only once
❶   BADDIE_IMAGE = pygame.image.load('images/baddie.png')

    def __init__(self, window):
        self.window = window
        # Create the image object
        size = random.randrange(Baddie.MIN_SIZE, Baddie.MAX_SIZE + 1)
        self.x = random.randrange(0, WINDOW_WIDTH - size)
        self.y = 0 - size # start above the window
❷       self.image = pygwidgets.Image(self.window, (self.x, self.y),
                                       Baddie.BADDIE_IMAGE)
```

```
            # Scale it
            percent = (size * 100) / Baddie.MAX_SIZE
            self.image.scale(percent, False)
            self.speed = random.randrange(Baddie.MIN_SPEED,
                                         Baddie.MAX_SPEED + 1)

❸   def update(self): # move the Baddie down
            self.y = self.y + self.speed
            self.image.setLoc((self.x, self.y))
            if self.y > GAME_HEIGHT:
                return True # needs to be deleted
            else:
                return False # stays in the window

❹   def draw(self):
            self.image.draw()

❺   def collide(self, playerRect):
            collidedWithPlayer = self.image.overlaps(playerRect)
            return collidedWithPlayer
```

我们将坏人的图片加载到一个类变量中（❶），使所有坏人能够共享一张图片。

__init__()方法（❷）为每个新的坏人选择一个随机大小，使用户能够看到不同大小的坏人。它选择一个随机的 x 坐标和 y 坐标，将图片放到窗口上方。然后，创建一个 Image 对象，并将该图片缩小到选定的大小（❷）。最后，它选择一个随机速度。

稍后将显示坏人管理器的代码，它在每一帧中调用 update()方法（❸），该方法将坏人的位置向下移动其速度代表的像素。如果坏人移出了游戏区域的底部，则返回 True，指出可以移除这个坏人；否则，返回 False，告诉坏人管理器将这个坏人留在窗口中。

draw()方法（❹）在新的位置绘制坏人。

collide()方法（❺）检查 Player 和 Baddie 是否碰撞。

代码清单 16-9 显示了 BaddieMgr 类，它创建并管理一个 Baddie 对象的列表，这是对象管理器的一个经典示例。

代码清单 16-9：BaddieMgr 类

```
# BaddieMgr class
class BaddieMgr():
    ADD_NEW_BADDIE_RATE = 8 # how often to add a new Baddie

❶   def __init__(self, window):
        self.window = window
        self.reset()

❷   def reset(self): # called when starting a new game
        self.baddiesList = []
        self.nFramesTilNextBaddie = BaddieMgr.ADD_NEW_BADDIE_RATE

❸   def update(self):
        # Tell each Baddie to update itself
        # Count how many Baddies have fallen off the bottom
        nBaddiesRemoved = 0
❹       baddiesListCopy = self.baddiesList.copy()
        for oBaddie in baddiesListCopy:
❺           deleteMe = oBaddie.update()
            if deleteMe:
```

```
            self.baddiesList.remove(oBaddie)
            nBaddiesRemoved = nBaddiesRemoved + 1

    # Check if it's time to add a new Baddie
❻  self.nFramesTilNextBaddie = self.nFramesTilNextBaddie - 1
    if self.nFramesTilNextBaddie == 0:
        oBaddie = Baddie(self.window)
        self.baddiesList.append(oBaddie)
        self.nFramesTilNextBaddie = BaddieMgr.ADD_NEW_BADDIE_RATE

    # Return the count of Baddies that were removed
    return nBaddiesRemoved

❼ def draw(self):
    for oBaddie in self.baddiesList:
        oBaddie.draw()

❽ def hasPlayerHitBaddie(self, playerRect):
    for oBaddie in self.baddiesList:
        if oBaddie.collide(playerRect):
            return True
    return False
```

  __init__()方法调用（❶）BaddieMgr 自己的 reset()方法，将 Baddie 对象列表设置为空列表。我们使用计算帧的方法，相对频繁地创建新的坏人，让游戏更加有趣。我们使用实例变量 self.nFramesTilNextBaddie 来计算帧。

  当开始一局新游戏的时候，将调用 reset()方法（❷）。它清除 Baddie 对象列表，并重置帧计数器。

  真正的坏人管理工作发生在 update()方法（❸）中。这里的目的是遍历所有坏人，告诉它们更新自己的位置，并移除已经从窗口底部离开的坏人。但是，这里有一个潜在的 bug。如果你简单地迭代列表，删除与你的删除条件匹配的元素，则列表会立即减小。此时，将跳过紧跟着被删除元素的下一个元素；在这次循环中，该元素将不知道需要更新自己。尽管第 11 章没有详细介绍，但是在该章的气球游戏中遇到过相同的问题，当时我们需要删除从窗口顶部飞出去的气球。在该章中，采用的解决方案是对列表应用 reversed()函数，以相反的顺序进行迭代。

  这里实现了一种更加通用的解决方案（❹）。BaddieMgr 类采用的方法是复制列表，然后迭代列表的副本。然后，如果我们发现了满足删除条件的元素（在这里，删除条件是坏人从窗口底部离开窗口），就从原列表中删除该元素（该 Baddie 对象）。当使用这种方法时，迭代的列表与删除元素的列表是不同的。

  在迭代 Baddie 时，对每个 Baddie 的 update()方法的调用（❺）返回一个布尔值：False 表示该坏人仍然在窗口中向下移动，True 表示它已经从窗口底部离开。我们统计从窗口底部离开的 Baddie 的个数，并从列表中删除它们。在该方法的最后，我们将计数返回给主代码，以便主代码能够更新得分。

  在每一帧中，我们还会检查是否应该创建一个新的 Baddie（❻）。当经过了常量 ADD_NEW_BADDIE_RATE 指定的帧数后，就创建一个新的 Baddie 对象，并把它添加到 Baddie 列表中。

  draw()方法（❼）迭代 Baddie 列表，并调用每个 Baddie 的 draw()方法，在合适的位置绘制每个 Baddie。

最后，hasPlayerHitBaddie()方法（❸）检查玩家的矩形是否与任何 Baddie 的相交。其代码迭代 Baddie 列表，并调用每个 Baddie 的 collide()方法。如果与任何 Baddie 的相交（重叠），则告知主代码，主代码将结束游戏。

6. Dodger/Goodies.py 文件

GoodieMgr 和 Goodie 类与 BaddieMgr 和 Baddie 类非常相似。好人管理器是一个对象管理器，维护一个好人列表。它与坏人管理器的区别是，它随机在窗口的左边缘或右边缘放置一个好人，放置在左边缘时，好人向右移动，放置在右边缘时，好人向左移动。它在随机决定的帧数后创建新的好人。当 Player 与 Goodie 碰撞时，用户将得到 25 分。好人管理器的 update()方法使用前一节描述的技术：它复制 Goodie 列表，并迭代副本。

7. Dodger/Player.py 文件

代码清单 16-10 显示的 Player 类管理 Player 图标，并跟踪它在游戏窗口中的显示位置。

代码清单 16-10：Player 类

```
# Player class
--- snip imports ---

class Player():
❶   def __init__(self, window):
        self.window = window
        self.image = pygwidgets.Image(window,
                                    (-100, -100), 'images/player.png')
        playerRect = self.image.getRect()
        self.maxX = WINDOW_WIDTH - playerRect.width
        self.maxY = GAME_HEIGHT - playerRect.height

    # Every frame, move the Player icon to the mouse position
    # Limits the x- and y-coordinates to the game area of the window
❷   def update(self, x, y):
        if x < 0:
            x = 0
        elif x > self.maxX:
            x = self.maxX
        if y < 0:
            y = 0
        elif y > self.maxY:
            y = self.maxY

        self.image.setLoc((x, y))
        return self.image.getRect()

❸   def draw(self):
        self.image.draw()
```

__init__()方法（❶）加载玩家图标，并设置一些后面将会使用的实例变量。

在 Play 场景的每一帧中，都会调用 update()方法（❷）。其基本想法是在鼠标所在的位置（传入的值）显示玩家图标。我们执行一些检查，确保图标在可玩区域的矩形内。在每一帧中，update()

方法返回玩家图标更新后的矩形，所以代码清单 16-6 中的主游戏代码能够检查 Player 的矩形是否与任何 Baddie 或 Goodie 的相交。

最后，draw()方法（❸）在新位置绘制玩家图标。

好人管理器、坏人管理器和 Player 对象的使用清晰地演示了 OOP 的强大性。我们只需要向这些对象发送消息，请求它们更新或者重置自身，它们就会执行必要的操作作为响应。好人管理器和坏人管理器会把这些消息传递给它们管理的所有好人与坏人。

8. Dodger/SceneHighScores.py 文件

High Scores 场景在一个表格中显示前 10 个高分（以及玩家的姓名）。它还允许得分进入前 10 名的用户在这个表格中输入他们的姓名和分数。该场景实例化一个 HighScoresData 对象来管理实际的数据，包括读取和写入数据文件。这允许 High Scores 场景更新高分表，并响应 Play 场景中发出的、对高分表中的当前高分和低分的请求。

代码清单 16-11 到代码清单 16-13 包含 SceneHighScores 类的代码。首先，介绍代码清单 16-11 中的__init__()和 getSceneKey()方法。

代码清单 16-11：SceneHighScores 类的__init__()和 getSceneKey()方法

```
# High Scores scene
--- snip imports, showCustomAnswersDialog, and showCustomResetDialog ---

class SceneHighScores(pyghelpers.Scene):
    def __init__(self, window):
        self.window = window
     ❶ self.oHighScoresData = HighScoresData()

        self.backgroundImage = pygwidgets.Image(self.window,
                                        (0, 0),
                                        'images/highScoresBackground.jpg')

        self.namesField = pygwidgets.DisplayText(self.window,
                                        (260, 84), '', fontSize=48,
                                        textColor=BLACK,
                                        width=300, justified='left')

        self.scoresField = pygwidgets.DisplayText(self.window,
                                        (25, 84), '', fontSize=48,
                                        textColor=BLACK,
                                        width=175, justified='right')

        self.quitButton = pygwidgets.CustomButton(self.window,
                                        (30, 650),
                                        up='images/quitNormal.png',
                                        down='images/quitDown.png',
                                        over='images/quitOver.png',
                                        disabled='images/quitDisabled.png')

        self.backButton = pygwidgets.CustomButton(self.window,
                                        (240, 650),
                                        up='images/backNormal.png',
                                        down='images/backDown.png',
                                        over='images/backOver.png',
                                        disabled='images/backDisabled.png')
```

```
            self.resetScoresButton = pygwidgets.CustomButton(self.window,
                                        (450, 650),
                                        up='images/resetNormal.png',
                                        down='images/resetDown.png',
                                        over='images/resetOver.png',
                                        disabled='images/resetDisabled.png')
❷       self.showHighScores()

❸   def getSceneKey(self):
        return SCENE_HIGH_SCORES
```

__init__()方法（❶）创建 HighScoresData 类的一个实例，它维护 High Scores 场景的所有数据。然后，创建这个场景需要的所有图片、字段和按钮。在初始化代码的最后，调用 self.showHighScores()方法（❷）来填充姓名和分数字段。

getSceneKey()方法（❸）返回场景的唯一键，必须在所有场景中实现这个方法。

代码清单 16-12 显示了 SceneHighScores 类的 enter()方法的代码。

代码清单 16-12：SceneHighScores 类的 enter()方法

```
❶ def enter(self, newHighScoreValue=None):
      # This can be called two different ways:
      # 1. If no new high score, newHighScoreValue will be None
      # 2. newHighScoreValue is score of the current game - in top 10
❷     if newHighScoreValue is None:
          return # nothing to do

❸     self.draw() # draw before showing dialog
      # We have a new high score sent in from the Play scene
      dialogQuestion = ('To record your score of ' +
                        str(newHighScoreValue) + ',\n' +
                        'please enter your name:')
❹     playerName = showCustomAnswerDialog(self.window,
                                          dialogQuestion)
❺     if playerName is None:
          return # user pressed Cancel

      # Add user and score to high scores
      if playerName == '':
          playerName = 'Anonymous'
❻     self.oHighScoresData.addHighScore(playerName,
                                        newHighScoreValue)

      # Show the updated high scores table
      self.showHighScores()
```

从 Play 场景导航到 High Scores 场景时，场景管理器会调用 High Scores 场景的 enter()方法（❶）。如果用户在结束游戏时得分没有进入前 10 名，则该方法直接返回（❷）。但是，如果用户的得分进入前 10 名，则将使用一个额外的值（用户刚刚结束的游戏的得分）来调用 enter()方法。

对于那种情况，首先调用 draw()方法（❸）来显示 High Scores 场景的内容，然后显示一个对话框，允许用户把他们的得分添加到列表中。接下来，调用中间函数 showCustomAnswerDialog()来构建并显示自定义对话框（❹），如图 16-7 所示。

如果用户选择 No Thanks，得到的返回值是 None，此时将跳过这个方法的其余部分（❺）。

否则，我们获取返回的姓名，并通过调用 HighScoresData 对象的一个方法来将该姓名及得分添加到表格中（❻）。最后，通过调用 showHighScores()方法更新字段。如果调用这个方法时没有指定分数（❷），则什么都不需要做，因为当前列表已经显示了出来。

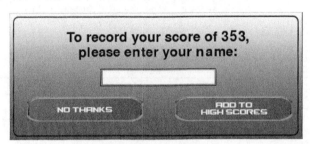

图 16-7　允许用户将姓名添加到高分列表的一个 customAnswerDialog

代码清单 16-13 显示了这个类的其余方法的代码。

代码清单 16-13：SceneHighScores 类的 showHighScores()、handleInputs()、draw()和 respond()方法

```python
def showHighScores(self):  ❶
    # Get the scores and names, show them in two fields
    scoresList, namesList = self.oHighScoresData.getScoresAndNames()
    self.namesField.setValue(namesList)
    self.scoresField.setValue(scoresList)

def handleInputs(self, eventsList, keyPressedList):  ❷
    for event in eventsList:
        if self.quitButton.handleEvent(event):
            self.quit()

        elif self.backButton.handleEvent(event):
            self.goToScene(SCENE_PLAY)

        elif self.resetScoresButton.handleEvent(event):
            confirmed = showCustomResetDialog(self.window,  ❸
                        'Are you sure you want to \nRESET the high scores?')
            if confirmed:
                self.oHighScoresData.resetScores()
                self.showHighScores()

def draw(self):  ❹
    self.backgroundImage.draw()
    self.scoresField.draw()
    self.namesField.draw()
    self.quitButton.draw()
    self.resetScoresButton.draw()
    self.backButton.draw()

def respond(self, requestID):  ❺
    if requestID == HIGH_SCORES_DATA:
        # Request from Play scene for the highest and lowest scores
        # Build a dictionary and return it to the Play scene
        highestScore, lowestScore = self.oHighScoresData.getHighestAndLowest()
        return {'highest':highestScore, 'lowest':lowestScore}
```

showHighScores()方法（❶）首先向 HighScoresData 对象请求两个列表——前 10 个姓名和对应分数。它将返回的列表发送给要显示的两个显示字段。如果向 DisplayText 对象的 setValue() 方法传递一个列表，它将在单独的一行显示每个元素。我们使用了两个 DisplayText 对象，因为 self.namesField 是左对齐的，而 self.scoresField 是右对齐的。

handleInputs()方法（❷）只需要检查和响应用户单击 Quit、Back 和 Reset Scores 按钮的操作。因为 Reset Scores 按钮会清除数据，所以在执行这个操作前，应该请求用户确认。因此，当用户单击这个按钮时，我们将调用一个中间函数 showCustomResetDialog()（❸）来显示一个对话框，让用户确认他们确实需要清除所有当前分数。

draw()方法（❹）绘制窗口中的所有元素。

最后，respond()方法（❺）允许另外一个场景向这个场景请求信息。Play 场景就是通过这种方式来请求当前的最高分数和第 10 名的分数的（第 10 名的分数是让玩家能够进入高分列表的最低分数）。调用者发送一个值来指出它想获得什么信息。在这里，请求的信息是 HIGH_SCORES_DATA，这是在 Constants.py 文件中共享的一个常量。这个方法构建被请求的两个值的一个字典，然后把该字典返回给调用场景。

9. Dodger/HighScoresData.py 文件

最后要介绍的一个类是 HighScoresData，它负责管理高分信息。它以 JSON 格式在文件中读写数据。数据始终按照从最高分到最低分的顺序保存的。例如，代表前 10 名的分数的文件可能如下所示。

```
[['Moe', 987], ['Larry', 812], ... ['Curly', 597]]
```

代码清单 16-14 显示了 HighScoresData 类的代码。

代码清单 16-14：HighScoresData 类

```
# HighScoresData class
from Constants import *
from pathlib import Path
import json

class HighScoresData():
    """The data file is stored as a list of lists in JSON format.
    Each list is made up of a name and a score:
        [[name, score], [name, score], [name, score] ...]
    In this class, all scores are kept in self.scoresList.
    The list is kept in order of scores, highest to lowest.
    """
❶   def __init__(self):
        self.BLANK_SCORES_LIST = N_HIGH_SCORES * [['-----', 0]]
❷       self.oFilePath = Path('HighScores.json')

        # Try to open and load the data from the data file
        try:
❸           data = self.oFilePath.read_text()
        except FileNotFoundError:  # no file, set to blank scores and save
❹           self.scoresList = self.BLANK_SCORES_LIST.copy()
            self.saveScores()
            return
```

```
            # File exists, load the scores from the JSON file
❺           self.scoresList = json.loads(data)

❻   def addHighScore(self, name, newHighScore):
        # Find the appropriate place to add the new high score
        placeFound = False
        for index, nameScoreList in enumerate(self.scoresList):
            thisScore = nameScoreList[1]
            if newHighScore > thisScore:
                # Insert into proper place, remove last entry
                self.scoresList.insert(index, [name, newHighScore])
                self.scoresList.pop(N_HIGH_SCORES)
                placeFound = True
                break
        if not placeFound:
            return # score does not belong in the list

        # Save the updated scores
        self.saveScores()

❼   def saveScores(self):
        scoresAsJson = json.dumps(self.scoresList)
        self.oFilePath.write_text(scoresAsJson)

❽   def resetScores(self):
        self.scoresList = self.BLANK_SCORES_LIST.copy()
        self.saveScores()

❾   def getScoresAndNames(self):
        namesList = []
        scoresList = []
        for nameAndScore in self.scoresList:
            thisName = nameAndScore[0]
            thisScore = nameAndScore[1]
            namesList.append(thisName)
            scoresList.append(thisScore)

        return scoresList, namesList

❿   def getHighestAndLowest(self):
        # Element 0 is the highest entry, element -1 is the lowest
        highestEntry = self.scoresList[0]
        lowestEntry = self.scoresList[-1]
        # Get the score (element 1) of each sublist
        highestScore = highestEntry[1]
        lowestScore = lowestEntry[1]
        return highestScore, lowestScore
```

在__init__()方法（❶）中，首先创建所有空条目的一个列表。使用 Path 模块来创建一个路径对象，其中包含数据文件的位置（❷）。

注意： 这个代码清单显示的路径与代码在相同的文件夹中。对于学习文件输入和输出的概念，这么做没有问题。但是，如果你想把程序分享给其他人，让他们能够在自己的计算机上玩这款游戏，那么最好使用用户的主文件夹下的一个路径。可以像下面这样构造这个路径。

```
import os.path
DATA_FILE_PATH = os.path.expanduser('~/DodgerHighScores.json')
```

或

```
from pathlib import Path
DATA_FILE_PATH = Path('~/DodgerHighScores.json').expanduser()
```

接下来，通过检查数据文件是否存在，确定我们是否已经保存了一些高分（❸）。如果没有找到文件（❹），就将分数设置为空条目的列表，调用 saveScores()来保存分数，然后返回。否则，就读取该文件的内容（❺），将 JSON 格式的数据转换为列表的列表。

addHighScores()方法（❻）负责将新的高分添加到列表中。因为数据始终按顺序保存，所以我们迭代分数列表，找到合适的索引，然后插入新的姓名和分数。因为这个操作始终会让列表增长，所以我们删除最后一个元素，只保留前 10 名的分数。我们还会执行检查，确定确实应该把新分数插入列表中。最后，调用 saveScores()来把分数保存到数据文件中。

saveScores()方法（❼）将分数数据保存到一个 JSON 格式的文件中。多个地方会调用它。

当用户想把所有姓名和分数重置为开始状态（所有姓名为空值，所有分数为 0）时，就调用 resetScores()方法（❽）。我们调用 saveScores 来重写数据文件。

High Scores 场景会调用 getScoresAndNames()方法（❾）来获取前 10 名的分数及关联的姓名。我们迭代高分数据的列表的列表，创建一个分数列表和一个姓名列表，然后返回这两个列表。

最后，High Scores 场景会调用 getHighestAndLowest()方法（❿）来获取高分表中的最高分和最低分。它使用这些结果，判断用户的得分是否达到在高分表中输入姓名和分数的条件。

16.2.3 扩展游戏

这个游戏的整体架构是模块化的，所以很容易修改这款游戏。每个场景封装了自己的数据和方法，场景之间的通信和导航则由场景管理器处理。在一个场景中处理扩展并不会影响其他场景中的东西。

例如，你可能不想让玩家图标在接触到坏人后，立即结束游戏，所以可能想让玩家在开始游戏时有多条生命；当玩家图标接触到坏人后，生命条数就减一，当生命条数减为 0 的时候，游戏结束。这种类型的修改相对容易实现，并且只会影响 Play 场景。

另外一个想法是，用户在开始游戏时，携带少量的炸弹，当他们处在危急的状况时，可以引爆炸弹，清除在玩家图标的指定半径范围内的所有坏人。每次使用一个炸弹时，就减少炸弹的数量，直到减小为 0。这种修改只会影响 Play 场景和坏人管理器的代码。

你可能想跟踪更多高分，如跟踪 20 个，而不是 10 个高分。我们可以在 High Scores 场景中完成这样的修改，这并不会影响 Play 或 Splash 场景。

16.3 小结

本章首先演示了如何创建和使用 Yes/No 以及 Answer 对话框，包括文本版本和自定义版本的对话框，然后介绍了如何创建一个完全面向对象的游戏程序，其名称是 Dodger。

我们为所有按钮、文本显示和输入文本字段使用了 pygwidgets 模块。我们为所有对话框使用了 pyghelpers 模块。SceneMgr 使我们能够把游戏拆分为较小的、更加容易管理的部分（Scene 对象），以及在场景之间进行导航。

这个游戏使用或者演示了下面的面向对象概念。

- **封装**：每个场景只处理特定于该场景的东西。
- **多态性**：每个场景实现了同名的方法。
- **继承**：每个场景都继承了 Scene 基类。
- **对象管理器**：Play 场景使用组合创建了一个坏人管理器对象 self.oBaddieMgr 和一个好人管理器对象 self.oGoodieMgr，每个对象管理相应对象的一个列表。
- **共享常量**：我们为好人和坏人使用单独的模块，Constants.py 文件让我们能够轻松地在不同模块之间共享常量。

第 17 章 设计模式及收尾

本书最后一章将介绍设计模式这个面向对象编程的概念。设计模式是针对常见软件问题设计的、可重用的 OOP 解决方案。本书已经展示过一种设计模式——使用对象管理器来管理对象的一个列表或者字典。许多著作专门介绍设计模式这个主题，所以很显然，这里无法完整讨论它们。本章将关注模型视图控制器模式，这种设计模式用于将系统拆分为更小的、更容易管理的、更容易修改的部分。最后，本章将对 OOP 进行总结。

17.1 模型-视图-控制器

模型-视图-控制器（Model View Controller，MVC）设计模式将数据集和向用户展示数据集的方式进行了清晰的分离。这种模式将功能分成 3 个部分——模型、视图和控制器。每个部分具有清晰定义的职责，并由一个或多个对象实现。

模型存储数据。视图负责以某种方式（可能有多种方式）绘制模型中的信息。控制器通常创建模型和视图对象，处理所有用户交互，将修改告知模型，并告诉视图显示数据。这种职责分离使整个系统的可维护性和可修改性都非常高。

17.1.1 文件显示示例

作为 MVC 模式的一个好示例，思考一下文件在 macOS Finder 或者 Windows 资源管理器中的显示方式。假设我们有一个文件夹，其中包含 4 个文件和一个文件夹。最终用户可以选择将这些项目显示为一个列表，如图 17-1 所示。

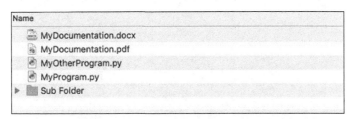

图 17-1　文件夹中的文件显示为一个列表

或者，用户可以选择将相同的项目显示为图标，如图 17-2 所示。

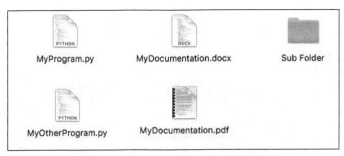

图 17-2 文件夹中的文件显示为图标

这两种显示方式的底层数据是相同的，但用户看到的信息展示方式是不同的。在这个示例中，数据是文件和子文件夹的列表，它保存在一个模型对象中。视图对象以用户选择的方式显示数据——作为列表，作为图标，作为详细信息列表等。控制器告诉视图按照用户选择的布局显示信息。

17.1.2 统计显示示例

作为 MVC 模式的一个更大的示例，我们考虑这样一个程序：它模拟多次掷一对骰子，并显示结果。在每次掷骰子时，我们将两个骰子的值相加，所以其和（称为"结果"）一定是 2～12 的整数。数据包含掷出每个结果的次数，以及每个结果占总投掷次数的百分比。程序能够以条形图、饼图和文本表格 3 种不同的方式显示数据。默认使用条形图，在模拟掷一对骰子 2500 次后显示结果。因为这个程序的目的只是演示 MVC 模式，所以我们将使用 pygame 和 pygwidgets 来生成输出。如果想获得看起来更加专业的图表和显示效果，建议使用专门为这种目的设计的 Python 数据可视化库，如 Matplotlib、Seaborn、Plotly、Bokeh 等。

图 17-3 显示了将数据显示为条形图的效果。

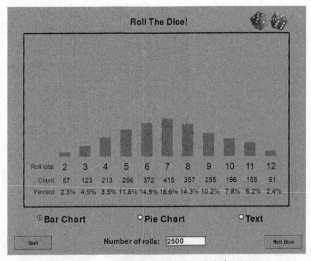

图 17-3 将掷骰子的数据显示为条形图

在每个条形下方，显示了结果、出现该结果的次数，以及这个次数占总次数的百分比。每个条形的高度与出现该结果的次数（或百分比）对应了起来。单击 Roll Dice 按钮会使用输入字段中指定的次数再次运行模拟。用户可以单击不同的单选按钮，显示相同数据的不同视图。如果用户选择了 Pie Chart 单选按钮，数据的显示效果将如图 17-4 所示。

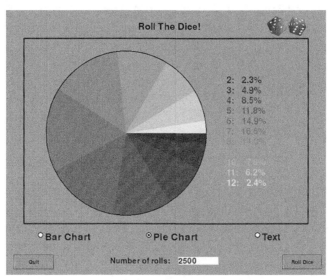

图 17-4　将掷骰子的数据显示为饼图

如果用户选择了 Text 单选按钮，数据的显示效果将如图 17-5 所示。

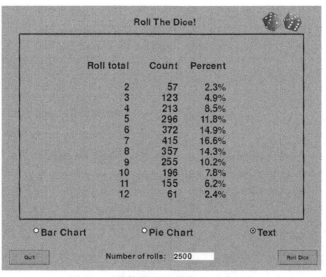

图 17-5　将掷骰子的数据显示为文本

用户可以修改"Number of rolls"字段中的值,想掷多少次就掷多少次。这个程序中的数据基于统计学和随机性。当样本大小不同时,准确的计数显然会发生变化,但百分比应该始终是大致相同的。

这里不会展示这个程序的完整代码清单,而只关注一些重要的代码行,以演示 MVC 模式的设置和流程控制。在本书配套资源的 MVC_RollTheDice 文件夹中,我们可以找到完整的程序。该文件夹包含下面的文件。

- **Main_MVC.py**:主 Python 文件。
- **Controller.py**:包含 Controller 类。
- **Model.py**:包含 Model 类。
- **BarView.py**:包含显示条形图的 BarView 类。
- **Bin.py**:包含在条形图中绘制单个条形的 Bin 类。
- **PieView.py**:包含显示饼图的 PieView 类。
- **TextView.py**:包含显示文本视图的 TextView 类。
- **Constants.py**:包含多个模块共享的常量。

主程序实例化一个 Controller 对象,并运行主循环。主循环中的代码将所有事件(pygame.QUIT 除外)转发给控制器来进行处理。

1. 控制器

控制器是整个程序的监管者。它首先实例化 Model 对象,然后实例化各个不同的视图对象,即 BarView、PieView 和 TextView。下面显示了 Controller 类的__init__()方法的初始化代码。

```
# Instantiate the model
self.oModel = Model()
# Instantiate different view objects
self.oBarView = BarView(self.window, self.oModel)
self.oPieView = PieView(self.window, self.oModel)
self.oTextView = TextView(self.window, self.oModel)
```

Controller 对象在实例化这些 View 对象时,会传入 Model 对象,使每个 View 对象能直接从模型请求信息。MVC 模式的其他实现可能以不同的方式处理这 3 种元素之间的通信,例如,它们可能让控制器作为一个中介,从模型请求数据,然后把数据转发给当前视图,而不允许模型和视图直接通信。

控制器绘制窗口中的黑色矩形之外的所有东西,包括标题、色子图片和单选按钮,并响应它们产生的事件。它不仅绘制 Quit 和 Roll Dice 按钮,并响应玩家单击这两个按钮的操作,还会处理用户对掷骰子的次数做的任何修改。

Controller 对象保存当前的 View 对象,它决定当前显示哪个视图。以下代码将它默认设置为 BarView 对象(条形图)。

```
self.oView = self.oBarView
```

当用户单击一个单选按钮时,Controller 将把它的当前 View 对象设置为新选中的视图,并调用新的 View 对象的 update()方法,告诉该视图更新自身。

17.1 模型-视图-控制器 291

在每个条形下方,显示了结果、出现该结果的次数,以及这个次数占总次数的百分比。每个条形的高度与出现该结果的次数(或百分比)对应了起来。单击 Roll Dice 按钮会使用输入字段中指定的次数再次运行模拟。用户可以单击不同的单选按钮,显示相同数据的不同视图。如果用户选择了 Pie Chart 单选按钮,数据的显示效果将如图 17-4 所示。

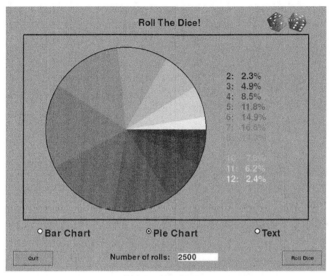

图 17-4 将掷骰子的数据显示为饼图

如果用户选择了 Text 单选按钮,数据的显示效果将如图 17-5 所示。

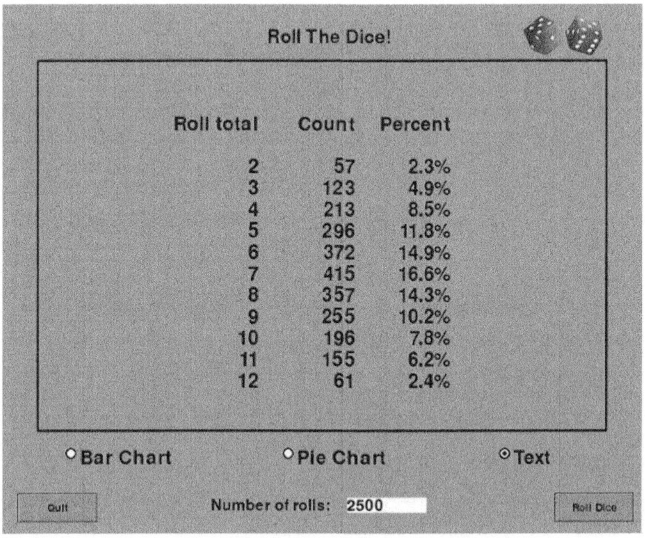

图 17-5 将掷骰子的数据显示为文本

用户可以修改"Number of rolls"字段中的值,想掷多少次就掷多少次。这个程序中的数据基于统计学和随机性。当样本大小不同时,准确的计数显然会发生变化,但百分比应该始终是大致相同的。

这里不会展示这个程序的完整代码清单,而只关注一些重要的代码行,以演示 MVC 模式的设置和流程控制。在本书配套资源的 MVC_RollTheDice 文件夹中,我们可以找到完整的程序。该文件夹包含下面的文件。

- **Main_MVC.py**:主 Python 文件。
- **Controller.py**:包含 Controller 类。
- **Model.py**:包含 Model 类。
- **BarView.py**:包含显示条形图的 BarView 类。
- **Bin.py**:包含在条形图中绘制单个条形的 Bin 类。
- **PieView.py**:包含显示饼图的 PieView 类。
- **TextView.py**:包含显示文本视图的 TextView 类。
- **Constants.py**:包含多个模块共享的常量。

主程序实例化一个 Controller 对象,并运行主循环。主循环中的代码将所有事件(pygame.QUIT 除外)转发给控制器来进行处理。

1. 控制器

控制器是整个程序的监管者。它首先实例化 Model 对象,然后实例化各个不同的视图对象,即 BarView、PieView 和 TextView。下面显示了 Controller 类的__init__()方法的初始化代码。

```
# Instantiate the model
self.oModel = Model()
# Instantiate different view objects
self.oBarView = BarView(self.window, self.oModel)
self.oPieView = PieView(self.window, self.oModel)
self.oTextView = TextView(self.window, self.oModel)
```

Controller 对象在实例化这些 View 对象时,会传入 Model 对象,使每个 View 对象能直接从模型请求信息。MVC 模式的其他实现可能以不同的方式处理这 3 种元素之间的通信,例如,它们可能让控制器作为一个中介,从模型请求数据,然后把数据转发给当前视图,而不允许模型和视图直接通信。

控制器绘制窗口中的黑色矩形之外的所有东西,包括标题、色子图片和单选按钮,并响应它们产生的事件。它不仅绘制 Quit 和 Roll Dice 按钮,并响应玩家单击这两个按钮的操作,还会处理用户对掷骰子的次数做的任何修改。

Controller 对象保存当前的 View 对象,它决定当前显示哪个视图。以下代码将它默认设置为 BarView 对象(条形图)。

```
self.oView = self.oBarView
```

当用户单击一个单选按钮时,Controller 将把它的当前 View 对象设置为新选中的视图,并调用新的 View 对象的 update()方法,告诉该视图更新自身。

```
if self.oBarButton.handleEvent(event):
    self.oView = self.oBarView
    self.oView.update()
elif self.oPieButton.handleEvent(event):
    self.oView = self.oPieView
    self.oView.update()
elif self.oTextButton.handleEvent(event):
    self.oView = self.oTextView
    self.oView.update()
```

当启动程序时,或者每当用户单击 Roll Dice 时,控制器会验证在"Number of rolls"字段中指定的投掷次数,并告诉模型生成新数据:

```
self.oModel.generateRolls(nRounds)
```

所有视图都是多态的,所以在每一帧中 Controller 对象调用当前 View 对象的 draw()方法。

```
self.oView.draw() # tell the current view to draw itself
```

2. 模型

模型负责获取(可能还会更新)信息。在这个程序中,Model 对象很简单:它模拟多次掷一对骰子的动作,将结果存储到实例变量中,然后当收到 View 对象的请求时将数据报告给 View 对象。

当需要生成数据时,模型通过运行一个循环来模拟掷骰子的动作,并将数据保存到两个字典中:self.rollsDict 以每个结果作为键,以出现次数作为值;self.percentsDict 以每个结果作为键,以出现次数百分比作为值。

在更加复杂的程序中,模型可能从数据库、互联网或者其他数据源获取数据。例如,Model 对象可能维护股票信息、人口数据、城市住房数据、气温读数等。

在这个模型中,View 对象调用 getRoundsRollsPercents()方法,一次性获取全部数据。但是,模型中包含的信息可能比单独一个视图需要的信息更多。因此,不同的 View 对象可以调用 Model 对象中的不同方法,从相同的模型请求不同的信息。为了支持这种功能,示例程序还包含一些 getter 方法(getNumberOfRounds()、getRolls()和 getPercents()),程序员在构建一个新的 View 对象时,可以调用它们,只获取新视图可能想显示的数据。

3. 视图

View 对象负责把数据显示给用户。在示例程序中,有 3 个不同的 View 对象,它们以 3 种不同的形式显示相同的底层数据;每个 View 对象都在窗口中的黑色矩形内显示信息。当启动程序时,以及当用户单击 Roll Dice 按钮时,控制器会调用当前 View 对象的 update()方法。所有 View 对象对 Model 对象发出相同的调用来获取当前数据。

```
nRounds, resultsDict, percentsDict = self.oModel.getRoundsRollsPercents()
```

View 对象以自己的方式格式化数据,然后展现给用户。

17.1.3 MVC 模式的优势

MVC 设计模式将软件的职责拆分为单独的类，这些类独立执行操作，但结合起来实现软件的功能。将组件构建为单独的类，并尽可能减少得到的对象之间的交互，使每个组件能够更加简单，更不容易出错。定义了每个组件的接口之后，不同的程序员甚至可以编写每个类的代码。

在 MVC 方法中，每个组件演示了封装和抽象这两个核心的 OOP 概念。当使用 MVC 对象结构时，模型可以修改它在内部表示数据的方式，并不会影响控制器或视图。如前所述，模型包含的数据可能比单个视图需要的数据更多。只要控制器没有改变与模型通信的方式，并且模型继续以约定好的方式向视图返回请求的信息，就可以在模型中添加更多数据，这并不会破坏系统。

当使用 MVC 模型时，增强软件也变得更加容易。例如，在前面的掷骰子程序中，模型可以跟踪在掷出每个结果时，两个骰子的不同组合的出现次数。例如，当掷出 5 的时候，可能两个骰子的点数是 1 和 4，也可能是 2 和 3。此时，我们就可以修改 BarChart 视图，从模型中获取这些额外的信息，然后在显示条形图时，将每个条形拆分成更小的条形，显示每种点数组合的百分比。

每个 View 对象都是完全可自定义的。TextView 可以使用不同的字体和字体大小或者不同的布局。PieView 可以用不同的颜色显示扇形。BarView 中的条形可以更粗或更高，显示为不同的颜色，甚至水平显示。只需要在合适的 View 对象中进行这种修改，这完全独立于模型或控制器。

当使用 MVC 模式时，添加一种新的方式来查看数据也很容易，只需要编写一个新的 View 类。需要做的其他修改只不过是让控制器绘制另外一个单选按钮，实例化新的 View 对象，并在用户选择新的视图时，调用新的 View 对象的 update()方法。

> **注意：** MVC 和其他设计模式独立于任何计算机语言，可以在任何支持 OOP 的语言中使用。如果你想了解更多信息，建议在网上搜索 OOP 设计模式，如工厂模式、享元模式、观察者模式和访问者模式。关于这些设计模式，有许多视频和文字教程（以及图书）。如果你想了解一般性的介绍，那么可以阅读 Erich Gamma、Richard Helm、Ralph Johnson 和 John Vlissides（四人组）撰写的 *Design Patterns: Elements of Reusable Object-Oriented Software*（Addison-Wesley），它是关于设计模式的经典图书。

17.2 小结

在思考面向对象编程时，请记住对象的定义——数据，以及在一段时间内操作这些数据的代码。

OOP 为思考编程提供了一种新的方式，这是将数据和操作数据的代码组合到一起的一种便捷的方式。你编写类，并从类实例化对象。每个对象都包含在类中定义的所有实例变量，但不同对象中的实例变量可以包含不同的数据，它们是彼此独立的。对象的方法之所以能够以不同的方式工作，就是因为它们操作不同的数据。在任何时候都可以实例化或者销毁对象。

从一个类实例化多个对象时，通常会创建对象的一个列表或者字典，后面会迭代这个列表或字典，调用每个对象的方法。

最后，提醒一下，OOP 的 3 个主要特性如下。
- **封装**：所有东西存放在一个位置，对象拥有自己的数据。
- **多态性**：不同的对象可以实现相同的方法。
- **继承**：一个类可以扩展或者修改另一个类的行为。

对象通常以分层次的方式工作；它们可以使用组合来实例化其他对象，也可以调用更低层对象的方法，让它们执行一些工作或者提供信息。

为了让你在视觉上能够清晰地看出 OOP 的应用，本书的大部分示例展示了小部件和其他在游戏环境中有用的对象。我开发了 pygwidgets 和 pyghelpers 包来演示许多不同的 OOP 技术，使你能够轻松地在 pygame 程序中使用 GUI 小部件。希望这两个包对你有用，你可以使用它们开发有趣的或者有用的程序。

更重要的是，希望你能够意识到，面向对象编程是一种通用的方法，可以在多种多样的场景中使用。每当你看到有两个或更多个函数需要操作一组共享的数据时，就应该考虑构建类并实例化对象。你还可以考虑构建一个对象管理器来管理一组对象。

最后，祝贺你已经学完了本书的内容！当然，实际上，学完本书只不过是你的面向对象编程之旅的起点。希望本书介绍的概念为你搭建了一个框架，让你能够在这个框架上继续添砖加瓦，不过，要想真正掌握 OOP，还是要编写大量的代码。随着时间的推移，你会开始注意到自己在代码中一再使用的模式。理解如何构造类是一个困难的过程。只有不断积累经验，才能越来越轻松地保证自己在正确的类中包含了合适的方法和实例变量。

一定要练习、练习再练习！